国家自然科学基金项目（61301227、71673038）资助
中央高校基本科研业务费项目（DUT15YQ111）资助
辽宁省高等学校杰出青年学者成长计划资助项目（WJQ2014009）资助
大连理工大学“星海学者”人才培育计划资助

Scientometrics Big Data and Its Applications

科学计量大数据及其应用

王贤文◎著

科学出版社
北京

图书在版编目(CIP)数据

科学计量大数据及其应用 / 王贤文著. —北京：科学出版社，2016.10
ISBN 978-7-03-050622-1

Ⅰ. ①科… Ⅱ. ①王… Ⅲ. ①计量数据管理 Ⅳ. ①TB9

中国版本图书馆 CIP 数据核字（2016）第 272716 号

责任编辑：邹 聪 刘 溪 张翠霞 / 责任校对：彭 涛
责任印制：张 伟 / 封面设计：有道文化
编辑部电话：010-64035853
E-mail:houjunlin@mail. sciencep.com

科学出版社出版
北京东黄城根北街 16 号
邮政编码：100717
http://www.sciencep.com
北京教图印刷有限公司 印刷
科学出版社发行 各地新华书店经销
*
2016 年 10 月第 一 版 开本：720 × 1000 B5
2017 年 2 月第二次印刷 印张：14 1/4 插页：2
字数：270 000
定价：78.00元
（如有印装质量问题，我社负责调换）

序

大数据时代的科学计量学新方向

科学家的一天，似乎与常人不同，但既非不食人间烟火，也无什么惊人之举。后者，迄今科学史上仅有一例，1869 年 3 月 1 日这一天，俄罗斯化学家门捷列夫（Д.И.Менделéев，1834—1907）发现了化学元素周期律，史称"伟大发现的一天"。业经手稿、档案的严密考证，确认了门捷列夫一天内编制出完整的元素周期表，同时又查明之前他在写作《化学原理》的过程中对元素分类进行了坚持不懈的探索和尝试①。平时积累，成就一天。正如科学计量学之父普赖斯（Derek John de Solla Price, 1922—1983）的一句名言所说："科学如今清楚地表明，巨大进步集成于各种方式的小步之中。"②当然，一项巨大进步未必集中在一天。

普赖斯的这句名言再次为最近的一项研究结果所印证。该项研究通过实时追踪世界各地科学家借助互联网每天从数字文档数据库中下载科学论文的大数据分析，获得每天 0 ～ 24 小时论文下载量波动的周期曲线，证实了科学家群体的每一天确非平常，平时熬夜、周末加班系工作常态。这项研究以"探索科学家的工作时间表"为题在国际期刊《信息计量学学报》（*Journal*

---

① 参见：俄罗斯科学史家、哲学家和科学学家凯德洛夫（Б.М. Кедров，1903—1985）《伟大发现的一天》（1958 年第 1 版），以及其 2001 年第 2 版特约编辑特里弗诺夫（Д.Н.Трифонов）的"编后记"。Кедров Б М. Деньодноговеликогооткрытия. ОботкрытииД.И.Менделеевымпериодическогозакона, Москва: ЭДИТОРИАЛ УРСС, 2001.

② de Solla Price D J. Research on research//ArmD L. Journeys in Science: Small Steps−Great Strides. Albuquerque:The University of New Mexico Press, 1967: 1−21.

of Informetrics）[①] 公开发表后，引起强烈反响，国内外媒体纷纷加以转发、报道或评论。

现在，作者王贤文博士在《科学计量大数据及其应用》这部专著中，披露了那篇论文的机缘、由来与传播盛况。这项有趣的研究，不独直观地展现出科学家夜以继日探赜索隐的不倦努力，并暗示科研成果源于“积小步，成大步”所铸就，而且初露当今数字化、互联网、大数据时代的科学计量学新方向。

正是取代纸质出版物的数字文档，才使得科学论文可以被不断下载而不会像纸质论文那样被不断消耗，我们也才有了计量和分析的新对象；正是有了遍及全球的互联网，才使得宏大的数字文档数据库吸引遍布世界各地的科学家前来搜索、浏览和下载所需的论著，我们也才有了监测和追踪科学家网上活动的有效手段。显而易见，仅仅监测和记录论文下载的少量数据，不足以显现科学家下载论文的世界空间分布特征与时间分布周期规律，因此这是一项需要大数据且能够产生大数据的计量研究。

在这本著作中，作者敏锐地把握住当今信息时代数字化、互联网、大数据三大技术特征，着眼于当代科学活动及科学文本的大数据引领科学计量学深刻变革的理念，将全书分为两大部分。第一部分为科学计量的大数据基础，分四章先后论述了数字出版、互联网与科学计量大数据，面向科学计量的数据体系，科学论文的使用数据和论文使用数据的开放获取优势；第二部分为论文大数据在科学计量中的应用，分四章分别探讨科学家的工作时间表，科学论文在社交网络中的传播机制，实时追索论文使用数据呈现的研究热点与研究前沿，以及基于使用、引用等多重指标的单篇论文评价体系。

该书令人耳目一新，不仅在于汇集了作者近五年来在科学计量学新方法方面一系列创造性的研究成果，而且还在于从这些成果中提炼出清晰的科学计量大数据思路与分析框架。众所周知，数据的完整性、可靠性与可获得性，是科学计量学方法应用中取得可靠性成果的基础与前提。过去常说科学计量学面对的是科学文献的海量数据，随着科研活动的不断拓宽和科研产出的急剧增长，数据规模亦迅速扩大，如今以“大数据”概念描述数据的大规模特征。因此，数据的挖掘、整理、清洗等一系列的处理方法，并构建有关

---

① Wang X, Xu S, Peng L, et al.Exploring scientists' working timetable: Do scientists often work overtime?Journal of Informetrics, 2012, 6(4): 655–660.

科学活动的大数据获取利用平台，就成为科学计量学新方法的关键。当初贤文把他带领研究生监测世界各地网上下载论文的研究工作告诉我时，我立即意识到这是一个科学计量的大数据思路，应当作为新领域、新方向、新方法坚持下去，不断探索。这项研究成果发表后，我将贤文的开创性工作定为“基于大数据网络监测的科学活动计量分析”新领域系列研究成果，作为我们WISE实验室的两项重要成果之一，被大连理工大学人文学部列入985工程三期总结报告中的标志性成果，并上报纳入大连理工大学985工程三期总结报告中。如今，科学计量大数据思维方式已构成这本书的基础与主线。

自从贤文入学以来，特别是近年来，我目睹了贤文的迅速成长。作为他攻读博士学位的指导教师，我为他的每项成果、每个进步而高兴和自豪。这些年我常讲：在科学学领域，中青年学者都是向前看，迈向无尽的前沿，而我总是向后看，希望温故而知新。贤文是青年学者中的佼佼者，可谓青出于蓝而胜于蓝。他总是实时把他的每项研究、新的思路告诉我，令我惊讶、兴奋不已。而我往后看，倡导“回到贝尔纳！”“回到普赖斯！”总是把从我们学科两位先驱者的经典著作中的“新发现”，告诉贤文等年轻人，同他们议论讨论，总能得到响应。这次在浏览、阅读贤文的这本书稿中，我发现了这种回应。

例如，贝尔纳曾预言：“科学自身的迅速发展，使得科学杂志在实际上行将淘汰。”[①]这本书的回应：“学术出版数字化的浪涛，不断拍击着期刊这一人为设置的脆弱壁垒，科学论文逐渐从期刊的桎梏中被解放出来。目前，虽然名义上科学论文仍旧以期刊为载体进行出版发行，但实际上，人们检索论文、获取论文和评价论文等一系列行为所指向的目标，已经回归到科学论文本身。”一场废弃科学期刊、实现科学论文直接交流的革命正悄然而来。

又如，普赖斯曾指出，“我相信，正是研究前沿将科学从其他学问中区分出来”[②]。这意味着科学计量学任何一种新方法，都必须将探测科学研究前沿作为自己的首要的核心使命，否则自身将被区分为非科学。这本著作对此做出了精彩的回应：用一个模型、一个案例，从一个领域的大数据中提取出该领域研究的热点、前沿和趋势。

---

① 贝尔纳．二十五年以后 // 戈德史密斯，马凯．科学的科学．赵红州，蒋国华，译．北京：科学出版社，1985：245-267.

② 普赖斯．科学论文的网络 // 刘则渊，王续琨．科学·技术·发展——中国科学学与科技管理研究年鉴 2008/2009年卷．张崴译，梁立明校．大连：大连理工大学出版社，2010：29-39.

再如，引文作为科学交流的痕迹，是科学文本的组成部分及与非科学的重要区别。这一现象后来被加菲尔德（Eugene Garfield）发现而发明了科学引文索引（SCI），进而他和普赖斯又据此开创了科学引文分析和引文网络分析的方法。近年来却受到诸多质疑，甚至出现试图以 altmetrics（补充计量学）取代引文分析的倾向。针对这种状况，我在多种场合强调引文分析作为科学文献的内生方法，引文作为科学评价的内生或外生指标，具有不可替代性。这也曾和贤文做过交流和讨论。国内外一些学者对 altmetrics 也有种种质疑和争议[①]。这本书对此做出了积极的回应：尽管应用了补充计量学指标，“还是倾向于将使用数据和补充计量学进行区分”；而且在单篇论文的评价指标体系中将引用指标和社交媒体指标、使用数据指标和网络采集指标结合起来。

然而，这些都是外生指标，作者已经注意到这点。在今后的探索中，还可以依据“论文完成时其本身的质量决定本身水平与外在影响”的观点，进一步在单篇论文评价中把基于论文自身状况的内生指标与论文外在影响的外生指标结合起来；特别是在全文本引文数据库兴起，并产生新的全文论文大数据的条件下，单篇论文评价的内生指标，还可根据全文空间结构信息和全文引文空间信息来加以细化和分解。这必将使科学评价走上更为公正合理的轨道。

总之，在我看来，《科学计量大数据及其应用》一书，在我国开启了大数据时代的科学计量学新方向。如今它与正在兴起的全文引文分析领域，比邻而居，争相媲美。我想，如果科学计量学领域这两股新军交叉结合起来，必将形成交相辉映、相得益彰、多元而又统一的新局面。

这是我对未来科学计量学发展图景的展望，更是对在这个领域开拓前行的作者王贤文博士的莫大期待。

刘则渊

2016 年 10 月 31 日于大连新新园

① 翟自洋科学网博客 . 由信息计量学新词 altmetrics 的翻译想到的 .http://blog.sciencenet.cn/blog-630081-679433.html. 发表 2013-4-12/ 引用 2016-10-30. 引者注：altmetrics 一词不知何时被译为“替代计量学”，博文中介绍著名科学计量学家鲁索（Ronald Rousseau）学术报告，鲁索不赞成这个提法，提出用 influmetrics 术语取代；而武夷山建议译为“补充型指标计量学”，博文将 influmetrics 译为“社媒影响计量学”。因此，建议将 altmetrics 直接译为“补充计量学”，或者改用 suppmetrics（“补充计量学”，supplementary metrics）的术语。

前言

2007年，我在大连理工大学的科学学与科技管理专业就读博士三年级，突然之间，我对科学计量学产生了兴趣。这可能出于两个原因：第一，彼时我的博士论文已经完成得差不多了，有精力琢磨更多。第二，我所在的大连理工大学WISE实验室成立已有3年多时间，科学计量学研究开展得如火如荼。在每周一次例行的WISE实验室内部学术活动的耳濡目染之下，终于某天，我在电脑上打开了Web of Science数据库的网页。从这个行动开始，我仿佛就像一个孩子进入了一个蕴藏着无数珍宝的宝库，这里的一切令我如此着迷，以至于这10年来，我一直沉醉其中、流连忘返。我开始接触科学计量学的第一项研究，就是利用Web of Science数据库全库检索进行期刊共被引分析。该研究写成论文“SSCI数据库中的人文地理学期刊分析”发表在《地理学报》，随后还有论文“基于共被引率分析的期刊分类研究”发表在《科研管理》，以及相关论文发表在《图书情报工作》等。这些都是我从Web of Science数据库中捡到的第一批珍宝。此后，我将基于Web of Science数据库全库检索的期刊共被引分析方法进一步拓展，提出企业大规模专利共被引分析方法，基于Web of Knowledge平台中的另一数据库Derwent Innovation Index，完成“基于专利共被引的企业技术发展与技术竞争分析：以世界500强中的工业企业为例”一文，于2010年发表在《科研管理》，以及相关研究“Patent Co-citation Networks of Fortune 500 Companies”于2011年发表在国际期刊*Scientometrics*（Springer出版），这也是我作为通讯作者发表的第一篇 SSCI 论文。从那以后，我保持着每年发表两三篇 SSCI 论文的速度；截至 2016 年 10 月，我在科学计量学领域发表的 SSCI 国际期刊论文已有 15 篇，论文数量在国内学者中位列第二（按 *Scientometrics* 和 *Journal of Informetrics* 统计）。

2012 年是我在科学计量学研究领域的一个分水岭，我完成了从科学计量学经典研究范式到科学计量大数据分析这一新兴科学计量学方向探索的转变。2007 ～ 2011 年，虽然我在科学计量学领域的研究也有较多收获，基于 Web of Knowledge 平台（Web of Science、Derwent Innovation Index）发表了 10 余篇论文，但是这些都是在科学计量学经典研究范式下进行的，包括期刊共被引分析、专利共被引分析、专利共类分析、科研机构合作网络分析，甚至科学基金资助分析等。虽然我基于 Web of Knowledge 海量数据的平台，在数据规模尺度上实现了创新，但是在科学计量学的基本研究方法上，包括引文分析、共现分析等，我并没有实现突破。当时我就一直在思考这样一个问题：科学计量学诞生已有数十年之久，其经典的研究范式已经趋近成熟，作为一个后来者充其量也只是在这个框架中小修小补，很难实现大的创新和突破，那么我该怎么做才能在科学计量学的学术圈有立足之地呢？

机缘巧合，我接触到了科学论文的下载数据，从此我的研究方向发生了一个较大的调整，并在新的方向上连续发表具有原创性的成果。那是 2011 年 12 月中旬，我在浏览 *Scientometrics* 期刊时，发现网站上列出了该期刊被下载次数最多的 5 篇论文。我很好奇这个数据是如何统计得来的，进而点击进入了 Springer 开发的 realtime 下载平台，其中有一个地图功能，可以在一张世界地图上实时显示每时每刻全世界哪些地区正在从 Springer 下载科学论文的情况。当时，注视着在世界地图上一个个快速闪烁的光标符号，我突然想到：此时此刻是中国的上午，但在美国和欧洲正是深夜或者凌晨，为什么还有那么多来自美国和欧洲的用户正在下载科学论文呢，难道他们都不用休息了吗？于是，一个研究想法就在我的头脑中诞生：我可否用科研人员在什么时间下载论文的数据来研究他们的工作时间规律呢？于是，2012 年年中，基于论文下载时间数据分析的研究“探索科学家的工作时间表”（Exploring Scientists’ Working Timetable: Do Scientists Often Work Overtime？）发表在科学计量学的国际期刊 *Journal of Informetrics*。现在回头看，当时这篇论文的发表用“横空出世”一词来形容也不过分。2012 年 8 月，论文正式发表后，迅速在国内外引起了巨大的反响。在新浪微博上，论文被转发 5000 余次；在 Twitter 和 Facebook 平台，也被转发数千次。2012 年 12 月 12 日，*Nature* 用两个版面刊发了对这篇论文的采访报道“Lab Life：Balancing Act”。这是我国社会科学类的研究首次被 *Nature* 长篇专文报道。其他的报道媒体还包括《光明日报》、《中国科学报》、德国《法兰克福汇报》、澳大利亚广播公司、人民网等，并且论文还被科学网评选为 2012 年国内十大最受关注论文。这篇论文之所以在全世界引发如此广泛而深远的关注，一方面是因为其研究的话题非常贴近大众，科学家的工作时间安排非常容易引起公众的兴趣。另一方面，论文得到的结果和结论非常新鲜。晚上熬夜、周末加班、全年无休成为科学家们的工作常态，但是不同国家科学家的工作时间表却存在明显差异，引发了科学家的广泛共鸣。此外，论文的研究角度非常新颖。与以往同类研究采用案例调研和问卷调查的研究方法不同的是，我们从科学计量大数据的角度，基于全球科学家下载论文的时间大数据开展分析，从而克服了以往研究样本不足、代表性不够的问题。这是完全令人耳目一新的研究方法。

科学论文被下载这一行为中蕴藏着非常丰富的信息，可以从多重维度对其开展计量分析。这仿佛在科学计量大数据的宝库中打开了一个其貌不扬的匣子，但是匣子里面的内容之珍奇，令我大开眼界。除了论文被下载的时间数据，我和我的研究生们还从科学论文下载大数据的不同维度开展了一系列探索。基于科学家下载的论文内容大数据，通过跟踪每一天都有什么论文正在被全世界的研究者下载，从而推测科研工作者正在从事的研究主题，我们提出了一种实时追踪研究热点和研究前沿的新思路。以往的基于论文的发表数据对领域研究热点和研究前沿进行回溯式的总结分析，存在较大的时间滞后，研究得到的结果都是过去某个时期的研究热点和研究前沿；而我们提出的这种思路基于科学论文被实时使用的大数据，更具时效性。基于这一想法，2013 年年初我们在 *Scientometrics* 期刊发表论文“Tracing Scientist's Research Trends Realtimely”，并且顺利获得 2013 年国家自然科学基金的资助。基于科学论文的引用、使用和补充计量学（altmetrics）数据，我们比较了开放获取论文与非开放获取论文在这三个指标上的表现，同时验证了开放获取论文的优势。围绕该主题发表的论文被 *Nature* 网站介绍，这是我第二项引起 *Nature* 关注的研究。从不同角度，我开展了一系列关于科学计量大数据的分析，这些研究就像一粒粒珍珠，而本书则把这一粒粒珍珠串成了一条项链，本书也正是对我这 4 年多以来开展科学计量大数据分析的阶段性总结。

虽然科学论文的使用数据和补充计量学数据都属于科学计量大数据，但是在此，有必要厘清使用数据与补充计量学的关系。从广义的角度来说，使用数据可以算作补充计量学众多计量指标中的一种。从狭义的角度来说，使用数据与补充计量学有所区别。使用数据的提出比补充计量学要早很多。在很早以前，图书馆统计书籍和杂志的借阅次数即可以算是出版物的使用次数计量。而补充计量学是植根于社交媒体，伴随着社交媒体的兴盛而诞生的。但是使用数据可以独立于社交媒体（虽然社交媒体对科学论文的使用也有一定的导向作用，详见我 2016 年发表在 *Scientometrics* 的论文“Tracking the Digital Footprints to Scholarly Articles from Social Media”，DOI：10.1007/s11192-016-2086-z）。从我个人的角度来说，我还是倾向于将使用数据和补充计量学进行区分，至少在现阶段是如此。

必须要说明的是，我并不是学术界第一个开展科学论文使用大数据计量的学者，来自哈佛 - 史密松森天体物理中心（Harvard-Smithsonian Center for Astrophysics）的迈克尔 · 库尔茨（Michael Julian Kurtz）博士在 2010 年发表的论文 *Usage Bibliometrics* 应该是最早的关于科学文献使用数据计量的较为系统性的总结。但是，我基于使用大数据的不同维度开展的探测科学家工作时间表、实时追踪研究热点和研究前沿等创造性研究，尤其是提出动态使用数据的概念，都挖掘了使用数据的更多计量价值，在一定程度上推动了使用数据计量的发展。

对于任何一个研究领域，理论、数据和方法缺一不可。对于科学论文的使用数据计量这一方向，目前在理论、方法方面，来自哈佛 - 史密松森天体物理中心的迈克尔 • 库尔茨、印第安纳大学布鲁明顿分校的约翰 · 博伦（Johan Bollen）、维也纳大学的胡安 · 戈赖斯（Juan Gorraiz）和我都就科学论文使用大数据的产生机制、概念界定、理论模型、应用探索等方面进行了大量深入探索。而在数据来源方面，仅仅 5 年前，向公众提供科学出版物使用数据信息的出版商和数据库还非常少见。但是最近 5 年来，越来越多的学术出版商、学术期刊和学术数据库都将科学论文的使用数据向公众开放。其中，学术出版商包括 Springer-Nature 出版集团、Taylor & Francis、IEEE Xplore 等，还有规模虽然不大，但是在学术界也有重要影响力的 PLOS、Frontiers 等，学术期刊则有 *Science*、*PNAS*、*PeerJ*、*eLIFE*，学术数据库则有 Web of Knowledge 等。本书的第 3 章对这些数据来源进行了着重介绍。随着科学计量大数据来源的日趋丰富以及理论和方法的不断完善，科学计量大数据的应用也将不断拓展，这个新兴领域在不久的将来一定大有可为。

我的观点是，当一块土地已经被无数人在上面一遍遍地掘地三尺，显眼的、价值高的宝藏基本上早已被先来者寻获，新来者要么必须挖掘更深（需要更大的难度），要么眼光非常独到，能注意到少数沧海遗珠（需要更好的创意）才能有所收获，但这何其困难！所以，何不干脆就另谋出路，寻找一块以前大家甚少注意到的目前还是荒野的土地，不用费什么工夫，你也许就能寻获宝藏。科学研究也是这样，科学计量大数据（包括使用大数据和补充计量学）正是科学计量学中的一块处女地，只要研究者稍微花点心思，就很容易在这个方向上有所收获。而本书正是对这块处女地的第一本开垦指南。

蓦然回首，从 2009 年 10 月我博士毕业到写这篇前言的时候，刚好 7 年整。这 7 年中，虽然我在科研上也取得了一些成绩，但是这些都是在经历过无数的失败之后少数获得成功并写成论文发表的。以至于我在开展任何一项研究之前，从来不敢奢望一次就会成功。在这里我要感谢我的博士生导师刘则渊教授，是他引领我走上科研道路，并且在我工作后还给了我巨大的物质和精神支持。学高为师，德高为范，刘则渊教授学德皆高。我工作以后开始指导研究生，也是以刘老师作为师范。当然，我的研究生在我的科研中发挥了不可替代的重要作用。我的绝大部分论文，都是和我的研究生一起合作完成的。我工作以后的第一篇 SSCI 论文是和研究生张曦等合作完成的。我的第一篇被 *Nature* 报道的关于科学家的工作时间表的论文是和徐申萌、彭恋、王治、王传丽等研究生一起合作完成的。另外一篇被 *Nature* 介绍的关于开放获取优势的论文是和刘趁、毛文莉等一起合作完成的。关于单篇论文评价体系的研究则是和方志超一起完成的。一路走来，我的研究生给了我莫大的支持和帮助。没有他们，就没有这些成果的取得。他们的工作也体现在本书的写作中，分别是第 1 章（方志超）、第 4 章（刘趁）、第 7 章（毛文莉）等，在此向他们及我的其他研究生（张曦、徐申萌、刘迪、彭恋、王治、王传丽、王虹茵、李清纯、郭欣慧），还有我的研究合作者、我的同事，以及关心我成长的前辈和给予我帮助的同行致以诚挚的谢意！

王贤文

2016 年 10 月 7 日于大连理工大学

目录

序　大数据时代的科学计量学新方向
前言
第 1 章　数字出版、互联网与科学计量大数据　/001

1.1　科学论文出版：从纸质出版到数字出版　/001
1.2　应运而生的科学计量大数据　/004
1.3　历史上 IT 技术引领科学计量学的大变革　/005
1.4　新的变革正在科学计量学领域悄然发生　/008
1.5　本章小结　/011

第 2 章　科学论文的科学计量分析：数据、方法与用途的整合框架　/013

2.1　科学计量学的研究数据体系：四大数据对象　/014
2.2　四大数据对象的比较　/018
2.3　科学计量学研究方法与各数据对象的针对性使用　/021
2.4　本章小结　/027

第 3 章　科学论文的使用数据　/028

3.1　数字出版、互联网与科学论文使用数据的形成　/028
3.2　使用数据的相关研究　/030
3.3　使用数据的产生机制　/033

3.4 使用数据的获取来源 /034
3.5 本章小结 /048

第 4 章 科学论文使用数据的开放获取优势 /049

4.1 开放获取运动的洪流 /049
4.2 关于开放获取优势的争论 /054
4.3 研究设计 /057
4.4 基于相关性分析的多重指标抽取 /061
4.5 开放获取论文的优势对比分析 /064
4.6 分学科领域的开放获取优势对比分析 /078
4.7 本章小结 /100

第 5 章 探索科学家的工作时间表 /102

5.1 基于科学家下载论文的大规模时间数据分析 /102
5.2 各国科学家工作时间表的共性与地区差异 /108
5.3 美国、德国、中国大陆的深入比较分析 /115
5.4 本章小结 /117

第 6 章 科学论文在社交网络中的传播机制研究 /119

6.1 网络时代科学论文的传播 /120
6.2 科学论文在社交网络中的传播机理 /123
6.3 案例分析 /126
6.4 本章小结 /130

第 7 章 研究热点与研究前沿的实时挖掘 131

7.1 科研新趋势的探测 /131
7.2 基于论文的使用数据实时捕捉科学家的研究想法 /133
7.3 理论与方法体系 /134

7.4 基于 DIKW 体系的计算神经学领域的研究趋势挖掘 /137
7.5 本章小结 /163

第 8 章 连续、动态和复合的单篇论文评价体系构建研究 /165

8.1 科学论文的学术影响力与社会影响力综合评价 /165
8.2 单篇论文评价的时机已经成熟 /176
8.3 构建单篇论文评价体系的必要性 /178
8.4 单篇论文评价体系的构建与实证研究 /180
8.5 本章小结 /186

参考文献 /189

附录 来自全世界的关注 /201

附录 1 *Nature*——实验室生活：平衡的艺术 /201
附录 2 法兰克福汇报——自由时间？科学家有空闲时间吗？ /206
附录 3 中国科学报——一个考察科研人员生存状态的独特视角发现 /208

彩图 /213

第1章
数字出版、互联网与科学计量大数据

1.1 科学论文出版：从纸质出版到数字出版

当获取科学论文的路程从双脚走向图书馆的路途变为手指在鼠标左键上的轻轻一击，当发表科学论文的载体从堆积如山的层叠纸张变为工整编码的数字文档，当传播科学论文的手段从费时往来的鸿雁飞鸽变为实时通信的网络社交媒体，科学论文出版，这一见证和推动人类历史文明兴盛繁荣的古老行业，乘着信息技术革命的疾风，悄然上演着从纸质迈向数字的蜕变。

出版，有史以来一直承担着留存和传播人类精神文化财富的重要使命。正是得益于出版这一文化活动，纵跃千年的哲思得以传承发扬，横跨东西的思想得以交流碰撞，人类文明的辉煌得以汗青传承。自第一本书诞生，到抄本时期再到印本时代，纸质出版物的每一页纸、每一丝纤维都浸透于历史的点滴之中，在记录财富的同时，自身也成了不朽财富的一部分。其后，报纸、杂志等快捷实时、连续定期的纸质出版物的出现在人类社会传递和接受信息、记录和见证时代变迁的过程中发挥着至关重要的作用。从阅读早报开始新一天的生活、浏览杂志消遣闲暇的时光到享受好书实现睡前的心安与助眠，纸质出版物早已融入人们的生活作息当中，成为随时随地都在手边和眼前的伙伴。

科学论文出版则是最饱含知识分量、最具有特殊意义和最要求尖端前沿的一种出版形式。科学论文是人类对于已经认识到的这个世界的某一部分的编码化表述，致力于描述和解释自然界、工程技术和人类社会等不同领域的现象和问题，发掘出其背后隐藏的规律。大到对世界本源孜孜不倦的追求、小到对生命个体行为细致入微的观察，科学论文圈定了人类可理解的世界的范畴。从古至今出版的科学论文所编织起来的繁荣茂盛的知识体系，铸成了科技文明稳固的根基。在此基础之上，人类在相比于地球寿命微不足道的短暂时间里，创造出了空前灿烂辉煌的成就。尽管相比于大众出版物，科学论文出版物的受众范围要小得多，但改变人类生产生活方式的所有产品和技术，无一例外地只有扎根在科学出版的肥沃土壤里，才得以开枝散叶、繁花似锦。因而，看似遥不可及、高不可攀的专业科学论文出版才是撑起人类光明蓝天的阿忒拉斯。

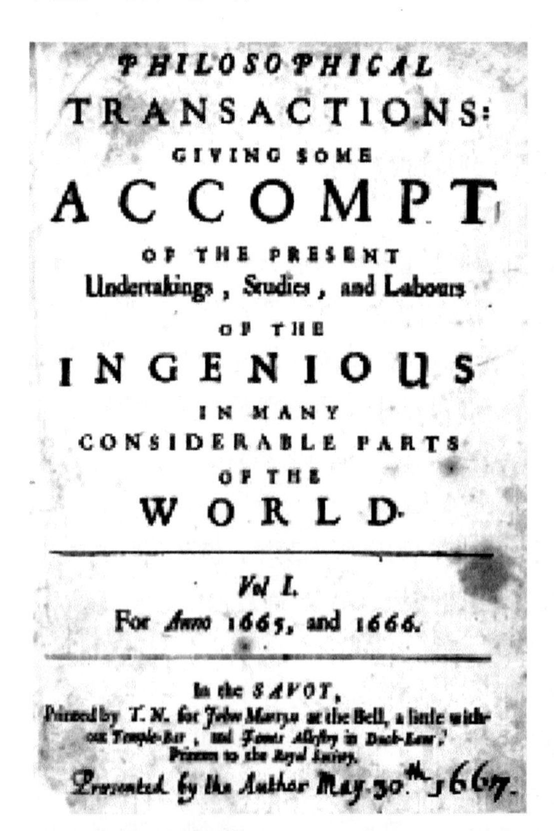
PHILOSOPHICAL
TRANSACTIONS:
GIVING SOME
ACCOMPT
OF THE PRESENT
Undertakings, Studies, and Labours
OF THE
INGENIOUS
IN MANY
CONSIDERABLE PARTS
OF THE
WORLD.

Vol I.
For Anno 1665, and 1666.

In the SAVOY,
Printed by T. N. for John Martyn at the Bell, a little without Temple-Bar, and James Allestry in Duck-Lane,
Printers to the Royal Society.
Presented by the Author May 30th 1667.

图 1.1　世界上第一本学术期刊《哲学汇刊》封面

世界上第一本学术期刊是英国伦敦皇家学会创办的《哲学汇刊》，创刊于 1665 年 3 月 6 日，从 1665 年一直连续出版到 1886 年。时至今日，人们依然可以从该期刊的历史档案馆网站（http://rstl.royalsocietypublishing.org/）检索全部期刊的所有论文。从 1887 年开始，该刊分为 *Philosophical Transactions of the Royal Society A* 和 *Philosophical Transactions of the Royal Society B* 两本期刊出版，前者主要覆盖物理学领域，后者主要覆盖生命科学领域，一直延续至今（图 1.1）。

科学出版在推动科技进步的过程中，反过来也受到科技进步的深远影响。个人电脑、智能手机和电子书等阅读终端的推陈出新和迅速普及，带来了全新的阅读体验，悄然间重塑着人类的工作和阅读习惯。原本堆积如山、不可能随身携带的厚重书本，只保留了知识的重量而舍弃了物质的分量。一个小小的数字阅读终端足以集成一间图书室乃至一座图书馆的资料储备，极大地丰富了人们的阅读选择。

与之相对应，出版业的“去纸化”运动如火如荼地开展起来。“持续的数字化变革应该是 21 世纪任何一家严肃的科学出版商的核心工作”，2015 年，已创刊近 150 年的 *Nature* 杂志的执行主编 Nick Campbell 博士在接受《科学新闻》记者采访时如是说道。对于出版商来说，相比于纸质出版，数字出版节省了纸张和印刷费用，降低了出版成本；同时省略了大量繁杂的中间环节，提升了信息传递的时效性。数字出版物无论是获取、携带还是查阅，都具有纸质出版物无法比拟的先天优势，受到出版商和读者的日益青睐。伴随着出版商和读者的需求转换，数字出版不断挤占着纸质出版的市场份额。整个出版业在见证、凝视着数字化革新人类社会之时，数字化也在渗透着传统出版业。

科学论文出版在数字化浪潮中首当其冲地实现着自我转型。过去，绝大部分科学论文都发表在专业的学术期刊或者会议论文集上，这些期刊和论文集被印刷成厚厚的册子堆放在书架上，在扬尘岁月中安然等候着知识之海的拾贝者。这种古老的陈列方式也曾在冥冥之中给予智者以无穷启示——“科学计量学之父”普赖斯（Derek de Solla Price）正是受到了按年份堆放的学术期刊顶端连接起来的颇具意味的指数曲线的启发，提出了科学论文的指数增长规律。现如今，大部分科学论文依旧发表在专业的学术期刊上，然而大部分学术期刊已然舍弃了纸质化的传播渠道，摇身一变成了没有实体的电子文档。抛弃实体换来的回报是，科学论文不再躺在昏暗的斗室之内翘首等待一个前来翻看它的人，数字化的身躯使得科学论文在世界各地成千上万的电子屏幕上闪亮。数字出版为科学论文搭建起一个广阔得多的舞台，并且为这个舞台开辟出无数条通达的道路。科学论文从发表到传播的各个阶段，很大程度上实现了速度的提升、影响范围的拓宽和受众规模的增大。

目前，全球范围内大小学术出版商几乎均已完成了数字化变革，以为读者提供顺应时代发展潮流的产品和服务。在 2015 年 7 月举办的第六届中国数字出版博览会上，中国学术数字出版联盟正式成立。数字出版环境下，国内学术出版生态圈的建设与重构工作也愈发受到业内重视。

相较于漫长的纸质出版史，科学论文的数字出版可谓刚刚拉开帷幕，而异彩纷呈、波澜壮阔的开端已经深刻改变了学术出版的面貌。在可以预见的未来，随着越来越多新兴技术的开发和应用，科学论文的数字出版之路还将耸立起一座座新的里程碑。

1.2 应运而生的科学计量大数据

互联网改变了世界。过去似乎还需要举出实例来验证这句话，而现在无论是说出这句话的人，还是听到这句话的人，就如同说出和听到太阳东升西落般习以为常。人类历史上从没有哪一项发明像互联网这样改变甚至颠覆着生产生活的方方面面。自 1969 年起源，互联网用了近 50 年的时间化身为覆盖裹挟全人类的另一种形态的空气——我们看不见它，我们也离不开它。

互联网恰如一个包容万物的沙盘，人类千万年来积累的政治、经济、文化的文明成果和遗产争先恐后地涌入其中，搜寻着得以在新时代立足的根基。“互联网 +”的思路催促着各行各业捧出多少年来尘封不动的产业内核，为其输送互联网的血液和养料。科学论文由纸质出版过渡到数字出版的涅槃也离不开互联网的淬火。

“SCI 之父”尤金·加菲尔德（Eugene Garfield）认为，“互联网是引文索引的天然载体”①。不仅如此，互联网也是科学论文数字出版的天然载体。数字出版时代大门的打开，少不了互联网这把金钥匙。科研工作者了解领域前沿动态需要借助互联网进行检索，完成成果之后进行投稿需要借助互联网进行传送，成果的同行评议过程需要借助互联网进行反馈，成果发表之后需要借助互联网进行传播，成果所引起的反响和问题需要借助互联网进行统计和回复。科学论文出版的全过程已经离不开互联网的保驾护航。互联网为学术出版所提供的便利，符合科学研究所追求和秉持的高效前沿的精神气质，也正是这样，学术出版才能如此迅速而彻底地刮骨换血，纵情投身到数字出

① “SCI 之父”尤金·加菲尔德首次对话中国公众 . http://news.sciencenet.cn/htmlnews/2009/9/223297.shtm.

版时代之中。

在以互联网为载体的数字出版时代，一篇科学论文的信息量不再局限于论文本身，大量衍生数据随着科学论文的发表和传播而诞生。纸质出版时代，这些数据背后的读者行为也是存在的，只是缺乏有效的手段进行甄别和记录而无法形成数据。在互联网环境下，键盘敲击出的每一个字符，鼠标点击进入的每一个页面和手指轻触发出的每一个指令，都久久回荡在互联网浩渺广袤的无边空间里，形成一座座虚拟数据的宝库，也就是一团团现在令商界和学界均竞相追逐的“大数据”。

科学论文大数据既包括科学论文本身所包含的丰富的科学信息和出版信息（如期刊来源、作者、作者机构、基金资助及发表日期等），还包括论文在互联网环境中因用户使用行为，如引用（cite）、浏览（view）、下载（download）、点击（click）、存储（save）、分享（share）和讨论（discuss）等而产生的海量衍生数据。依托数据挖掘和处理技术，科学论文大数据为当代科学计量学研究开辟了诸多全新的研究领域，也回答了诸多以往传统数据类型所无法触及的新问题。

1.3 历史上 IT 技术引领科学计量学的大变革

1.3.1 SCI 数据库——海量数据的处理和收录

在搜索引擎出现之前，我们的主要信息来源之一是图书馆。搜索引擎出现以后，其借助计算机和互联网，将人类世界海量的信息搜集、整理以后提供给用户进行查询，使得互联网成为比图书馆更为重要的信息来源，而搜索引擎则是提供信息来源的重要工具。作为最著名的搜索引擎之一，Google 每日通过不同的服务，处理来自世界各地超过 2 亿次的查询。

同样，在 SCI 数据库出现之前，科学知识的主要信息来源方式也是通过图书馆借阅。科研工作者们获取信息和知识的速度之慢、效率之低，在今天的研究者们看来简直无法想象。1955 年，尤金 • 加菲尔德在 *Science* 杂志上率先提出了科学引文索引的创意。1960 年，其创办了美国科学情报研究所（American Science Information，ISI），并在 1964 年将其发明的《科学引文索引》（SCI）正式出版。加菲尔德也因而被称为“SCI 之父”。

其后，ISI 又于 1969 年和 1976 年相继创建了社会科学引文索引（SSCI）和艺术与人文科学引文索引（A&HCI），旨在整合人文、艺术和社会科学类学术资源，为全球研究人员提供准确、可靠的信息。1997 年，ISI 将 SCI、SSCI 和 A&HCI 进行整合，利用互联网的开放环境，创建了网络版的多学科文摘数据库——Web of Science。直至今日，Web of Science 数据库依旧在科学计量学的研究中占据着不可替代的地位，为全球科学计量学学者们源源不断地提供着丰富的原始数据材料。

孕育了 SCI 的 20 世纪 60 年代，也是科学计量学作为一门独立的学科正式诞生的时期。SCI 作为科学计量学最广为人知的一张名片，风雨兼程地伴随着科学计量学走过了“筚路蓝缕，以启山林”的光辉岁月。加菲尔德也因其发明 SCI 的突出贡献，于 1984 年荣获了首届科学计量学领域的最高荣誉——“普赖斯纪念奖章”。

2009 年 9 月，第五届网络计量、信息计量、科学计量国际会议暨第十届 COLLNET 会议在大连理工大学召开。受主办方大连理工大学 WISE 实验室邀请，尤金·加菲尔德博士出席大会并受聘为大连理工大学荣誉教授。在去大连参加会议途中，加菲尔德博士在北京接受了科学网的访谈。在访谈中他这样提道：“最早的 SCI 只是用手工打印的，到后来稍稍有了一些改进，用磁带，通过检索联系到 SCI 的检索部分，到最后又把 SCI 放到光盘上。当时我就提出这是很大的突破，检索就更容易，现在只需要几秒钟，过去则要用很长时间。所以计算机的发展推动了引文索引的发展。”①

1.3.2 科学知识图谱——科学知识的可视化展现

科学知识图谱，是以科学知识为研究对象（具体的研究载体为科学论文、专利等），将统计学、图形学、计算机技术和信息科学等学科的理论、方法与科学计量学方法相结合，以可视化的方法形象地展示学科体系的内在结构与发展历程的现代理论和技术。正如现实自然界有地图作为标引一样，科学知识图谱就是知识世界的地图。

科学知识图谱的起源由来已久，早在 20 世纪 50 年代，加菲尔德就手工绘制了 DNA 研究领域的历史发展图谱；普赖斯也曾在他一系列经典著作，如《巴比伦以来的科学》《小科学，大科学》和《科学论文网络》中，进行知识

① “SCI 之父”尤金 · 加菲尔德首次对话中国公众 . http://news.sciencenet.cn/htmlnews/2009/9/223297.shtm.

图谱绘制的开创性工作。受技术水平所限，当时手工绘制的知识图谱仅限于简单粗略的表现形式，无法将大量关联数据通过精美巧妙的手段囊括其中。

近年来，计算机技术的迅猛发展赋予了科学知识图谱强大的信息表现力。程序化计算机语言强悍的数据处理能力，不但扩展了一张知识图谱所能容纳的信息的广度，而且增强了知识图谱在信息表达上的张力和美感，真正意义上实现了科学与艺术的完美结合。

依靠计算机技术的应用，科学计量学领域涌现出许多信息可视化的先行者和软件。美国德雷塞尔大学的陈超美教授和他开发的 CiteSpace 软件，便是其中的杰出代表。CiteSpace 是基于 Java 开发的一款用于可视化分析科学发现趋势与模式的免费软件。作为国内最早引入、使用和推广 CiteSpace 软件的研究机构，大连理工大学 WISE 实验室运用科学知识图谱工具取得了丰硕的研究成果。WISE 实验室刘则渊教授如此概括评价 CiteSpace 的特点和功能——“一图展春秋，一览无余；一图胜万言，一目了然”。

图 1.2 是利用 CiteSpace 对全部知识图谱研究文献的共被引分析结果，反映了知识图谱的发展历程。值得注意的是，图谱上部的知识群 C4 中，排序第二的关键节点为库恩的《科学革命的结构》。在此，它被用于从“范式”角度阐释共引聚类的形成。事实上，库恩关于以“范式转换”为核心的科学发现模式，已被 CiteSpace 软件作为对研究前沿演进发展的重要理论依据。

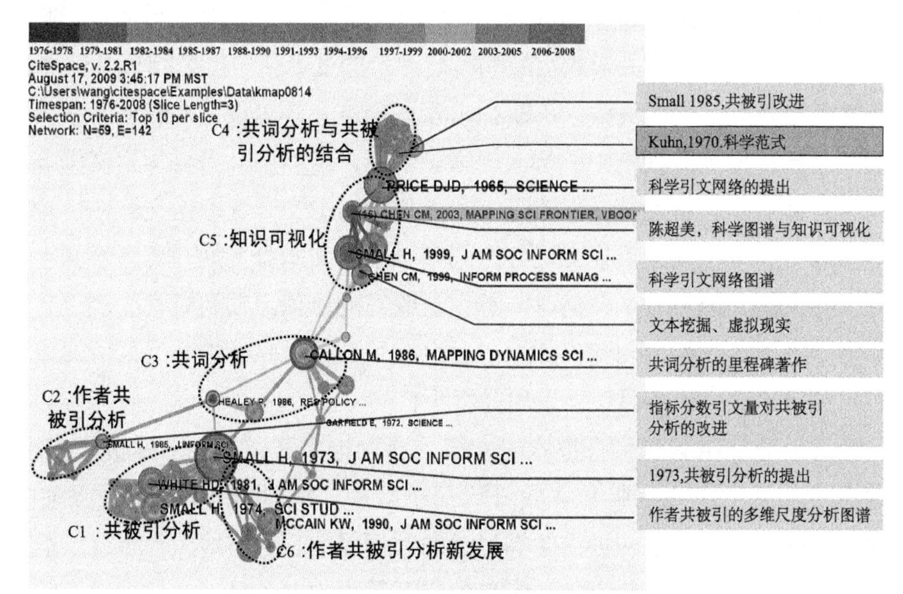

图 1.2 利用 CiteSpace 对知识图谱研究文献进行共被引分析

科学知识图谱以科学学理论和科学计量学为基础、以数学方法和计算机技术为两翼，变高度抽象为直观形象，丰富了科学计量学学者探索科学知识世界的手段，也为非专业领域人员打开了观察科学知识世界的窗口。

1.4 新的变革正在科学计量学领域悄然发生

1.4.1 单篇论文评价数据的涌现

学术出版的纸质时代，期刊是科学论文不可或缺的载体。科学论文从发表开始的整个生命周期，无论是被图书馆所收录，还是被读者所使用，无一不烙印着期刊的标签。也正是由于长久以来科学论文对于期刊的依赖性，传统的科研评价便建立在期刊评价体系之上。期刊影响因子（impact factor）、期刊是否被 SCI/SSCI 所收录等指标在评价科学论文学术影响力水平方面被广泛使用。

然而，2016 年 7 月，汤森路透集团宣布出售其旗下包括 SCI、期刊引证报告（Journal Citation Reports，JCR）等 6 项产品在内的知识产权与科技业务。这批构成期刊评价体系的代表性核心产品的二次易主，被认为向学术出版界和科学共同体传递出了意味深长的信息。与此同时，美国微生物学会（American Society for Microbiology，ASM）宣布其旗下期刊不再支持影响因子。山雨欲来，一场事关学术出版和科研评价的变革似乎已经响起了前奏。

学术出版数字化的浪涛，不断拍击着期刊这一人为设置的脆弱壁垒，科学论文逐渐从期刊的桎梏中被解放出来。目前，虽然名义上科学论文仍旧以期刊为载体进行出版发行，但实际上，人们检索论文、获取论文和评价论文等一系列行为所指向的目标，已经回归到科学论文本身。期刊真正意义上仅仅充当着来源，而不再是任何时候都无法脱离的母体。期刊概念的淡化，从根本上动摇了传统的期刊评价体系。反之，精准地以科学论文为评价对象和核心的单篇论文评价手段正焕发出勃勃生机。

得益于数字出版和信息技术的发展，科学论文通过各种形式被“使用”的数据被相关的学术出版商或数据库记录下来。纸质出版时代，论文如何被使用只能通过被引用和被借阅等形式的数据零散、粗略地统计观察。而现在，用户浏览论文、下载论文和保存论文等行为的电子足迹被精确地追踪记录下来，产生了海量的单篇论文评价数据。包括 Nature、Science 和 Springer 等在内的国际主流学术出版商也逐渐顺势应变地向读者开放这些后台记录保存的详细数据，为论文评价打开了一扇扇崭新透彻的窗口。

读者使用的是论文本身，并非期刊整体，而一本期刊所刊发的论文不会集中于完全一模一样的主题和对象，因此在期刊评价体系之下，读者使用行为的动机被模糊了。我们只能通过图书馆记录的期刊使用状况来粗糙地推测读者的学术动机。在数字化的单篇论文评价体系之下，这种情况发生了根本性的改观。读者在何时何地、通过何种手段和哪种工具、具体使用哪篇科学论文，都被客观、精准、全面地转化为数字语言表达出来。用户千差万别的使用行为、行为背后隐藏的使用动机全都变得可窥可量。科学计量学能够实证反映的研究对象不再局限于科学活动的客体和产物，而是扩展到了科学活动的主体和过程本身。

1.4.2 开放获取运动的蓬勃发展

科学有着天生的壁垒，为科学论文知识设定的高昂垄断费用无疑是将这座壁垒联通外界的透明的窗户也给死死封闭起来，人为阻断了科学与世俗公众的交流渠道，乃至于为科学共同体内部的交流机制增添了重重阻碍。当大众日益受科学之魅力所感染而崇尚科学之时，科学也逐渐走下神坛。畅通无形学院、负责任地推动科普工作的呼声与实际行动，使得科学的壁垒日渐坍塌，越来越多的先行者和出版商开始拆除窗户上的障碍，开放获取（Open Access，OA）运动在全球学术出版界蓬勃发展起来。

开放获取是数字化出版发展到一定阶段所不可回避的浪潮，它是对百年来封闭式学术出版的深刻反思，也是对未来开放式学术出版大环境的积极迎合。简单的收费方式的改变，却对科学交流和科学普及产生了划时代的意义。科研工作者将不再为所在机构未购买相关版权而苦恼奔走，社会公众也能够在兴趣的驱使下畅通无阻地走近科学知识的源头，科学信息的传播效率和公众利用程度都得到了显著提高。

公共科学图书馆（Public Library of Science，PLOS）、生物医学中心（BioMed Central）等是开放获取的杰出推动者，老牌顶尖学术出版商 Nature、Science 等也推出了诸多高质量的开放获取期刊，积极投身到来势汹汹的开放获取运动当中。根据 DOAJ 的统计，截至 2014 年，以 e-only 数字形式出版的开放获取期刊已超过 10 000 种。

2008 年，美国国立卫生研究院（National Institutes of Health，NIH）通过政策要求其所资助的研究人员“提交自己成果的同行评议手稿，在一年内免费张贴在公共医学中心数据库里”，以推动资助项目所获得成果的开放获取和公共利用。2014 年，美国国会通过了 *Showing the Text of the Consolidated Appropriations Act* 这一综合性经费法案，标志着美国联邦资助的研究项目面向每个人免费开放迈出了重要一步。

对于科学计量学而言，伴随开放获取运动而来的，还有一系列亟待解决的观念上的变革。从科学论文出版向社会大众打开大门的那一刻开始，科学计量学长久以来所观察和度量的现象背后的主导者发生了难以辨识的调整。发表论文的还是那一批科研工作者，引用论文的也还是那一批科研工作者，但更广泛意义上使用那一批论文的人，已不再仅仅局限于原来的科研工作者了。社会公众的科学兴趣成为判别论文受关注度的一项重要指标。科学论文的传播方式和路径也因为渠道的贯通而呈现缤纷多彩之势。开放获取运动不仅拓展了科学的胸怀和公众的眼界，也让科学计量学的研究视域变得前所未有的开阔。

1.4.3 社交媒体与补充计量学

人是社会关系的总和。过去，这只是一个高深浩渺的哲学概念。大众化社交媒体出现之后，交织在人类个体身上的社会网络以及在这张网络中源源不断流动着的信息清晰明了地展现出来。社交媒体如同一支支画笔，勾勒描绘着人与人之间无形的关联，并且以极高的效率创造出新的关联。

Twitter、Facebook、Google+ 和新浪微博等一众社交媒体平台迅速渗透进人们的日常生活中，影响着人们社会交往和获取信息的方式。在新媒体平台上，每一个人都可能成为内容的生产者与传播者，作为节点向社会交往的巨大网络中不断输送和过渡信息。在这张大网中流动的信息，可能是微不足道的生活动态，可能是对新闻时政的激烈交锋，可能是娱乐消遣的快餐头条，也有可能，是正在或即将改变世界的科学发现。

除了在大众化社交媒体平台上的传播，科学论文的社交传播也常见于学术社交媒体（如 Mendeley、ResearchGate、CiteULike 等）、网络博客媒体和传统主流媒体（如报纸、杂志、互联网门户等）。主导科学论文社交传播的主体可能是相关专业领域的科研工作者，也有可能是对相关科学发现深感兴趣的社会公众。无论传播者是谁，无论传播在哪类社交媒体平台上，科学论文的社交传播已不再属于正式的学术传播范畴，而是一种独立的新型传播方式。与正式学术传播所形成的学术影响力概念不同，这种新型的社交传播反映了科学论文另一个层面的影响力水平，即社会影响力。

科学论文的社会影响力表征着科学论文在社交媒体上所引起的热议和反响的程度。2010 年，整合统计学术型社交媒体、大众社交媒体、网络博客、传统主流媒体上科学论文传播状况的新型评价指标——补充计量学诞生。补充计量学的提出者 Priem 等将其定义为基于科学论文社会网络使用和科学交流活动测度的新兴计量学研究，并提出针对此类数据的研究开创了科学计量学 2.0 时代。目前，包括 Nature、Science、Springer、Scopus 和 PLOS 等在内的众多学术出版平台和数据库已在单篇论文评价页面嵌入由 altmetric.com 计算提供的补充计量得分（altmetric score）模块，为读者提供该篇论文社会影响力水平的参考。

补充计量学是单篇论文评价体系之下，科学出版数字化和科学交流网络化的必然产物。相比于经典科学计量学评价指标，补充计量学别出一格地开拓了新型数据源，继承了社交媒体高效传播信息的优点，表现出实时性的特征，能够在短时期内实现对单篇论文影响力水平的实时追踪评价，进而弥补了互联网环境下科学论文综合评价的缺陷与空白，也为观察科学发现的传播扩散路径提供了一个崭新的视角。

1.5 本章小结

数字化革命对于出版模式的重塑、互联网环境对于流动渠道的贯通、计算机技术对于研究工具的升级、开放获取运动对于学术壁垒的打破及社交媒体平台对于科研成果的传播，这些发生在科学论文出版方方面面的理论与技术的革新，使科学计量学研究迈入一个史无前例、眼界开阔并且矿藏丰富的新时代。

科学论文是科技进步的成果体现，是科学计量学得以萌生和发展的基础。日益激增的科学论文发表为科学计量学提供了数量庞大而又内涵丰富的研究对象。而科学计量学学科体系内部的知识发展以及信息技术的突破与应用，围绕科学论文衍生出庞大的单篇论文评价数据，使科学计量学面向的数据对象日益充盈丰富。科学论文的发文数据、引用数据、使用数据和补充计量数据共同构成了当代科学计量学的数据基础。

发文数据是科学论文的本体，囊括了论文的所有信息，亦即论文的元数据。而引用数据是基于参考文献部分产生的论文之间的关系数据，“科学论文的网络”正是建立和维系在引用数据的基础之上。发文数据和引用数据是科学计量学传统的数据对象。利用数理统计分析等研究方法，科学计量学的先行者们从文本出发，挖掘出了包括普赖斯定律、文献计量学三大定律等一系列具有重大意义的理论成果，为科学计量学奠定了不可估量的精神基础。

使用数据是业已发表的科学论文被各种方法使用之后产生的数据。补充计量数据则是记录科学论文在网络社交新媒体、学术型或通用型网站平台和学术型社交媒体等工具上的传播热议程度的数据。相较于发文数据和引用数据，使用数据和补充计量数据是在信息技术高度发达的时期产生的新兴数据类型。使用数据和补充计量数据的数据量比传统数据对象跃升了成倍的数量级，成为“科学计量学大数据”的主要构成部分。

使用数据和补充计量数据恰似放入科学计量学鱼缸中的两条鲶鱼，为整个学科体系带来了蓬勃的生机与活力。发文数据和引用数据在助力经典科学计量学研究取得瞩目成果的同时，也让科学计量学的眼界囿于狭小的科学共同体内部。历经几十年的发掘探索，数据来源的单一与研究方法的古旧使得科学计量学研究逐渐陷入换汤不换药的单调循环，缺乏令人耳目一新的学术成果。而使用数据和补充计量数据将更大规模科学论文使用者以及社会公众的情感倾向和实时动态纳入科学计量学的考察范围中，依托数据挖掘技术跨越式地拓展研究对象、提炼出新的研究问题，迅速创造着科学计量学的研究热点和前沿，谱写着科学计量学大数据时代的新篇章。

第2章 科学论文的科学计量分析：数据、方法与用途的整合框架

科学论文是科技进步的成果体现，是科学计量学得以萌生和发展的基础。日益激增的科学论文发表为科学计量学提供了数量庞大而又内涵丰富的研究对象。特别是大数据时代的来临，借助社交媒体工具，公众围绕这些数据所展开的超越科学共同体范围局限的讨论，极大地扩充了科学计量学数据对象的内容。面对这些海量的数据以及纷繁复杂的数据对象，依靠数据挖掘技术的力量是有限的，随着越来越多的科学计量学新指标的不断涌现，科学计量学领域正在掀起变革和创新的浪潮。

科学是将知识进行分类细化研究之后逐渐形成完整的知识体系，分科而学使得不同的学科各自围绕着核心命题，面向着范围相对有限的研究对象。但是科学计量学作为科学学研究的定量方面，其研究对象不受学科分类所桎梏。无论是自然科学还是社会科学，无论是传统学科还是新兴学科，无论是科学活动的主客体还是科学活动的过程，一切与科学进展相关的数据都可以成为科学计量学的研究对象。数据对象的数量相当庞大，并且科学计量学所要处理的数据绝大部分是一手的原始数据。数据的爆炸式增长，愈发需要依靠数据挖掘技术来进行信息处理，可以说科学计量学的数据对象本身就是纷繁复杂的“大数据”。厘清科学计量学众多数据类型的特点、用途和相互关

系，即整理与反思科学计量学发展至今其研究对象的深刻含义、实际意义和关联网络，将有利于科学计量学研究工作的规范化、有序化和科学化，助力科学计量学研究走上一条有迹可循、有法可效的学科发展道路。

2.1 科学计量学的研究数据体系：四大数据对象

20 世纪 60 年代诞生的科学计量学，其数据对象表现出多样化的特点和与时俱进的发展态势。本书将科学计量学的数据对象大致分为四大类型，即发文数据、引用数据、使用数据和补充计量数据。不同类型数据的出现时间、作为独立的研究方向受到关注的时间乃至获得科学共同体承认的时间都有所差别。更重要的是，各类数据的研究目的、研究方法不尽相同，这就使得对科学计量学的数据对象进行分类成为可能。

2.1.1 发文数据

科学论文的发文数据是论文自发表之日起就已经确定下来并且如无特殊情况不会随着时间的推移而发生变化的数据，亦即科学论文的题录数据、元数据。发文数据最本质地标识出科学论文的身份，传递出一篇科学论文最原始的信息，包括文章标题、研究主题、关键词、全文章节字数、作者资料、发表时间、出版来源和参考文献等内容。具体数据类型如表 2.1 所示。

表 2.1 发文数据的类型与简介

数据	简介
作者	论文的创作者、主题思想的提出者（通讯作者），以人名的形式出现，可以是一位或者多位。一般而言，在大多数学科，在多位作者的情况下，除了通讯作者之外，作者名字排列的先后顺序表明了不同作者对文章思想或创造工作的贡献程度，排名越靠前则贡献越大。近年来，还出现了并列第一作者、并列通讯作者的情况
作者机构	论文作者所从属的机构。机构可以是高等院校、研究院所、实验室、企业和政府部门等。除独立作者外，作者一般都有所属的机构信息
机构地址	作者所属机构的地域信息，即机构的空间地理位置，包括国家 / 地区、各级行政区划和街道地址
出版日期	出版日期即文献出版的时间，期刊文献的出版日期可能还包括期刊编辑部收稿日期
文章标题	文章标题是标明文章内容的简短语句，最直接地传达出全文的主题
摘要	摘要是全文的内容提要，简明扼要且不加议论地直述文章内容，以简略性语言介绍文章的研究背景、研究问题、研究目的和研究方法等内容。大部分学术期刊对摘要的体例结构没有要求，但是有些期刊要求写成结构化摘要

续表

数据	简介
关键词	关键词是科学论文的索引词汇，简洁精准地反映出文章探讨的主题，方便人们进行检索。论文关键词一般为 3 ～ 5 个
正文主体	正文主体即论文的主体部分，包括文章的引言、数据方法、结果和结论等最主要的部分
致谢	致谢部分用来表达作者对其文章成文付梓提供帮助的人、机构及基金项目的谢意
参考文献	参考文献列表是为了列举出对本研究思想产生影响的文献。出于学术规范的考虑，凡是对本研究思想产生影响并且在本研究中被引用的文献都应该按特定格式列入参考文献中，主要包括引用文献的作者、标题、文献类型、出版来源、出版日期和卷期页码信息等

2.1.2 引用数据

引用数据是对科学论文之间的引用状况进行统计后得出的数据，统计的对象是发文数据的参考文献数据，因而引用数据本身便是诞生于对发文数据的深层次的、联想性的挖掘。引用包括前向引用和后向引用。前向引用即发文数据的参考文献，提供的是某篇科学论文主动的施引信息；后向引用需要借助于其他科学论文的参考文献数据，间接地提炼出某篇参考文献被动的被引信息。前向引用和后向引用二者共同组成引用数据最基础的数据主体。引用数据的具体类型如表 2.2 所示。

引用数据目前最主要的来源是各大提供论文引用信息的数据库，如 Web of Science、Scopus 和 Google Scholar 等。但是，由于所有的数据库的收录范围都是有限的，并且是不完全一致的，所以任意单一数据库都不能全部覆盖所有科学论文的引用数据，都只是全体引用数据的一个子集。

表 2.2 引用数据的类型与简介

数据	简介
施引文献	对某篇先发表的文献实施引用行为的后发表文献的作者、标题、来源（刊名、著作名等）、日期、施引次数、施引位置（在文章的什么位置引用先发表文献）和施引情感（正面、负面和中性）等
被引文献	被某篇后发表的文献所引用的先发表文献的作者、标题、来源（刊名等）、发表日期和被引次数等

2.1.3 使用数据

使用数据是业已发表的科学论文被各种方法使用之后产生的数据。科学论文被使用的形式多种多样，但科学计量学中的使用数据所指的使用主要有两种类型：浏览与下载。根据文件格式，浏览主要是 HTML 格式，包括摘要浏览和全文浏览；下载又可以细分为 PDF 下载格式和 XML 下载格式（XML 是可扩展标记语言，是各种应用程序之间进行数据传输的最常用的工具），如表 2.3 所示。

表 2.3　使用数据的类型与简介

数据	简介
浏览数据	浏览数据包含 HTML 网页浏览行为和浏览结果。浏览行为是指用户在何时、何地（IP 地址）发生了浏览哪篇文献的行为动作；浏览结果是指一篇文献的被浏览次数，浏览次数即文献的摘要或全文通过各种形式被浏览的次数
下载数据	下载数据包括下载行为和下载结果。下载行为是指用户在何时、何地发生了下载哪篇文献的行为动作；下载结果是指一篇文献的被下载次数。文献下载次数即文献全文通过各种形式被下载的次数，下载的格式包括 PDF、XML 等

一般来说，浏览或下载文献是引用文献的必经之路，因此引用数据的存在势必意味着前期使用数据的大量堆积。在信息技术尚未兴起的年代，使用数据几乎是不可测度的，纸质文献的使用数据只能通过诸如图书馆的借阅次数等统计数据极为粗略地反映；网络信息时代的到来，让每篇电子科学论文的使用情况都变得可见可量，始终伴随着科学交流的使用数据终于以实际的形态现身于科学计量学的舞台。使用数据主要来源于能够提供使用数据的学术出版商，目前已经公开提供论文使用数据的学术出版商如表 2.4 所示。

表 2.4　提供论文使用数据的部分学术出版商和期刊

出版商或期刊	网址
PLOS	http：//www.plos.org；http：//almreports.plos.org
Nature	http：//www.nature.com
Science	http：//www.sciencemag.org
PNAS	http：//www.pnas.org
IEEE Xplore Digital Library	http：//ieeexplore.ieee.org/Xplore/home.jsp
ACM Digital Library	http：//dl.acm.org
Taylor & Francis	http：//www.tandfonline.com
Springer	http：//link.springer.com
Oxford Journals	http：//www.oxfordjournals.org
Frontiers	http：//www.frontiersin.org
Peer J	https：//peerj.com
eLIFE	http：//elifesciences.org

2.1.4 补充计量数据

近年来，altmetrics 是科学计量学尤为引人关注的研究前沿和研究热点。关于 altmetrics 的中文名称，先后有选择性计量学、补充型计量学、替代计量学等译法，笔者此前也曾为此纠结。在刘则渊教授的建议下，以及再次深入的文献调研和慎重思考，笔者认为，altmetrics 植根于网络和社交媒体，目前被广泛应用于测度学术成果在网络上产生的社会影响力，是对传统以引用数据衡量学术影响力的一种补充，而非替代。相对于目前广泛使用的“替代计量学”术语，“补充计量学”是更好的译法。因此，本书统一使用“补充计量学”作为 altmetrics 的中文译法。

补充计量数据是随着补充计量学的诞生而逐渐为人们所知晓并且承认的数据对象。补充计量学是通过收集科学论文在网络社交新媒体（如 Facebook、Twitter 等）、学术型或通用型网站平台（如 Wikipedia、ResearchGate 等）和学术型社交媒体工具（如 Mendeley、CiteULike 等）上的传播热议的数据，来反映科学论文的社会影响力的一种计量方法[1]，补充计量学所要收集研究的数据对象便是补充计量数据，具体数据类型如表 2.5 所示。目前，主要的补充计量数据网站有 http：//plumanalytics.com/、http：//altmetric.com/ 等。

表 2.5 补充计量数据的类型与简介

数据	简介
大众社交媒体传播数据	大众社交媒体传播数据即文献在大众社交新媒体上被传播讨论的情况，包括 Facebook、Twitter、Google+ 和新浪微博等。传播的形式根据新媒体特点的差异而各有不同，如 Twitter 的 retweets 和 comments、Facebook 的 likes 和 shares、Google+ 的 +1、新浪微博的转发评论等
传统主流媒体传播数据	传统主流媒体传播数据即文献在传统主流媒体上被报道传播的情况，传统主流媒体包括主流的报纸、杂志、互联网门户等
学术社交媒体传播数据	学术性社交媒体工具传播数据即文献在学术型社交媒体工具上被阅读收藏的情况，目前主流的学术型社交媒体工具有 Mendeley、ResearchGate、CiteULike 等
网络博客媒体传播数据	网络博客媒体传播数据即文献在博客上被传播讨论的情况，其数据来源既包括科学博客也包括非科学博客

由于社交传播具有低成本、高效率、大范围等特点，补充计量数据的产生与扩散相较于引用数据和使用数据也更加迅捷，且不仅仅局限于科学共同

体内部。补充计量数据是伴随着网络社交媒体的兴起而出现的，在四大数据类型中最具有大数据的特点，其诞生本身就是数据挖掘的结果。

2.2 四大数据对象的比较

科学计量学的数据对象一直在扩充，这种扩充是学科体系内部思想发展和信息技术不断为学科注入新鲜血液的结果，也符合科学共同体了解学科发展状况、丰富科研评价手段的迫切需求。发文数据属于奠基性的原始数据，其他数据类型的亮相登场都离不开发文数据率先传递的丰富信息；引用数据则重新发掘了发文数据的参考文献信息，以之为基础建立了论文间的关联网络，并且由于引用行为的目的性特点而成为科研评价的主力军；使用数据和补充计量数据则是源于人们为了弥补引用数据滞后性和片面性等不足而依靠信息计量技术进行的探索。四大数据对象有着明晰的承接关系，但是其用途却有着明显的区别。此外，不同类型数据的产生时间和数据量的变动趋势也存在差异，根据这些差异，可以实施不同的研究策略。

2.2.1 不同类型数据之间的差异

2.2.1.1 数据产生时间的差异

发文数据自科学论文发表之时起便已经产生了，而引用数据的部分内容，即施引论文的信息，也在论文发表之时产生。引用数据中的被引信息则需要历经时间的积淀，当引用某论文的科学论文开始出现时，该论文的被引信息才正式产生。而使用数据和补充计量数据的出现相较于引用数据的被引信息而言，产生的时间更早。一篇科学论文发表后极短时间内便会产生浏览、下载等使用数据，自这篇论文被用户在公共社交平台分享或讨论之时起，补充计量数据便产生了，使用数据和补充计量数据产生的具体时间具有即时性的特点。一般而言，使用数据的产生会在补充计量数据的产生之前，但也不排除作者或他人先将论文传播至公共社交平台并附以链接，然后才引起浏览和下载的情况，但按照普遍情况来说，四大数据对象的产生时间基本遵照着“发文数据、引用数据的施引信息—使用数据—补充计量数据—引用数据的被引信息”的顺序。

2.2.1.2　数据量变动趋势的差异

四大数据对象的数据量的时间变化趋势是不一样的（图 2.1）。笔者选取了 *PLOS ONE* 期刊 2012 年 9 月 28 日发表的 199 篇论文作为样本，收集了这些样本论文在发表后每一个阶段的各计量指标的数据量。图 2.1 显示的是所有论文每一指标的平均值的时间变化情况。通过这些不同时间点收集的数据，可以了解一篇论文发表后不同指标随着时间的动态变化情况。当一篇科学论文发表之后，引用数据由于引用的滞后，在论文发表后不久没有太大变化；但经过一段时间的酝酿，随着引用了该论文的其他论文的发表，引用数据将出现数据量的极速增长。使用数据的数据量在论文发表后的短时间内便开始积累，并且随着时间的流逝，一篇论文会由于各种原因被不断地使用，其使用数据的数据量也将一直呈现较为匀速的增长态势。对于补充计量数据中的社交媒体数据来说，它也是在论文发表后不久就开始出现，并且由于网络传播的即时和极速特性，如果论文具有传播价值，那么很快就可以达到数据量的高峰，而随着新鲜感被时间冲淡，社交媒体数据在后期很少会有数据量的提升，基本维持在早期的数据量水平。对于 Mendeley 这样带有更多学术色彩的补充计量数据，其数据的变化规律和引用数据有点类似，只是出现的时间点比引用数据要更早一些，位置比引用数据有一定程度的前移。

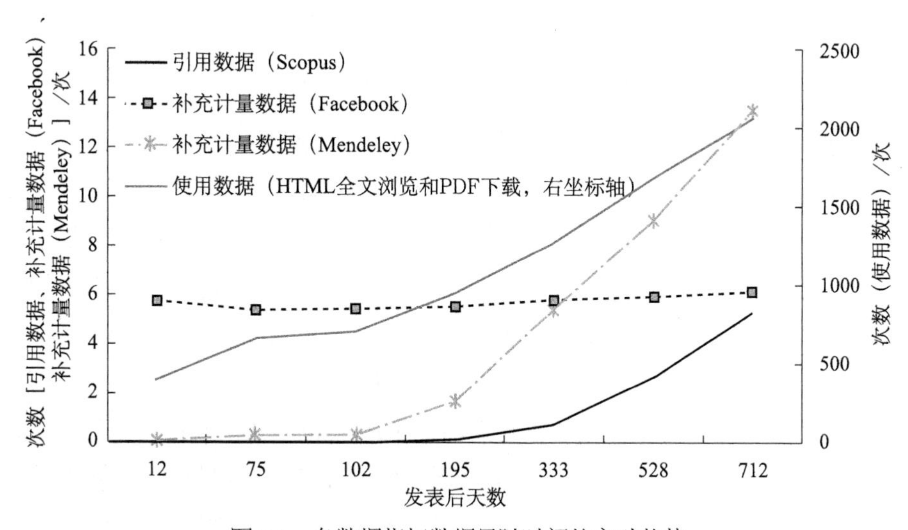

图 2.1　各数据指标数据量随时间的变动趋势

2.2.2 不同类型数据之间的联系

对于科学论文来说，不同类型的计量数据之间存在纷繁复杂的关系。笔者试图通过图 2.2 将其中的关系进行梳理。科学论文发表和出版之后，产生发文数据。论文被人浏览、下载，产生使用数据。部分浏览者在浏览论文之后，将其转发到社交媒体平台，产生补充计量数据。部分浏览者会将其作为参考文献在自己的论文中进行引用，产生引用数据。反过来，论文在网络媒体平台中的广泛传播，也会导致网络媒体的受众阅读原始论文，这就是补充计量数据反过来也会产生使用数据。

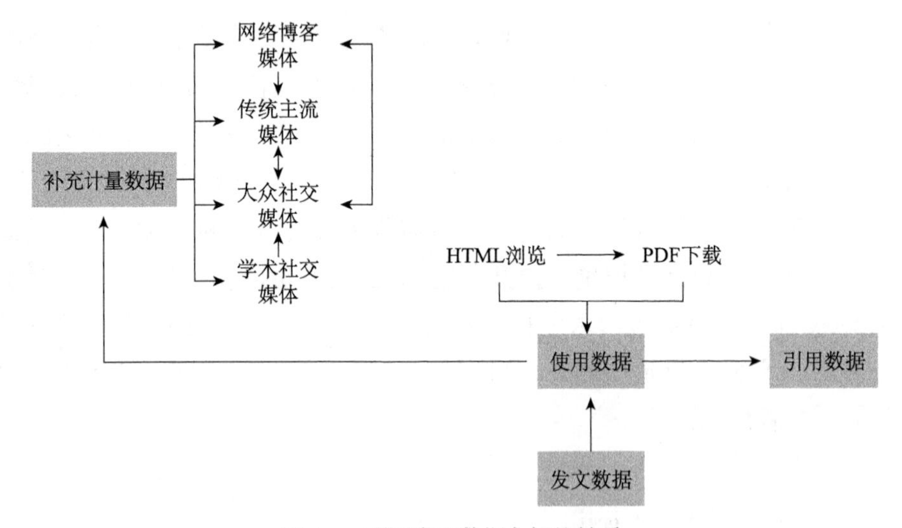

图 2.2 不同类型数据之间的关系

对于使用数据来说，论文一般是被 HTML 形式的网页快速浏览，只有当浏览者表现出极为强烈的兴趣时，才会下载 PDF 格式的论文。对于补充计量数据来说，按照上文中区分的大众社交媒体、学术社交媒体、传统主流媒体和网络博客媒体这几种形式之间同样存在复杂关系。论文在网络中的传播往往是以大众社交媒体和网络博客媒体作为起始点，尤以前者为甚。除了 *Nature*、*Science* 等少数期刊外，大部分学术期刊上发表的科学论文很难直接吸引到传统媒体的注意力。科学论文通过 Facebook、Twitter 等大众社交媒体平台开始传播，因社交媒体的病毒式传播特点，其很容易在短时间内就成为网络热点。由于许多大众社交媒体对于字数篇幅的严格限制，有些人会在网络博客平台上对科学论文进行更加深入的分析；反过来，网络博客媒体的跟进也会在社交媒体上被转发评论。所以，在图 2.2 的大众社交媒体和网络博客媒体之间有双向箭头连线。科学论文在大众社交媒体和网络博客媒体中形成的热点话题，会进一步被传统媒体跟进，反映到印刷媒体上 [2]。

网络媒体的广泛传播会带来更多的论文下载，产生更多的使用数据。而更多的使用数据，尤其是 PDF 下载数量，会导致更多的被引次数 [3]。

2.2.3　针对不同数据对象的研究策略

根据四大类型数据对象的产生时间和数据量变动趋势，可以制定出针对不同数据的科学计量学研究策略。发文数据属于无论何时都可以进行研究的数据对象，因为它产生的时间最早且数据量不会发生变化。引用数据属于需要耐心等候时间检验的数据对象，一般需要待到论文发表两年之后，才有足够的研究价值。使用数据的数据量一直在增加，越到后期数据量越大，但是由于使用数据被提出来的目的之一是代替引用数据发挥评价作用，所以在引用数据可以发挥作用之前，使用数据的研究价值最大，也就是一般在论文发表后的两年之内，同时使用数据的数据量在不断变化，因此使用数据也是可以开展实时追踪研究的数据类型。补充计量数据被提出的目的之一与使用数据一样；同时，补充计量数据最主要反映的是社会公众对于科研成果的态度，这种态度与专业的科学精神不同，往往是伴随着新鲜感或个人兴趣，且补充计量数据随着时间的变化很小，所以补充计量数据的研究也需要做到“保鲜”，也就是在论文发表之后不久，补充计量数据有更大的研究价值。

2.3　科学计量学研究方法与各数据对象的针对性使用

2.3.1　科学计量学研究方法

科学计量学的众多方法从本质上可以归结为两大类，即统计分析方法和共现分析方法。统计分析方法侧重于精确量化科学计量学元素的出现频次，以数理统计的手段客观地对数据中的各类元素进行计次、计算。按统计所针对的数据对象的主要用途又可将统计分析方法分为元数据统计和影响力统计两类。共现分析方法则侧重于展现同类科学计量学元素之间的内在联系，其主要研究对象是论文的元数据，并以元数据中的同类元素在各种情境下的共同出现为依据来判别元素间关系的强弱程度。共现分析方法本质上是以数理统计结果为基础的对元数据的更深层次的挖掘和更高标准的聚类。按研究对象数据中元素共现的情境又可将共现分析方法分为合作分析、共被引分析和耦合分析三类。

2.3.1.1 统计分析方法

（1）元数据统计。元数据的主要用途是客观准确地传达科学论文的基本信息，对元数据的统计一般情况下是通过较为简单的计次的手段分别加总元数据中不同元素的出现次数，如作者统计、机构统计、国家/地区统计、词频统计和基金资助统计等。元数据统计反映的是科学论文成文出版后不受主观因素干扰的客观事实。

（2）影响力统计。引用数据、使用数据和补充计量数据的主要用途是度量科学论文所产生的学术影响力或社会影响力，因而针对这三大类数据的统计分析可纳入影响力统计的范畴，即引用统计、使用数据统计和补充计量得分等。“影响力”一词本身就具有很高程度的主观性，包含着受众对于科学论文的主观评判，侧重于度量影响力的科学计量学数据是成文出版后受众主观意识的产物，并且还会随着时间的推移发生有增无减的变化。所以，相比于简单客观的元数据统计，影响力统计要复杂一些，可能会涉及加权、标准化等数学计算方法。

2.3.1.2 共现分析方法

（1）合作分析。当共现分析所面向的目标元素共同出现在一篇科学论文的作者简介信息里时，它表明这些共同出现的作者之间、这些作者所属的机构或国家/地区之间存在着合作的关系。经统计后的共现次数越多，则说明元素间的合作关系越强烈。因而，所要探测的元素间的内在联系是合作关系的共现分析方法即为合作分析，如作者合作分析、机构合作分析和国家/地区合作分析等。

（2）共被引分析。当共现分析所面向的目标元素共同出现在一篇科学论文的参考文献列表里时，则表明这些共同出现的参考文献本身，或者其作者、来源期刊之间存在着某种异于合作关系的联系。这种联系可能是导源于文献间共同的研究主题、作者间共同的研究方向，抑或是期刊间共同的研究领域。这种情境下的共现分析即为共被引分析，包括文献共被引分析、作者共被引分析和期刊共被引分析等。

（3）耦合分析。与共被引分析相对应，当共现分析所面向的目标元素共同引用了一篇科学论文时，这些施引的元素则形成了一种逆向的共现关系，即耦合关系。耦合关系形成的基础与共被引关系类似，也是由于共同的研究主题、方向或领域使得元素间勾连起内在的联系。展现耦合关系的共现分析方法就是耦合分析，耦合分析也包括作者耦合分析、文献耦合分析和期刊耦合分析等。

2.3.2　四大数据对象可适用的科学计量学研究方法与用途

2.3.2.1　发文数据

发文数据是科学计量学最初的数据研究对象，也是早期文献计量学的统计对象，即使不依靠现代信息技术的深度挖掘，而是仅通过传统数理统计手段，发文数据也能传达出有价值的科学发展的规律性结果。科学计量学早期众多杰出的奠基性成果就是导源于对发文数据的钻研和反思。发文数据的数据来源较广，传统纸质出版时代，期刊或论文集等纸质文献是发文数据的主要来源。而当今电子出版时代，纸质文献虽然依旧是发文数据的来源之一，但更主要的数据来源是各类全文数据库或索引数据库。

随着专门性的科学论文数据库的问世以及数据挖掘技术的发展，基于统计分析方法和共现分析方法，发文数据的内在价值也被深度发掘出来。针对科学论文的发文数据，可适用的具体研究方法及各自的用途如表 2.6 所示。发文数据的存在是其他类型数据得以出现及发挥作用的基础，其他数据对象本质上是二次使用发文数据后所产生的数据，例如，对发文数据所包含的参考文献数据的统计催生了引用数据，对论文发文数据使用状况的统计催生了使用数据，对发文数据社会影响力的统计催生了补充计量数据，如果发文数据缺失，那么其他数据对象便也失去了存在的本源。

表 2.6　发文数据可适用的研究方法与用途

分析要素	研究方法	用途	相关文献
作者	作者统计	评价作者科研绩效	A. J. Lotka[4]
	作者合作分析	作者合作的特征、模式	M. E. J. Newman[5，6]、杜建等[7]

续表

分析要素	研究方法	用途	相关文献
机构	机构统计	评价机构科研绩效	P. Mitra[8]
	机构合作分析	机构合作特征、模式	王贤文等[9]
地址	国家 / 地区统计	评价国家 / 地区的科研绩效	T. W. Braun 等[10]
	国家 / 地区合作分析	国家 / 地区的合作特征、模式	T. Luukkonen 等[11，12]
出版日期	出版日期统计	评价对象的时间发展趋势	D. J. de Solla Price[13]
标题、摘要、关键词	词频统计	通过词频分析、共词分析呈现学科领域的研究热点、知识结构或发展趋势	G. K. Zipf[14]
	词共现分析		J. P. Courtial[15]、Q. He[16]、程齐凯和王晓光[17]、王曰芬等[18]
基金	基金资助统计	分析基金资助效率等	Wang 等[19]、王贤文等[20]
参考文献	引用统计	通过参考文献进行统计分析可以得到直接引用等数据，是被引次数等评价指标的数据基础	见表 2.7
	共被引分析	对参考文献进行作者、期刊共被引分析，可以对研究者群体、期刊进行聚类划分，文献共被引分析可供进行文献的聚类划分和研究前沿的识别	见表 2.7

2.3.2.2　引用数据

通过引用数据，科学论文被编织成一张有密有疏、有连有断、有分有合的巨大网络[21]，这张网络的连线彰显出科学思想的传承情况与发展脉络。发文数据让科学论文以点的形态出现，而引文索引则让这些原本看似孤立的点有了联系，从此一篇文献、一种思想乃至一门学科的演进历程都可以被追溯。通过对施引论文之间、被引论文之间、施引论文与被引论文之间的相关数据这三类主要引用数据的分析，可以获取单独依靠发文数据所无法呈现的深层次信息。

基于一般的统计分析方法，引用数据可被用于开展侧重于衡量科研成果质量水平的科研评价相关工作，或者是引申开发出众多更加复杂有效的评价方法和指标；基于共现分析方法，通过参考文献数据一般包括的被引文献的标题、作者姓名、出版时间和出版来源等信息，则可开展耦合或共被引分析。引用数据具体研究方法与各自的用途如表 2.7 所示。

表 2.7 引用数据可适用的研究方法与用途

分析要素	研究方法	用途	相关文献
施引文献	文献耦合分析	文献耦合网络的聚类划分，识别研究前沿	M. M. Kessler[22]，K. W. Boyack 和 Klavans[23]
被引文献	文献共被引分析	文献共被引网络的聚类划分，识别研究前沿	H. Small[24]
施引文献的作者	作者耦合分析	研究群体的聚类划分	D. Zhao 和 A. Strotmann[25]
被引文献的作者	作者共被引分析	研究群体的聚类划分	H. D. White 和 B. C. Griffith[26]、K. W. McCain[27]、H. D. White 和 K. W. McCain[28]、M. J. Culnan[29]
施引文献的期刊	期刊耦合分析	期刊聚类划分	H. G. Small 和 M. E. Koenig[30]
被引文献的期刊	期刊共被引分析	期刊聚类划分	M. Tsay 等[31]、K. W. McCain[32]、王贤文和刘则渊[33]
施引、被引文献的出版日期	统计分析	科学论文利用效率	A. F. J. van Raan[34]
被引次数	统计分析	论文学术影响力评价；作者学术影响力评价（*h* 指数等）；期刊学术影响力评价（期刊影响因子等）	P. L. K. Gross 和 E. Gross[35]、J. E. Hirsch[36]、E. Garfield[37]

2.3.2.3　使用数据

如今，越来越多的学术出版商开始提供科学论文的使用数据，部分出版商如 PLOS、Science、PNAS 等甚至详细区分不同格式的使用数据以供读者参考。使用数据往往都被用于通过信息技术统计方法来获取实时性或计次性的量化结果。基于这些使用数据，可以进行一系列仅仅依靠发文数据和引用数据无法开展的研究。使用数据具体研究方法与各自的用途如表 2.8 所示。

表 2.8 使用数据可适用的研究方法与用途

分析要素	研究方法	用途	相关文献
浏览数据	浏览数据统计	展现单篇文献自发表起被使用的基本状况；评价文献影响力；识别研究热点；识别研究前沿；预测论文被引次数，等等	G. Lippi 和 E. J. Favaloro[38]、S. Jahandideh 等[39]、D. E. O’ Leary[40]、Wang 等[41–43]、王贤文等[44]
下载数据	下载数据统计		

2.3.2.4 补充计量数据

所谓补充，即在引用数据不能发挥作用的情况下发挥补充作用。引用数据不能发挥作用的情况有两种，其一是上文提到的引用数据的时滞性问题。在这种情况下，反应及时迅速、效果立竿见影的补充计量数据便可以补充性地用于科研评价；而由于使用数据也可以在这种情况下发挥补充作用，所以有观点认为，使用数据应当包含在补充计量数据之中，作为补充计量数据的一个子集。但是，使用数据和补充计量数据在数据采集来源、数据获取方法、数据计算方法、数据的主要使用目的、推动数据产生的行动者动机和数据产生次序等方面存在着诸多不同之处，所以以包含关系来混淆使用数据与补充计量数据二者的区别有所不妥，区分开这两种数据对象对于保持学科的规范性和术语的严谨性都有重要意义[45，46]。

引用数据不能发挥作用的另一种情况则是，对于科学论文社会影响力的度量。在这种情况下，与其说补充计量数据起到了补充的作用，不如说补充计量数据是对引用数据的一种补充。因为引用数据仅限于表达科学共同体内部对于科研成果的承认，所以它不能反映社会公众对于科研成果的态度；本身就是来源于社交传播网络、信息的生产者就是社会公众自身的补充计量数据，则可以弥补引用数据的不足，测量出科学论文的社会影响力。这种影响力主要是通过统计分析方法以补充计量得分的形式呈现出来，目前Nature、PLOS等学术出版商已经开始直接提供科学论文的补充计量得分或间接提供科学论文在Google+、Facebook、Twitter和Mendeley等平台上的分享或储存次数，以便于读者了解文献的社会影响力。反过来补充计量数据可用于搜寻在社会网络中产生突出影响的科学成果，构建出高社会影响力的文献库[47]，捕获为社会大众所接受、具有研究价值和发展潜力的科研命题。

2.3.3 方法使用中存在的问题

在对发文数据进行统计时，需要根据不同的应用场景选择不同的统计方式。以作者分析为例，对作者发文量的统计有时候需要统计所有的作者，有时候只需统计第一作者；在统计所有作者的时候，还需要考虑是按照等权的方式进行统计，还是按照作者排序赋予不同的权重。不同的统计方式，可能会得到迥然不同的结果。

利用被引次数作为评价指标也有它自身的局限性。这主要体现在两个方面：首先，被引次数具有较大的时间滞后性，无法对新兴的研究热点和新出现的研究趋势进行识别和评价；其次，被引次数不考虑引用的动机和强度，而在实际的引用行为中，每篇引文对于施引文献的重要性不同，简单的被引次数统计无法将这一内容纳入考量范围。对于前者的局限性，就可以借助使用数据和补充计量数据作为补充；对于后者，基于全文本内容的引文分析方法可以通过对引文在全文中的位置分布、引用行为和动机的深度挖掘有效地弥补这一缺陷。

论文的使用数据比引用数据更具时效性。但是，由于用户下载行为和动机无法准确识别，如果将使用数据运用于科研评价的话，有可能会催生论文下载数据的造假行为。

补充计量数据是测量论文社会影响力的重要数据来源。但是，对各种补充计量数据进行统计时，如何全面和准确地对多源数据的权重大小进行衡量，是需要研究的问题。

2.4　本章小结

在本章中，笔者将科学计量学的数据对象划分为四种类型，即发文数据、引用数据、使用数据和补充计量数据。对每一数据类型的内涵、所包含的内容、相互之间的区别与内在联系进行了详细比较。各类数据的特点与研究目的都不尽相同，因此，有必要采取针对性的研究策略与研究方法。在本章中，笔者针对每一类型的数据对象，将科学计量学的数据对象、研究方法和目的用途这三个层次联系起来，列举了可适用的研究方法以及可以实现的研究目的和用途，从而构建出科学计量学的整合分析框架。该框架可以为科学计量学研究提供一个方法论的指引，有利于科学计量学研究工作的规范化和科学化，助力我国的科学计量学研究走上一条有迹可循、有法可效的学科发展道路。

第3章 科学论文的使用数据

对于科学论文来说，被引数百次已经是少见的高被引论文了，大多数论文在发表数十年之后的被引次数往往也只有数十次。但是，绝大多数论文的下载次数都以成百上千计。相比科学论文的发文数据和引用数据而言，科学论文的使用数据具有大数据的特征。

以 PLOS 的数据为例，截至 2013 年 5 月 20 日，PLOS 发表了 80 602 篇论文，这 8 万多篇论文共计被引用 48 万多次，PDF 下载次数将近 5000 万次，而 HTML 网页浏览次数高达近 2 亿次。PDF 下载次数是 HTML 阅读次数的 24.7%，而 CrossRef 引用次数只有 HTML 阅读次数的 0.2%，如图 3.1 所示。

3.1 数字出版、互联网与科学论文使用数据的形成

随着电子出版物的发行，科研工作者查阅和发表论文的方式与纸质出版时代相比发生了革命性变化。50 年前发表论文的主要方式是纸质发表，现在基本所有的文献都可以在电子出版物中检索到。在纸质出版时代，文献检索受到很大的限制，人们需要在图书馆检索自己所需要的文献，以复印、拍照和借阅等方式满足对文献的需求。现在人们只需要向搜索引擎发送几个简单的命令就可以获取需要的文献信息。

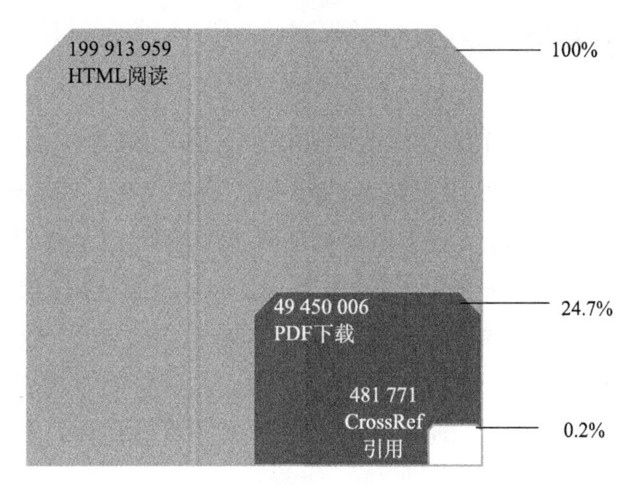

图 3.1　截至 2013 年 5 月 20 日发表的 80 602 篇 PLOS 论文的计量数据

资料来源：Lin J，Fenner M. Altmetrics in evolution：Defining and redefining the ontology of article-level metrics.Information Standards Quarterly，2013，25（2）：20-26

不同于纸质出版，电子出版物可以记录读者浏览、保存和评论文章的每一个行为。事实上，系统在用户检索电子出版物时会记录检索的内容、时间、地点等，尽管系统无法记录用户潜在的心理活动，如检索动机、检索意图等，但是，目前已经有研究人员提出利用读者对论文的下载内容数据来探测其目前正在从事研究内容的新方法[41]。

从 1991 年首个 Web 浏览器诞生开始，Web 服务便开始不断渗透到科研领域，当时读者只是通过 Web 浏览器进行简单的文献检索和下载，直到 Web2.0 出现彻底改变了传统的文献传播方式。Web2.0 是促成这个阶段各种技术、产品和服务的总称，是以 Myspace.com、WordPress、YouTube、Facebook 和 Twitter 等网站为代表，以 blog、tag、SNS、RSS 和 wiki 等应用为核心，依据六度分割、XML 和 AJAX 等新理论和技术实现的新一代互联网模式[2]。在 Web2.0 环境下，论文信息的传递不仅单一地依赖于电子出版物，还可以通过社交媒体（如 Twitter、Facebook 等）、网络学术工具（CiteULike、Mendeley、ResearchGate 等）等进行传播。据统计约 2.5% 的科研工作者有 Twitter 账号[48]，目前有研究发现，在社交媒体、学术网络上讨论和评价论文会在较短时间内引起较高的论文下载次数[49]。因此，Web2.0 环境对于论文传播提供了新的潜在推动力。

3.2 使用数据的相关研究

随着电子网络和学术社交媒体的发展，多样化的用户使用行为被搜索引擎记录下来，并且为科研工作者提供了宝贵的参考。有观点认为，使用数据计量（usage metrics）是补充计量的子集，但事实上使用数据计量出现在补充计量之前。早在纸质出版时代，就有学者通过追踪纸质出版物的使用数据进行文献计量学研究，如对图书馆数据相关的统计学和模型的研究。有很多科研人员还通过抽取样本、烦琐的步骤或者二者综合的方法获取纸质出版物的使用数据[50-52]。使用数据应当被视作一种独立的数据类型。

一些出版商（并非全部）提供的单篇论文层次的计量指标主要包括HTML 浏览次数、PDF 下载次数、Scopus 和 CrossRef 等引用次数、Twitter 和 Facebook 的讨论次数、Mendeley 读者数和 Citeulike 收藏次数等。从研究内容上看，目前对科学论文使用数据的研究主要集中在使用数据指标间相关性分析、指标特点分析和论文发表后各指标遵从的时间模式分析。

3.2.1 相关性分析

对使用指标的相关性研究主要集中在对科学论文下载次数与被引次数相关性分析[53]、下载次数与学术社交网络中讨论次数相关性分析[54-56]、文献管理平台中读者数与被引次数相关性分析[53，54]等方面。

大量关于使用指标相关性的研究表明，下载次数和被引次数之间存在强相关性，学术社交网络数据与被引次数间存在较弱相关性。例如，基于论文在 Twitter 和 arXiv 上被转发次数与论文的被引次数相关性分析中发现，社交网络评论次数和论文发表后 7 个月的被引用次数间存在强相关性[49]。Bar-Ilan 和 Schlögl 分别在研究中发现，可免费下载 PDF 论文、收藏论文和进行参考文献管理的跨平台软件 Mendeley 中的读者数量和被引次数间相关性很低，并分析了造成该结果的原因可能是 Mendeley 软件账户构建时间和读者群体等[53，54]。但是，Thelwall 在对 2008 年发表的基因学和遗传学论文的研究中发现，Mendeley 和 Scopus 间有强相关性。笔者在对封面论文与非封面论文的使用数据相关性分析中发现，封面论文并不会得到更多读者的关注[57]。

3.2.2 指标特点分析

电子出版商提供使用数据的详细程度越来越高，自 2012 年 12 月起，*Nature* 系列期刊开始提供 2012 年 1 月后发表论文的使用数据，公布论文浏览量的时间跨度细化到了每一天，这为科研人员分析科学论文的使用数据提供了更详细的数据来源。因此，科研人员对使用数据各指标的特点和差异的相关研究不断深入。

虽然以前有研究表明，科学论文的下载次数和被引用次数之间存在强相关性，但是在论文发表后，下载次数和被引次数间却存在不同的退化特点。由于论文网络预先发表和纸质刊出发表之间存在时间差，论文下载次数一般在论文的网络预发表之后就会即时产生。论文网络预发表当年有很高的下载次数，在论文发表两年后下载次数曲线达到顶峰，并且前两年的累积下载量达到总累积下载量的一半 [58]，甚至有研究发现，论文下载量存在周期性变化规律 [59]。而被引次数的出现则要晚得多，论文发表当年的被引次数非常少，在论文发表 2 ～ 3 年后被引次数曲线才能达到顶点，有很大的时间延迟 [38]。

学者们在对社交媒体 Twitter 评论数的特点研究中发现，论文发表后引发 Twitter 的关注要比下载来得更快 [49]。Twitter 对新论文的反应大约发生在一天之内，在论文发表 40 天后，Twitter 评论总数达到顶峰，然后迅速退潮。

3.2.3 时间模式分析

目前，很多学者通过使用数据各指标特点和相关性来分析指标间的时间模式。基于 arXiv 上的 4606 篇论文在发表 7 天后 Twitter 上评论数、7 个月后的被引次数和下载次数的研究发现，论文发表后用户的下载行为和在社交媒体上的讨论行为遵从不同的时间模式 [49]。由于社交媒体在论文发表后反应很快，Twitter 上的评论会引起更多学者的兴趣，这些或许会导致较高水平的下载量。Twitter 上的讨论次数与论文发表后短期被引次数有相关关系。Lippi 在研究中发现下载次数和被引次数间存在强相关性，高下载次数会导致高被引次数 [38]。笔者在对 PLOS 的研究中提出论文发表后遵从的时间模式为：社交媒体评论导致论文的浏览从而引起下载，对论文的浏览和下载导致论文被引[3]。

科学论文是科学研究产生的重要成果之一，科研工作者通过阅读别人的文献来了解想要了解的领域。很早以前，科研文献只能通过纸质形式看到，随着网络的发展，科研文献被录用能够及时出现在出版商的网站中，科研工作者在线就可以看到最新录用的论文，而不必等到期刊发表之后。论文实时下载次数成为研究科研工作者的工作、科研情况的一种新型数据，目前，国内外对于下载数据的研究主要分为两个方面。

（1）第一类集中在对论文及期刊的评价上。传统对论文的评价主要是分析论文的引用次数，而一篇文章自发表后，最少需要两年的时间，才可以获取该论文的引用次数，具有一定的滞后性。由于用户数据是在论文发表当下甚至是论文刚刚网络预发表就能够获取到，所以国外的学者使用 arXiv 数据库中的下载数据，探讨论文的下载次数和引用情况之间的关系[60]。基于论文下载、Twitter 讨论及早期引文的学术记录所引起的影响力的关系，可以更早地对论文进行评价[49]。2014 年，笔者等对 Springer 的用户数据进行动态分析研究，发现一篇普通文章的平均生命周期为 4.1 年，也就是一篇文章发表 4 年后，就会很少再被关注[58]。之后，笔者又对 *PLOS Biology* 期刊中的用户数据进行分析，分析出封面文献并不能获得更高的关注程度及影响力[57]。在期刊评价方面，Haustein 收集了 45 本 *Physics* 期刊在 CiteULike 上的标记数据，提出了 Usage Ratio、Usage Diffusion 和 Article Usage Intensity 等评价期刊的指标。Favaloro 指出，影响因子作为目前期刊评价中最重要的评价指标有一定的局限性，一本期刊中的不同文献的质量也有所差异，所以影响因子只能代表期刊中一部分文献的影响情况，他还提出，可以使用下载数据作为评价单篇论文需要考虑的因素[51]。

（2）第二类主要是通过对下载数据进行分析，运用到其他领域。2012 年，笔者等通过收集 Springer 文献的实时下载数据，对美国、德国和中国科学家的工作时间做了比较，发现了美国、德国和中国三个国家的科学家的不同作息习惯[43]。2006 年，约翰·博伦在他的论文里指出，当时科学图谱的绘制主要是基于作者和引文，由于出版物和引用的延迟，这些数据只代表了过去的科学结构。他在文章中收集了洛斯阿拉莫斯国家实验室（Los Alamos National Laboratory）研究社区的论文使用数据，发现使用下载数据绘制一个本地的科学社区非常有意义，所以他建议使用下载数据来确定目前研究趋势[61]。

3.3 使用数据的产生机制

来自哈佛－史密松森天体物理中心的迈克尔·库尔茨是较早开展使用数据的学者之一，在他和洛斯阿拉莫斯国家实验室的约翰·博伦发表于 2010 年的《使用数据文献计量学》(*Usage Bibliometrics*) 一文中提出了使用数据的服务－请求模型 (service-request model)[59]。在该模型中，一端是用户 (user)，即使用者；另一端为学术资源 (scholarly resources)，包括著作、期刊文献和数据集等。在两端之间由信息服务 (information service) 起到传递中介 (mediator) 的作用。当用户出于对某一资源的兴趣或者需求，向信息服务发出请求 (request) 时，信息服务将会对请求进行处理，然后返回与资源有关的服务 (service) 或者将资源以某种形式展现给用户，如图 3.2 所示。

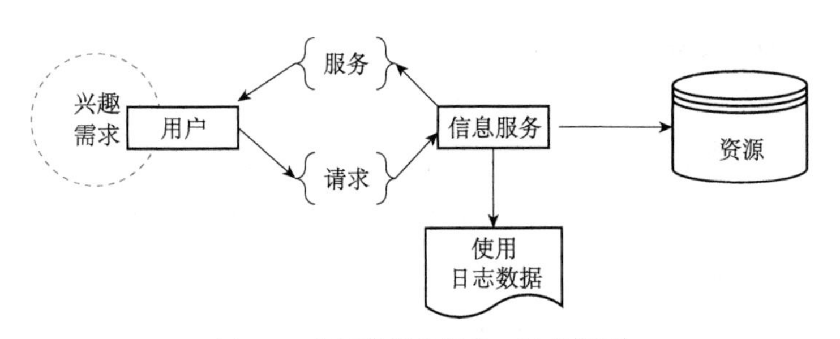

图 3.2 使用数据的服务－请求模型

在信息服务给用户的请求提供服务的过程中，用户的使用行为会产生一连串的使用数据，以日志文件的形式记录在信息服务提供者的服务器中，这些使用数据包括用户的 IP 地址、访问时间、停留时间、访问渠道、来源地区和访问内容等，如 *PeerJ* 为每篇论文提供的读者指引链接数据 (referrals)，以及 Frontiers 出版社提供的读者来源地区及人口学信息等。

不论是学术搜索引擎 (Google Scholar、Academic Microsoft)，还是学术出版商 (Elsevier、Springer、Wiley、Frontiers)，抑或是学术数据库 (Web of Science、Scopus) 等，在为用户提供学术资源服务的过程中都积累了大量的使用数据，但是，是否将这些使用数据向大众开放以及选择将哪些使用数据向大众开放，则取决于公司或者期刊的政策。近年来，越来越多的出版商、期刊和数据将使用数据向公众开放，其中包括知名的出版商 PLOS、Taylor & Francis、Frontiers、IEEE Xplore 和 Nature，学术期刊 *Science*、*PNAS*、*PeerJ* 和 *eLIFE*，学术数据库 Web of Knowledge 等。

3.4 使用数据的获取来源

3.4.1 学术出版商

3.4.1.1 PLOS

PLOS 是美国科学公共图书馆（the Public Library of Science）的简称，该机构由生物医学科学家哈罗德·瓦尔缪斯（Harold E. Varmus）、帕克·布朗（Patrick O. Brown）和迈克尔·艾森（Michael B. Eisen）于 2001 年创立，其自身定位是一家非营利性学术出版机构（nonprofit publisher）。PLOS 采取开放获取的出版模式，目前一共出版 7 本期刊，分别是 *PLOS ONE*、*PLOS Biology*、*PLOS Computational Biology*、*PLOS Neglected Tropical Diseases*、*PLOS Medicine*、*PLOS Genetics* 和 *PLOS Pathogens*。

单篇论文层次的计量指标是对一系列影响力指标的综合，如图 3.3 所示。这一系列指标从各种角度对研究成果进行评价，包括：使用（usage）；引用（citations）；社交书签和扩散活动（social bookmarking and dissemination activity）；媒体与博客报道（media and blog coverage）；讨论活动与评级（discussion activity and ratings）。

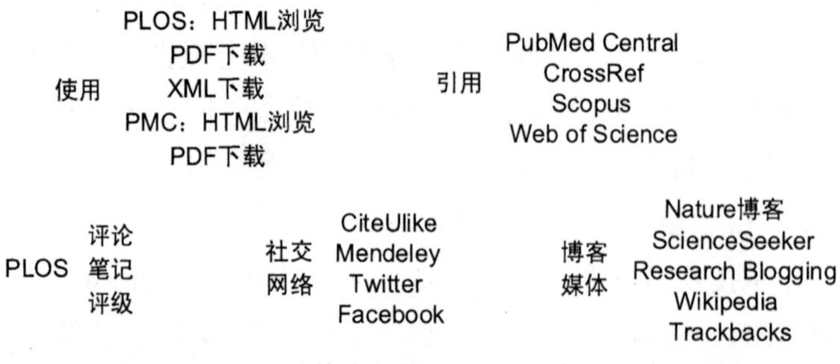

图 3.3 PLOS 单篇论文层次的计量指标及包含内容

在 PLOS 出版的论文页面，有一个专门的 Metrics 选项，点开后可以查看每一篇 PLOS 出版的论文的单篇文献计量（metrics）数据。

例如，对于 DOI 号为 10.1371/journal.pbio.1000285 的论文，其 metrics 页面如图 3.4 所示。PLOS 的 metrics 提供论文的使用、引用、保存和分享次数，并且提高自论文发表之日起每个月的使用数据。使用数据又分为 HTML 网页浏览、PDF 下载和 XML 下载。PLOS 的使用数据来自 PLOS 自身平台和 PubMed Central 平台。将鼠标悬停在图 3.4 的曲线图上方，将会出现一个弹出窗口显示该月份的详细数据情况。

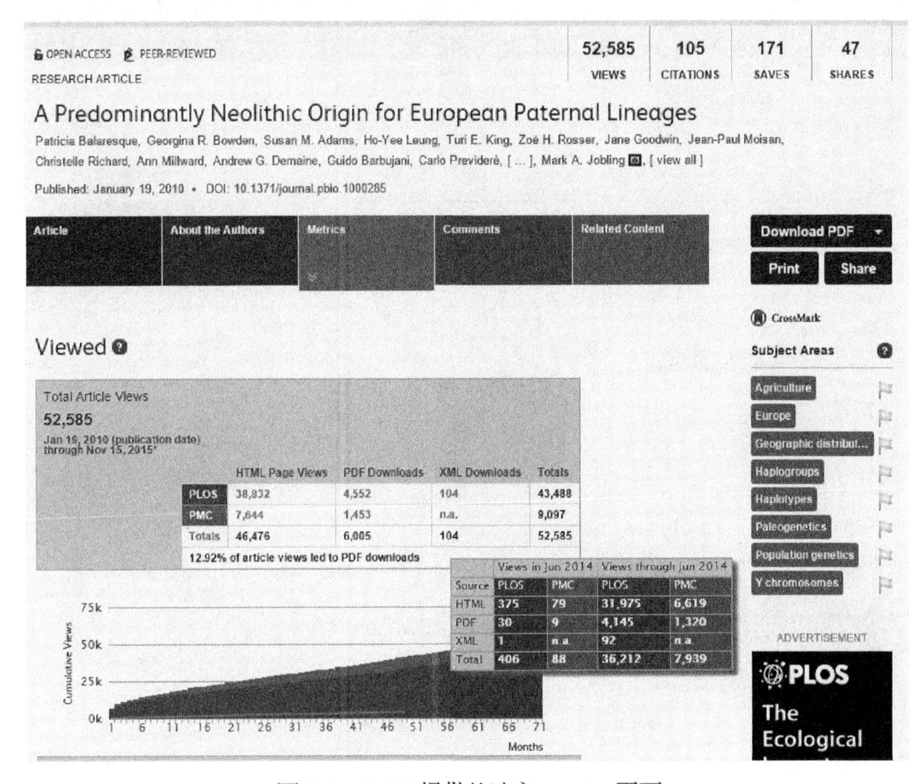

图 3.4　PLOS 提供的论文 metrics 页面

除了在论文的全文页面显示 metrics 数据之外，PLOS 还有专门的 ALM 平台提供单篇论文层次计量数据。网址是 http：//almreports.plos.org。从该平台可以批量下载 PLOS 出版论文的发文数据、使用数据和补充计量数据。

图 3.5 是 PLOS 的 ALM 平台的高级检索页面，检索字段包括题目、作者、摘要、主题和出版日期，以及论文的录用日期、DOI 号等众多非常详细的字

段。在检索窗口的最下方可以选择检索的具体期刊。

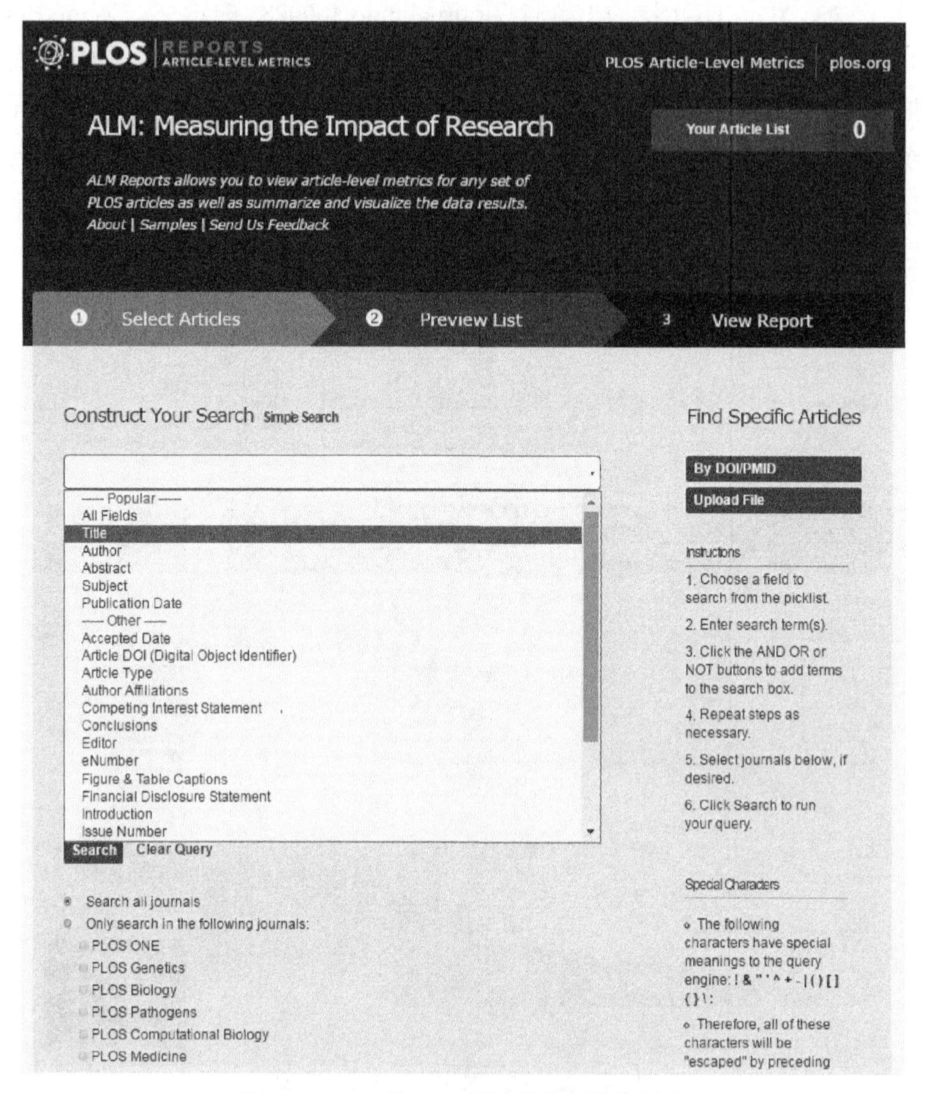

图 3.5 PLOS 的 ALM 平台的高级检索页面

在 ALM 平台的检索页面中，期刊选择 *PLOS Biology*，论文出版日期选择 2015 年 1 月 1 日至 2015 年 7 月 31 日，得到图 3.6 中的检索结果，一共有 178 篇论文命中检索目标。

点击“Select all”，然后再点击“Select the remaining 153 articles”，将这 178 篇论文加入到检索列表中，然后进入预览列表“Preview List”中，如图 3.7 所示。

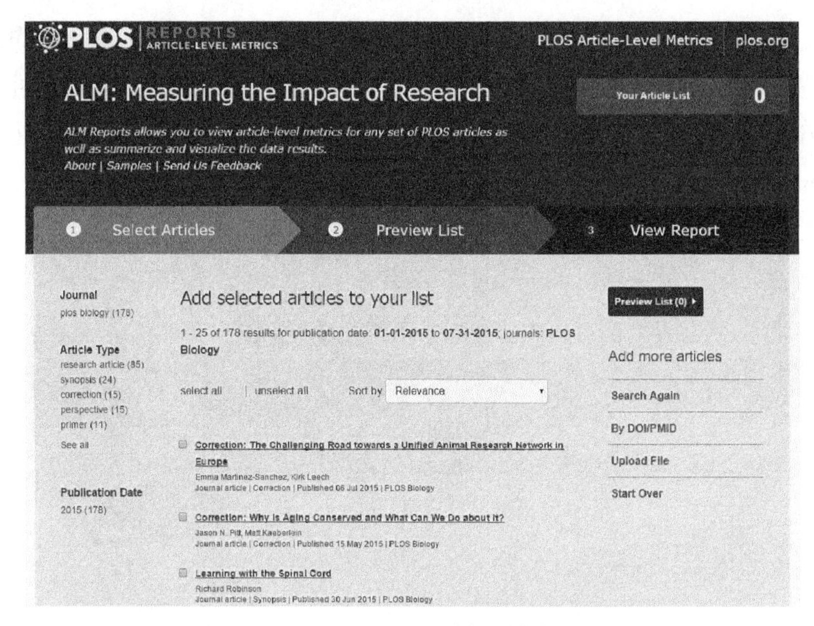

图 3.6 PLOS 的 ALM 平台的检索步骤 1

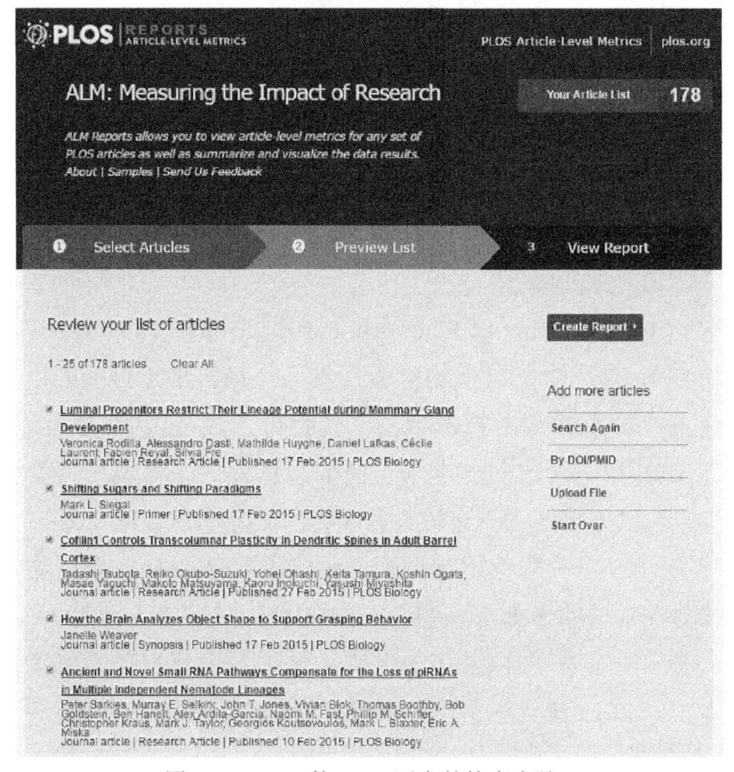

图 3.7 PLOS 的 ALM 平台的检索步骤 2

在图 3.7 中的页面中进一步点击“Create Report”，将进入图 3.8 的浏览报告“View Report”页面。此时，你可以选择下载 Metrics Data，也可以选择“Visualizations”选项对这些 Metrics Data 进行可视化展示，还可以选择“Downloads”进行下载。

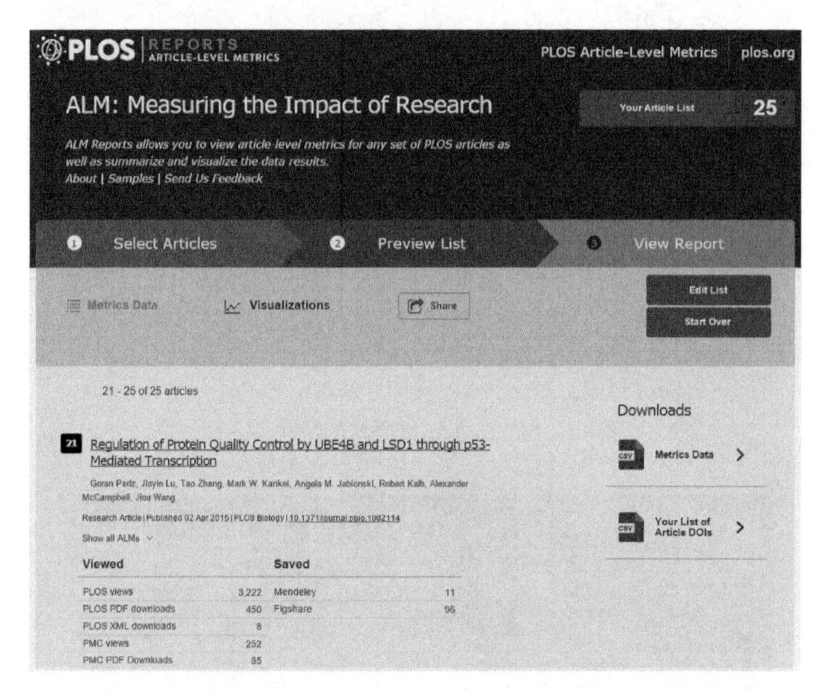

图 3.8 PLOS 的 ALM 平台的检索步骤 3

3.4.1.2 IEEE Xplore

IEEE 的全称是 Institute of Electrical and Electronics Engineers（电气和电子工程师协会），是一个国际性的电子技术与信息科学工程师的协会，是目前全球最大的非营利性专业技术学会，其会员人数超过 40 万人，遍布 160 多个国家。IEEE 致力于电气、电子、通信、计算机工程及相关学科的教育与技术进步，现已发展成为具有较大影响力的国际学术组织。

IEEE 出版 100 多种同行评审期刊，出版的科技文献占全世界电气与电子工程、计算机领域的 30% 多。每年，IEEE 还在全世界各地举办 1600 多个学术年会和会议。此外，IEEE 还是电气、电子、计算机和通信领域许多标准的制定者。以 2013 年为例，IEEE 有超过 900 项有效标准，还有 500 多项标准正在制定中。

作为 IEEE 旗下的学术文献数据库，IEEE Xplore 主要提供计算机科学、电机工程学和电子学等相关领域文献的索引、摘要及全文下载服务。它基本覆盖了 IEEE 和英国工程技术学会（Institution of Engineering and Technology，IET）的文献资料，收录了超过 300 万份文献（截至 2016 年 7 月）。

IEEE Xplore 数据库的收录内容包括：170 余种期刊；1400 余本会议论文集；5100 余项技术标准；2000 本左右著作电子版；400 余门教育课程。

每个月，IEEE Xplore 数据库还有大约 2 万篇新增文献。

IEEE Xplore 对于其出版的每一篇期刊论文、会议论文、技术标准和著作都提供 metrics 数据，包括自发表之日起每个月的使用数据（最早可以回溯到 2011 年 1 月份，对于技术标准可以回溯到 2013 年 1 月份），如图 3.9 所示。

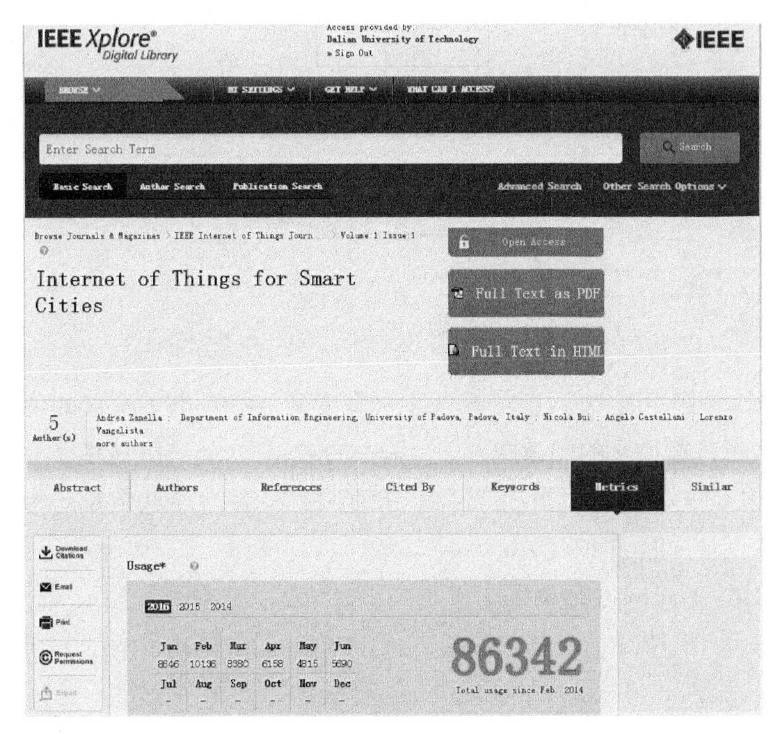

图 3.9 IEEE Xplore 提供的 metrics 指标情况

3.4.1.3 Frontiers

Frontiers 是瑞士洛桑联邦理工学院（EPFL）的科学家在 2007 年成立的学术出版公司，是建立在出版商和社交网站基础上的现代发行模式，采取开放获取的出版模式，成立不到 10 年，已经发展成世界上最大的 5 家开放获取出版公司之一，并于 2014 年获得出版创新的 ALPSP 金奖。Frontiers 的出版领域涵盖 14 个科学和医学专业领域，2015 年发表开放获取论文超过 4 万篇。Frontiers 出版的期刊中，有 16 种进入 SCI 检索。2013 年 2 月，英国自然出版集团（Nature Publishing Group，NPG）发表声明和 Frontiers 结成战略联盟，NPG 和 Frontiers 共同通过开放获取出版和开放科学工具，促进研究人员采用新的学术交流的方式。双方网站（nature.com 和 frontiersin.org）的相互链接可让读者在两个网站上直接阅读对方的开放获取论文（图 3.10）。

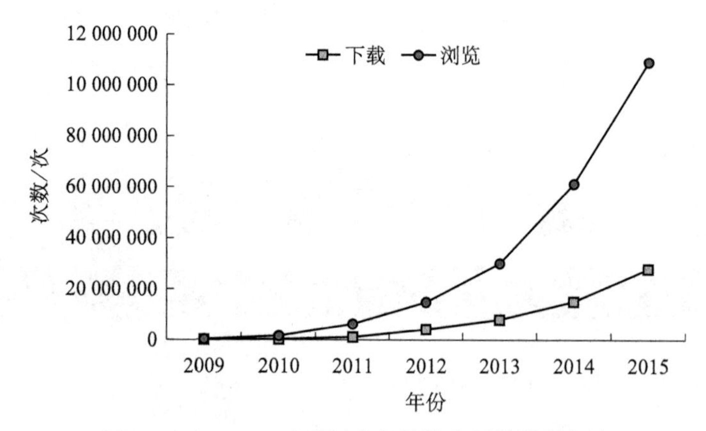

图 3.10　Frontiers 出版论文的浏览和下载数据统计

Frontiers 出版社对于其发表的每一篇论文，都提供了论文的使用数据信息，包括每篇论文的阅读数据（分为 HTML 网页浏览和 PDF 下载两种形式），以及论文读者的位置信息（经纬度坐标），并且这些数据是每天更新的，如图 3.11 和图 3.12 所示。

3.4.1.4　Nature 出版集团

2012 年 10 月 31 日，*Nature* 正式推出 Nature Metrics 指标。对于 *Nature* 主刊及一系列子刊从 2012 年 1 月 1 日起发表的研究性论文（包括 article、letter、review、brief communication、perspective 和 correspondence），都提供每一篇文章的 article metrics 指标。具体指标有被引次数、补充计量得分和页面浏览量（Page views）。*Nature* 的 Page views 除了显示每篇文章的被下载总数之外，还能详细到每一天的下载数量，如图 3.13 所示。

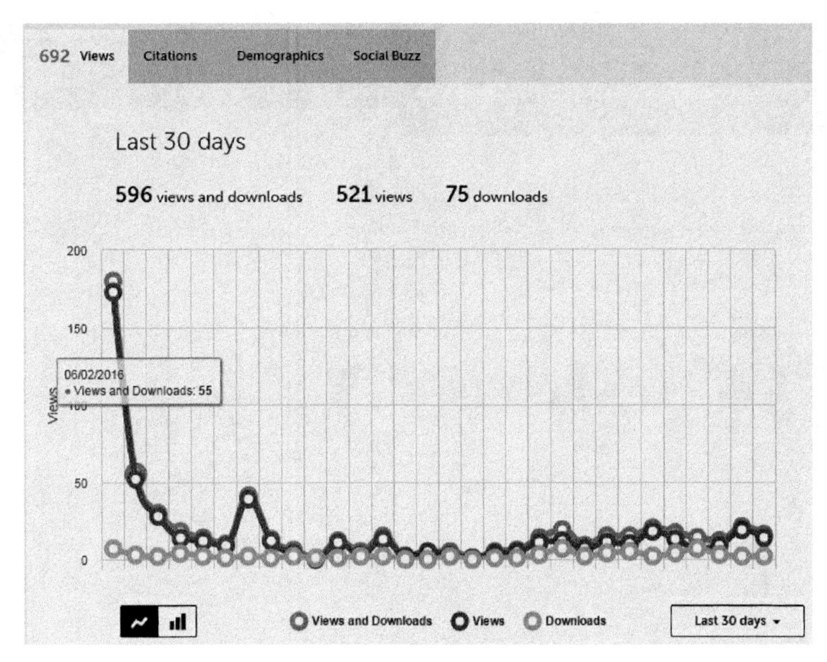

图 3.11　Frontiers 出版的某篇论文的阅读数据统计（数据每天更新）

资料来源：http：//journal.frontiersin.org/article/10.3389/fnins.2016.00020/full#impact[2010−07−29]

图 3.12　Frontiers 出版的某篇论文的阅读数据的实时地理分布

资料来源：http：//journal.frontiersin.org/article/10.3389/fnins.2016.00020/full#impact［2016−10−20］

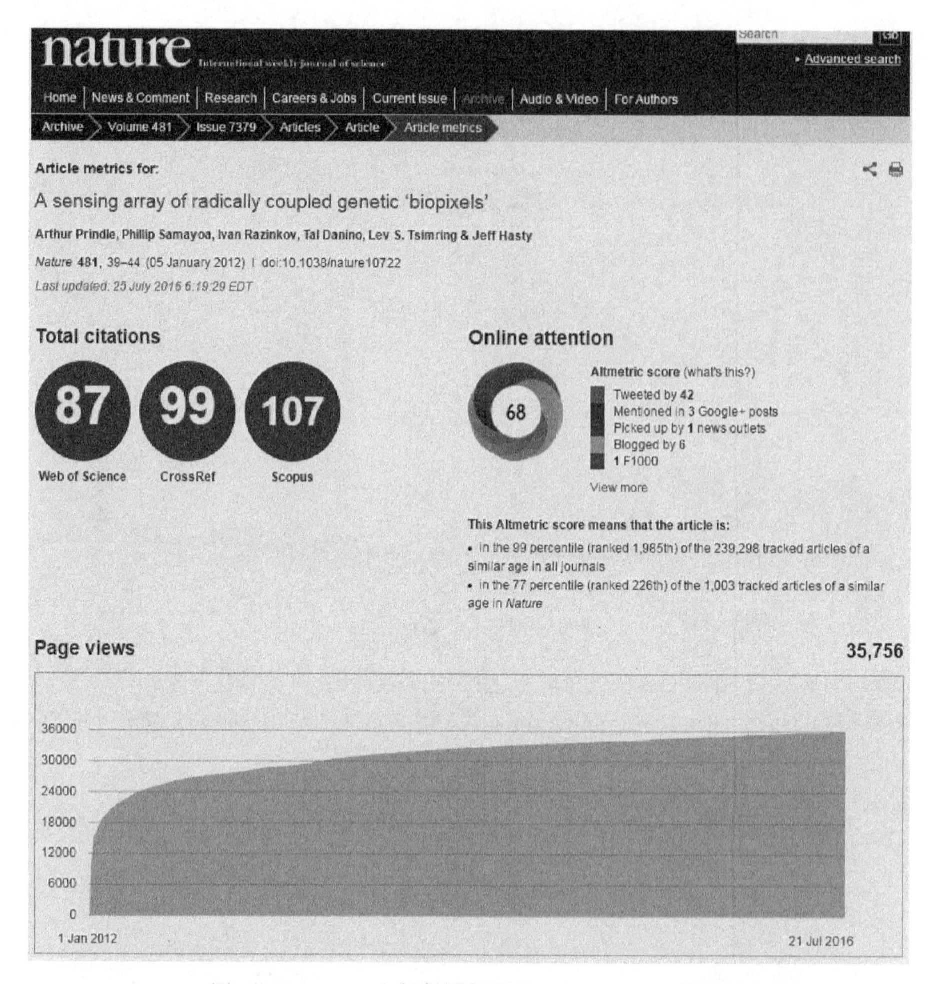

图 3.13　Nature 出版集团提供的 article metrics 指标情况

此外，面向公众提供论文使用数据的学术出版商还有国际计算机学会（Association for Computing Machinery，ACM）、英国医学期刊出版集团（British Medical Journal，BMJ）和 Taylor & Francis 等。

3.4.2　学术期刊

3.4.2.1　*Science* 期刊

2015 年年初，美国 *Science* 杂志向公众提供其出版的每一篇文献的使用数据（article usage），包括论文摘要浏览次数（Abstract）、HTML 网页浏览（Full）、PDF 下载（PDF）。对于 1996 年及以后发表的文献，使用数据的提供从 1999 年 1 月份开始。对于 1999 年及以后发表的文献，使用数据的提供从发表时开始。对于发表较早（1996 年以前）的文献，使用数据的提供可以回溯到 2006 年 7 月。*Science* 期刊的使用数据是按月统计的（图 3.14）。

Science Home News Journals Topics Careers

SHARE 0 0

Article usage

	Abstract	Full	PDF
Jan 2000	1496	2235	860
Feb 2000	133	436	165
Mar 2000	78	245	102
Apr 2000	33	152	67
May 2000	21	131	69
Jun 2000	15	95	38
Jul 2000	7	93	49
Aug 2000	2	70	41
Sep 2000	27	87	31
Oct 2000	18	108	51
Nov 2000	7	105	33
Dec 2000	13	86	49
Jan 2001	12	98	43
Feb 2001	10	104	49
Mar 2001	20	88	39
Apr 2001	15	95	45
May 2001	6	70	38
Jun 2001	2	55	44
Jul 2001	2	58	21
Aug 2001	8	66	35
Sep 2001	12	56	35
Oct 2001	3	88	38
Nov 2001	6	72	25
Dec 2001	5	45	20
Jan 2002	13	81	47
Feb 2002	11	36	16

图 3.14 *Science* 期刊提供的 article usage 指标情况

3.4.2.2 *PeerJ* 期刊

PeerJ 期刊创立于 2013 年 2 月，是一本生物学和医学领域的开放获取期刊。*PeerJ* 由物理学家彼得·宾菲尔德（Peter Binfield）和遗传学家詹森·霍伊特（Jason Hoyt）联合创办，旨在降低研究人员发表成本，提高发表技巧，为研究人员提供一个 21 世纪的发表平台。作为曾出色经营开放获取期刊 *PLOS ONE* 的出版商，宾菲尔德创办 *PeerJ* 的目的是"进行一次试验，探索开放获取是否能够做得更好"。该期刊独特之处在于：研究人员只需一次付费，即可终身免费发表论文。该期刊为研究人员提供了三种"会员计划"：基本计划——研究人员支付 99 美元，每年只能发表一篇论文；增强计划——研究人员支付 169 美元，每年可发表两篇论文；研究者计划——支付 259 美元，研究人员在其学术生涯内可无限发表论文。同时，新期刊也将遵循开放同行评议的方式，审稿人可选择是否匿名，作者可选择是否发表审稿人意见。

2015 年，*PeerJ* 进入 SCI 数据库检索。2016 年，*PeerJ* 的影响因子为 2.183。*PeerJ* 提供了每篇论文详细的使用数据计量，包括论文的访问者数量、浏览次数和下载次数（图 3.15）。

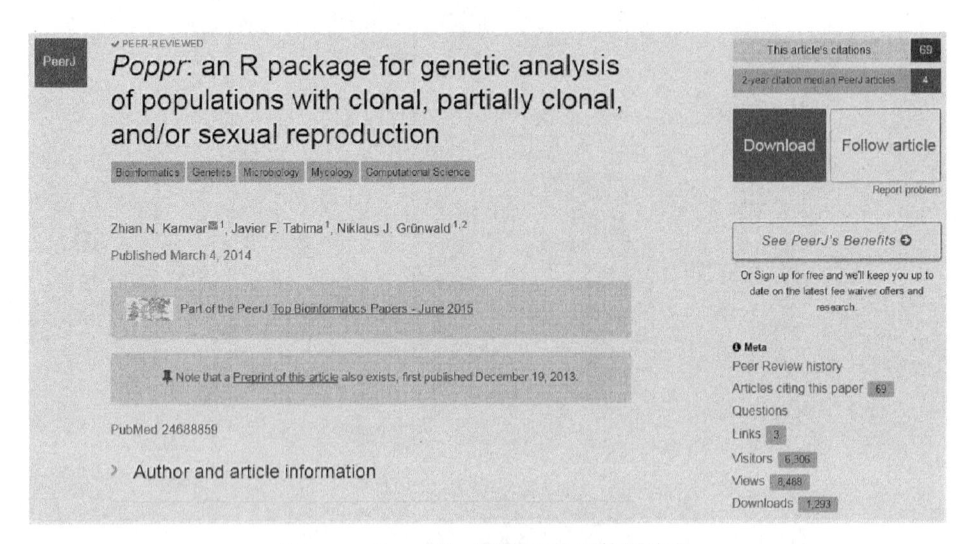

图 3.15　*PeerJ* 期刊提供的使用数据情况

点开图 3.15 中 meta 中的 visitors 或者 views、downloads，即可以看到详细的指引链接（referrals），其中包括总论文指引（top referrals）链接和社交媒体指引（social referrals）链接。通过这一数据，可以知道读者的来源方式，即读者是通过点击什么链接找到该论文的。*PeerJ* 提供的这一数据非常独特、新颖，具有重要的学术研究价值，如图 3.16 所示。

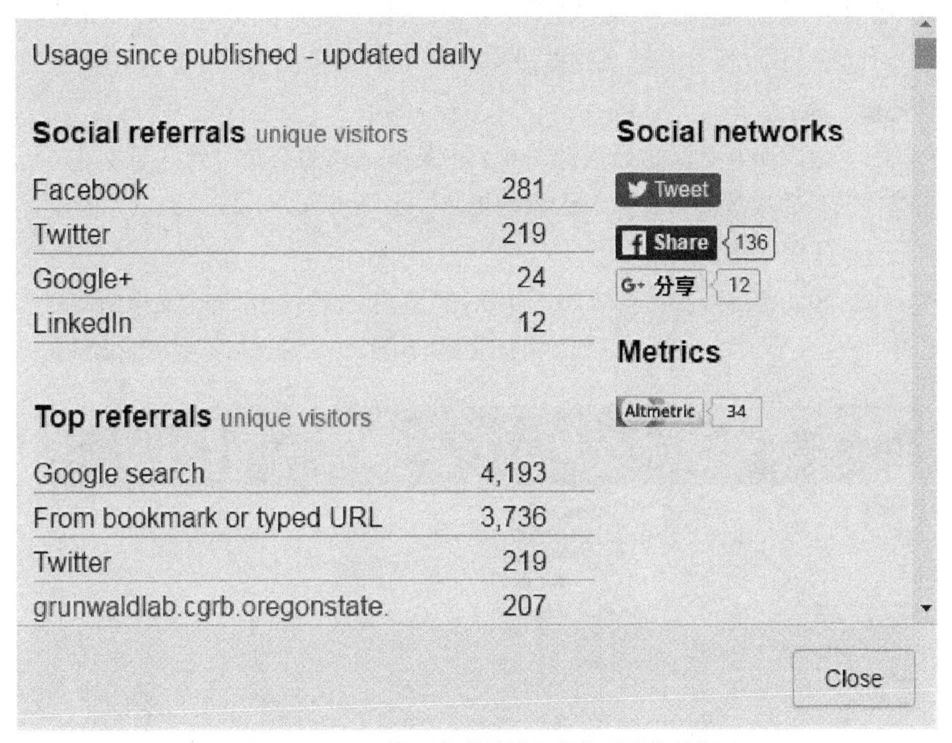

图 3.16 *PeerJ* 期刊提供的详细的指引链接数据

此外，面向公众提供论文使用数据的学术期刊还有 *PNAS*、*eLIFE* 等，以及一些大型学术出版商的某些期刊，如牛津大学出版社的 JAMIA（*Journal of the American Medical Informatics Association*）等。

3.4.3 学术数据库

除了学术出版商、学术期刊之外，还有其他的论文使用数据收集来源，其中典型的是以 Web of Knowledge 为代表的综合性学术数据库。

2015 年 9 月 26 日，Web of Science 发布了平台的 5.19 版本，增加了一项使用题录层次的数据指标，即使用次数（usage count）。使用次数可以衡量用户对 Web of Science 平台上一个特定项目的关注程度。该计数反映了某篇论文满足用户信息需要的次数，具体表现为用户点击了指向出版商处全文的链接（通过直接链接或 Open URL），或是对论文进行了保存以便在题录管理工具中使用（通过直接导出或保存为可以之后重新导入的其他格式）。使用次数记录的是全体 Web of Science 用户进行的所有操作，而不仅限于使用者所在机构中的用户。如果某个项目在 Web of Science 平台上有多个不同版本，那么这些版本的使用次数将加以统一。使用次数每天更新一次。

（1）最近 180 天。这是最近 180 天内某条记录的全文得到访问或是对记录进行保存的次数。该计数每天滚动更新，会随着固定时段结束日期的推进而上升或下降（图 3.17）。

（2）2013 年至今。这是从 2013 年 2 月 1 日开始某条记录的全文得到访问或是对记录进行保存的次数。该计数可能会逐渐增长，或是保持不变（图 3.18）。

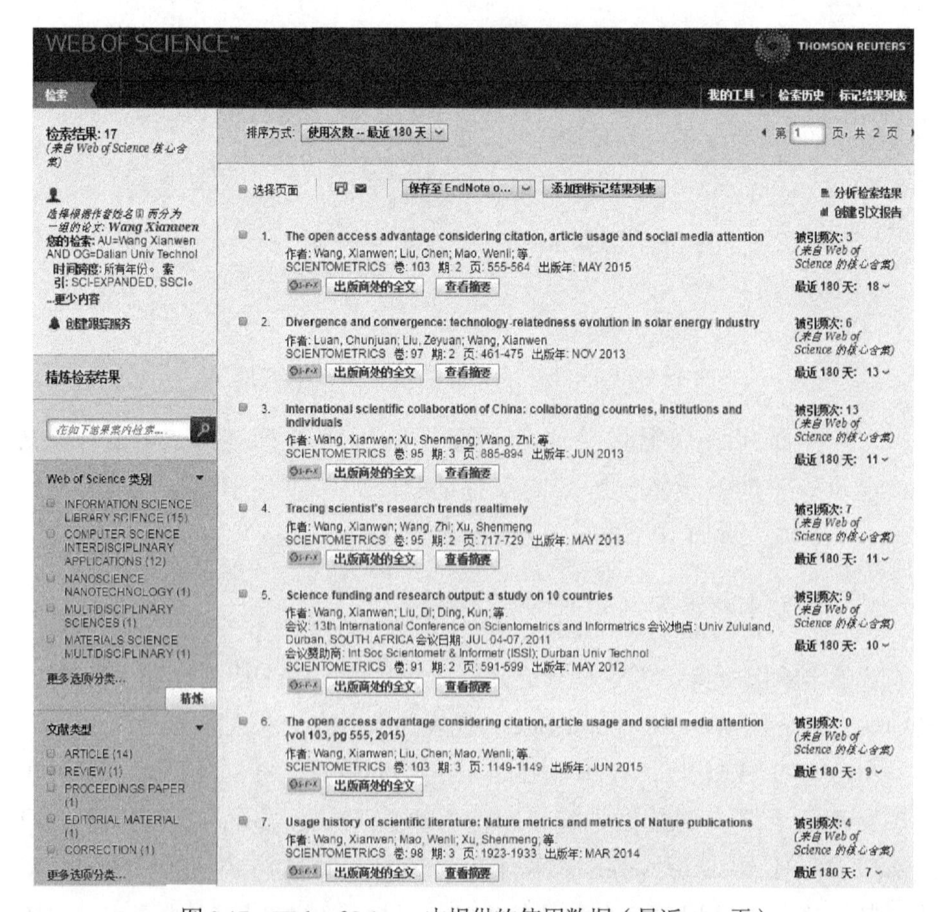

图 3.17　Web of Science 中提供的使用数据（最近 180 天）

图 3.18　Web of Science 中提供的使用数据（2013 年至今）

点击具体的某一条检索记录，进入到图 3.19 所示界面中，可以看到该记录的各项详细数据，包括最近 180 天和 2013 年至今的使用次数。

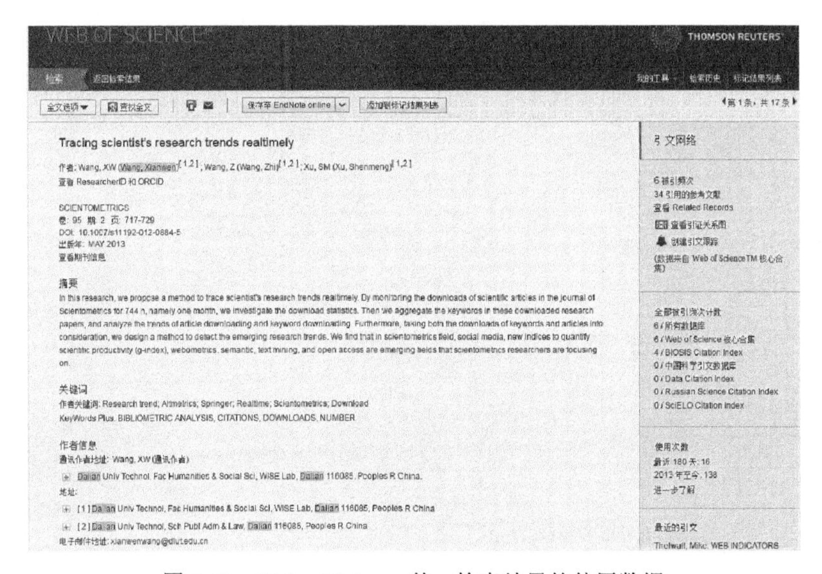

图 3.19　Web of Science 某一检索结果的使用数据

3.5 本章小结

科学论文的使用数据是比发文数据、引用数据体量大得多的大数据。使用数据的类型丰富多样，包括论文被下载的次数、论文被阅读下载的时间、论文读者的来源地区和论文被访问的指引链接等，可以从多种维度进行分析。目前，面向公众提供科学论文使用数据的学术期刊、学术出版商和学术资源数据库越来越多，包括著名的 Nature 出版集团、*Science* 期刊、PLOS 出版社、IEEE Xplore 和 Web of Science 等。这些数据的提供为研究者研究科学论文的使用情况提供了丰富的数据来源，而科学论文的使用数据挖掘，可以为许多科学计量学问题的解决提供新的思路。

第4章 科学论文使用数据的开放获取优势

4.1 开放获取运动的洪流

4.1.1 传统学术出版模式让科研变得越发昂贵

学术出版伴随着近代实验科学在西方的兴起而逐渐产生。出版商通过印刷哥白尼的《天体运行》、伽利略的《对话》和牛顿的《自然哲学的数学原理》，把近代科学的研究成果迅速地传播到整个欧洲，并逐渐成为科学家社群不可缺少的交流方式[62]。1665年，世界上第一本学术期刊——《伦敦皇家学会哲学汇刊》创刊。随着科学分工的日益细化，又出现了一大批综合或专门的科学期刊，进一步满足了科学发展越来越专门化、越来越快速的需要[62]。

学术出版从来都是一桩商业（business），盈利是学术出版商的目的。在传统出版模型中，出版商通过销售，用读者的订阅费来支付“出版、印刷、渠道”等的成本，出版商在此过程中盈利。并且，论文的订阅费一般售价不菲。例如，一篇斯普林格－自然出版集团（Springer Nature，全球第一大学术出版集团）出版的论文，下载的话需要支付将近35欧元（40美元或30英镑，2016 年 7 月的价格）（图 4.1）。

图 4.1　个人账户下载一篇论文需要支付的金额

对于爱思唯尔（Elsevier，全球第二大学术出版集团）的论文来说，下载一篇需要支付将近 28 美元。表 4.1 中列出了主要的学术出版商对于单篇论文的订阅费[①]。

表 4.1　主要学术出版商的单篇论文订阅费

出版社	下载单篇论文需要支付的价格 / 美元	折合人民币价格 / 元
Springer Nature	40	266
Elsevier	28	186
Wiley	38	253
Taylor & Francis	41	273
Sage	36	240
Emerald	32	213

显然，各大学术出版商的论文订阅费都价格不菲。想象一下，读者阅读一篇科学论文需要支付 200 多元人民币，即使是对于有科研经费的科学家来说，也是一个沉重的负担，对于普通公众就更不用说了。

单篇论文的购买价格是如此之贵，因此对于高校和科研院所等机构来说，对主要学术出版商出版的科技期刊采取整体订阅的方式可能是一个更好的选择。但是，价格依然非常昂贵。即使像哈佛大学这样资金充裕的全球顶尖大学，也无法承担高昂的数据库订购费用。2012 年 4 月 17 日，哈佛大学教师咨询委员会向全校教职员工发出公开信，在信中提到，由于主要学术出

① 2016 年 7 月的价格。

版商的定价高昂，哈佛大学的年度学术数据库订购支出高达 375 万美元，一些期刊的年度订阅价格甚至高达 4 万美元。未来哈佛大学可能无力承担期刊的订阅费用，因此鼓励教师们将学术成果发表到开放获取期刊以便大家免费下载（图 4.2）。

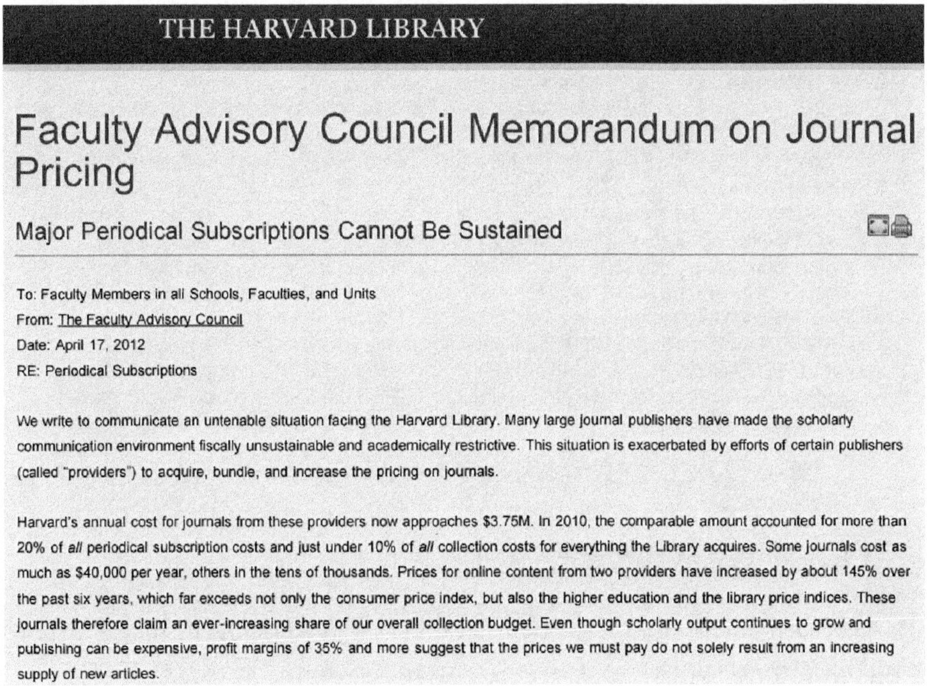

THE HARVARD LIBRARY

Faculty Advisory Council Memorandum on Journal Pricing

Major Periodical Subscriptions Cannot Be Sustained

To: Faculty Members in all Schools, Faculties, and Units
From: The Faculty Advisory Council
Date: April 17, 2012
RE: Periodical Subscriptions

We write to communicate an untenable situation facing the Harvard Library. Many large journal publishers have made the scholarly communication environment fiscally unsustainable and academically restrictive. This situation is exacerbated by efforts of certain publishers (called "providers") to acquire, bundle, and increase the pricing on journals.

Harvard's annual cost for journals from these providers now approaches $3.75M. In 2010, the comparable amount accounted for more than 20% of *all* periodical subscription costs and just under 10% of *all* collection costs for everything the Library acquires. Some journals cost as much as $40,000 per year, others in the tens of thousands. Prices for online content from two providers have increased by about 145% over the past six years, which far exceeds not only the consumer price index, but also the higher education and the library price indices. These journals therefore claim an ever-increasing share of our overall collection budget. Even though scholarly output continues to grow and publishing can be expensive, profit margins of 35% and more suggest that the prices we must pay do not solely result from an increasing supply of new articles.

图 4.2　哈佛大学图书馆面向全校教职工关于数据库高昂订阅价格的公开信

对于中国众多科研机构来说，订阅学术数据库也是一笔沉重的负担。以爱思唯尔出版社为例，2007 年，北京大学支付的订阅费用为 496 590 美元，吉林大学为 358 546 美元，南开大学为 311 749 美元。并且，爱思唯尔给中国高校的定价策略是每年涨价 16.7%。2008 ～ 2010 年，中国高校组团购买爱思唯尔数据库产品的花费分别高达 1800 万美元和 2800 万美元。

在无法忍受某一学术数据库（指的是爱思唯尔）的盘剥之下，2010 年 9 月 1 日，高校图书馆数字资源采购联盟（Digital Resource Acquisition Alliance of Chinese Academic Libraries，DRAA）发表致中国科技文献读者的公开信，号召向国际出版商施加影响（图 4.3）。

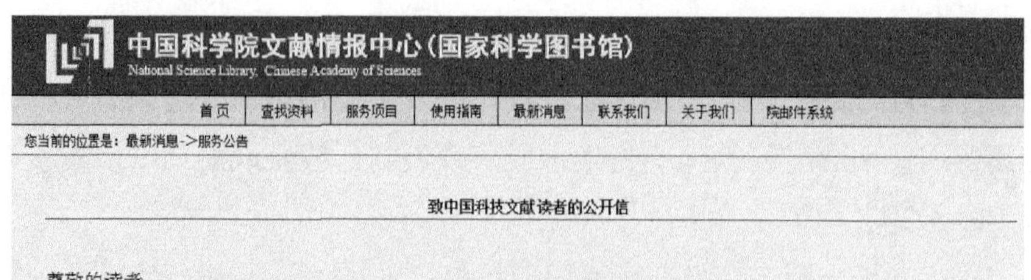

致中国科技文献读者的公开信

尊敬的读者：

科技文献信息是我国科技和教育创新发展不可缺少的重要支撑条件。近年来，我国教育科研单位在政府、主管部门和广大用户的大力支持下，引进了大量国外重要科技文献数据库，大幅度提升了我国科研和教育的科技文献保障能力，支持了科研和教育的创新发展。

但是，近年来，国外科技期刊及其全文数据库的价格不断提高，有的出版商全文数据库的价格连续多年以百分之十几的幅度上涨，个别出版商的全文数据库甚至出现年度涨幅20－30%的情况，造成图书馆外文科技期刊订购费用迅速膨胀。可以说，持续大幅度的价格增长已经严重威胁到所有教育科研单位的科技文献资源的可持续保障。

令人气愤的是，最近个别国际期刊出版商，利用自己的垄断性地位，不顾在上一个合同期年度涨价幅度已经超过百分之十几的事实，提出其全文数据库在下一个合同期以每年百分之十几甚至二十以上涨价的要求。这个别出版商完全不顾中国还是一个发展中国家、人均GDP和人均教育科研投入远远低于国际发达国家人均水平的现实，提出要在2020年把中国用户使用其全文数据库的篇均成本提高到欧美发达国家的篇均水平。这个别出版商完全不顾中国科技教育发展还在初级阶段、中国R&D投入支付需求范围远大于发达国家同类机构支付需求范围的事实，提出科技期刊价格要按照中国R&D投入名义增长幅度来同步增长。这个别出版商只从自己的赢利增长出发，完全不顾中国用户获取科技信息的权益，完全不顾经济现实，所提出的涨价幅度完全超过了任何产品价格的合理增长范围，完全超过了中国图书馆可能承受的任何限度，是根本没有道理的，也是完全不能接受的。

图 4.3　高校图书馆数字资源采购联盟致中国科技文献读者的公开信

4.1.2　开放获取挑战传统学术出版模式

传统的学术出版模式正越来越严重地制约现代学术交流的开展，主要表现在：出版学术作品的周期大大延长；在线数据库由于收费及版权纠纷让人诟病；传统的学术交流渠道日益集中到少数出版商；学术出版及其增值服务价格不断攀升给科技文献的读者、科研机构带来沉重财政压力；图书馆不得不减少订购品种；研究人员失去阅读更多文献的机会[63]。在此种情形下，开放获取应运而生。开放获取也被称为开放存取，是不同于传统学术出版的一种全新模式。在开放获取出版模型中，与传统学术出版模式一样，科学家向期刊编辑部提交稿件，由编辑部组织同行评审，然后出版。但是，与传统出版模式不同的是，开放获取出版模式向科学家收取审稿费，以审稿、组织同行评议及维护网络平台，对读者则是完全免费开放的[62]。

开放获取这一术语形成于21世纪初。先后有三个组织对开放获取进行了定义，包括2002年2月份的布达佩斯开放存取先导计划（Budapest Open Access Initiative，BOAI）、2003年6月的贝塞斯达开放获取出版声明（Bethesda Statement on Open Access Publishing），以及2003年10月的《关于开放获取科学和人文知识的柏林宣言》（*Berlin Declaration on Open Access to Knowledge in the Sciences and Humanities*）。

按照布达佩斯开放存取先导计划中的定义，开放获取是指文献在公共互联网可以被免费获取，允许任何用户阅读、下载、复制、传递、打印、检索和链接全文，并为之建立索引，用作软件的输入数据或其他任何合法用途。用户在使用该文献时不受金钱、法律或技术的限制，而只需保证连接互联网的畅通。对其复制和传递的唯一限制，或者说版权的唯一作用，应当是作者具有对其作品完整性的完全控制权，以及作者的作品获得承认和被引用的权利。

近年来，开放获取出版模式越来越多地得到科研机构和科学家们的认可。越来越多的科学家们选择将研究成果以开放获取模式出版，而非传统出版模式。传统的出版模式虽然目前还是主流，但也正在受到开放获取的挑战。

在 Web of Science 的高级检索中，以 SO=（a* or b* or c* or d* or e* or f* or g* or h* or i* or j* or k* or l* or m* or n* or o* or p* or q* or r* or s* or t* or u* or v* or w* or x* or y*or z*）检索 2000 ～ 2015 年的数据，数据库选择 SCI-Expanded 和 SSCI。在得到的全部 2400 多万篇文献中，有 120 多万篇是由开放获取期刊出版的。2000 年，开放获取期刊出版的论文数仅为 11 536 篇，仅占当年全部 SCI 和 SSCI 收录论文的 1.07%。2015 年，由开放获取期刊出版的论文数增长到 201 342 篇，占当年全部 SCI 和 SSCI 收录论文的 11.42%（图 4.4）。

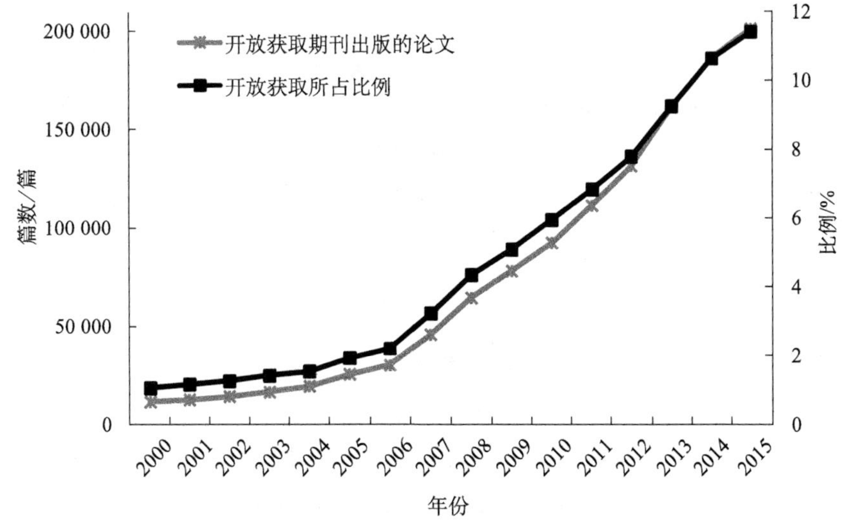

图 4.4　SCI-Expanded 和 SSCI 收录的开放获取期刊出版的论文数及所占比例

除了专门的开放获取期刊，如 PLOS、Frontiers 出版的期刊，以及斯普林格 - 自然出版集团旗下的 *Scientific Reports* 等，传统的主流学术出版商也开始向开放获取进军，这些传统学术出版商的期刊也给投稿作者提供了开放获取发表的选择。实际上，越来越多的期刊由完全的开放获取转变为开放获取和非开放获取的混合开放模式（Hybrid Open）。

在爱思唯尔的全文数据库 ScienceDirect（www.sciencedirect.com）中检索开放获取论文的出版数量情况，以 a* or b* or c* or d* or e* or f* or g* or h* or i* or j* or k* or l* or m* or n* or o* or p* or q* or r* or s* or t* or u* or v* or w* or x* or y*or z* 作为检索词在摘要、题目和关键词中进行检索，结果如图 4.5 所示。2000 ～ 2007 年，爱思唯尔每年出版的开放获取论文不超过 100 篇，占每年出版论文的比例低于 0.25%。2008 年，出版开放获取论文数达到 122 篇，2011 年快速增加到 1288 篇；2015 年出版 3726 篇开放获取论文，占当年出版全部论文的 9.57%，如图 4.5 所示。

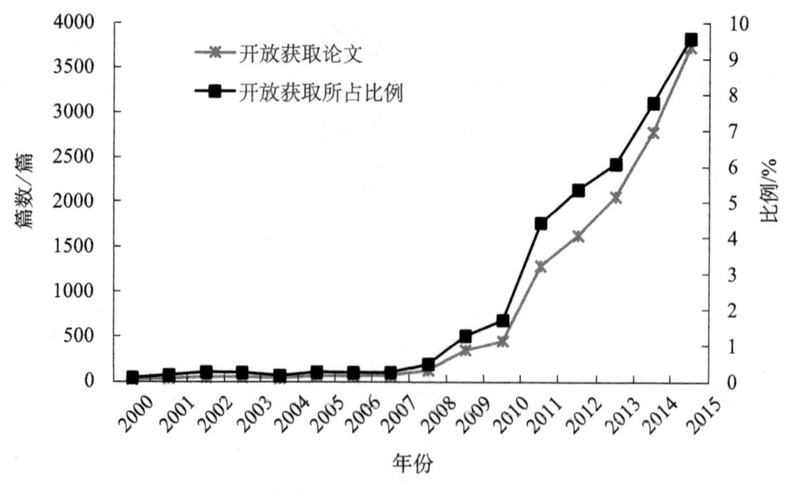

图 4.5　爱思唯尔出版的开放获取论文数量及占全部论文的比例

4.2　关于开放获取优势的争论

论文的开放获取使得更多的人能快速浏览、下载和引用论文，从而提高论文的影响力。自 2001 年 Lawrence 在 *Online or Invisible* 中 [64] 研究发现论文存在开放获取优势开始，科研工作者不断从使用数据、补充计量得分和被引次数等维度对比分析开放获取优势。

Sparc Europe（http：//sparceurope.org）中实时更新了关于开放获取论文引用优势的研究结果。根据 Sparc Europe 提供的数据，本研究发现对开放获取论文引用优势的研究结果不一，统计结果如图 4.6 所示。其中研究结果表明引用优势存在的论文数量为 46 篇，占比约为 65%；共 17 篇论文结果表明引用优势不存在，占比约为 24%；在对开放获取与非开放获取论文的被引次数分析中并未得到明确结果的论文数为 8 篇，约占 11%。

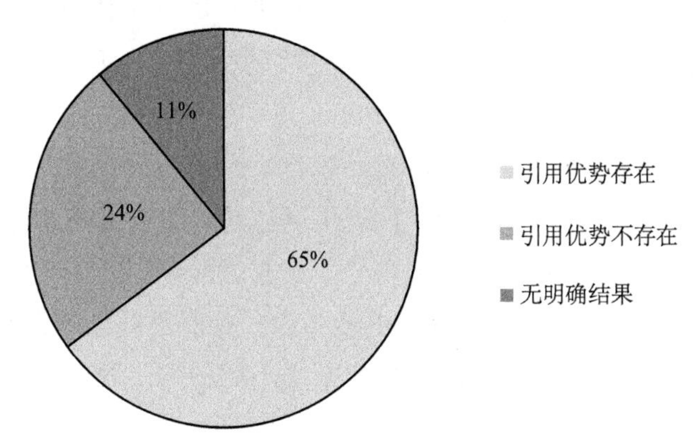

图 4.6 开放获取引用优势研究的不同结果

在 Sparc Europe 的统计中，不同学科领域的研究结果也不尽相同。工程学、法律、天文学、数学、药学、化学、生理学和社会科学领域，均有超过 50% 的研究证实了开放获取引用优势的存在。而对于生物学、经济学这两个领域，仅有不到 50% 的研究支持开放获取引用优势的结论。

Björk 和 Solomon 从单篇论文及期刊的角度分析了开放获取论文的引用优势，结果表明期刊发表 2 年后，论文无论在 Web of Science 数据库还是 Scopus 数据库中，开放获取期刊和论文平均被引次数比非开放获取论文约高 30%。对美国生理学会（American Physiological Society）出版的 11 本期刊论文的下载量（包括 PDF、Full-text、Abstract 下载）与被引次数的分析结果表明，开放获取论文在 PDF、Full-text 和 Abstract 下载量均存在下载优势，但并不存在引用优势[65]。

对开放获取优势的研究中不仅包括静态对比分析，同时有学者对比分析了开放获取论文在发表后的不同时间段内各指标的变化情况。笔者等对发表在 *Nature Communications* 中的 586 篇开放获取论文及 1174 篇非开放获取论文的被浏览次数进行动态分析，结果发现论文发表后开放获取论文能快速被浏览，且被浏览持续时间更长[42]。

以往关于开放获取优势的研究，存在以下问题。

（1）研究期刊在线发表与纸质发表存在时间差，影响开放获取优势研究结果。目前，部分研究对象选取了在线和纸质两种出版形式同时存在的期刊作为研究对象，期刊在线发表时开放获取论文与非开放获取论文均被浏览下载，但二者存在差异，在线发表几天后，期刊纸质出版物发表，会引发非开放获取论文被浏览、下载次数的突增，从而对研究结果产生影响。

（2）被选择作为研究对象的论文发表自不同期刊，而不同期刊的影响因子会对研究结果产生影响。无论从期刊维度还是单篇论文角度分析开放获取优势，不少作者选择了开放获取期刊与非开放获取期刊的论文作为研究对象对比分析开放获取期刊是否会得到更多关注，然而不同期刊影响因子不同，用户对不同期刊的浏览、下载和引用次数也不尽相同，导致开放获取优势研究结果误差。

（3）对开放获取优势的研究集中在静态对比分析，缺乏动态时间模式对比分析。对开放获取优势的研究中，作者多从总被引次数、下载次数和补充计量得分角度做静态对比分析，而鲜有人分析论文发表后不同时间段内开放获取优势是否存在。这可能是受被引用时间和社交媒体讨论时间难以获取的限制。

因此，为了厘清开放获取优势是否存在，需要提供新的、更科学和更准确的证据。此前的诸多研究关于开放获取优势是否存在互相矛盾，但是这些研究都是从静态的角度进行分析，并且选取的研究对象论文也存在诸多问题。本研究选取 *Nature Communications* 这一纯网络出版的期刊作为研究对象，不仅从静态角度对比分析了开放获取论文的被引用、用户使用和媒体关注度优势，而且从动态角度分析了开放获取论文在发表后是否能得到更持久的关注。此外，本研究通过分析不同领域内论文开放获取优势，对不同学科领域的开放获取优势进行验证。

4.3 研究设计

4.3.1 *Nature Communications* 期刊的选取

本研究选取 *Nature* 子刊 *Nature Communications* 在 2012 年和 2013 年两年间发表的共 2292 篇研究性论文作为研究对象。*Nature Communications* 期刊创办于 2010 年 4 月，是一个仅在网络出版的多学科研究型期刊，主要发表物理科学、生物科学、化学科学和地球科学 4 个学科领域的论文。2015 年期刊影响因子为 10.02，有很高的学术影响力。

本研究选取该期刊发表的论文作为研究对象主要有以下几个原因。

（1）*Nature Communications* 仅在网上发表，无纸质出版刊物，避免了由于纸质出版而引起的论文使用数据的突然变化，影响开放获取优势对比结果。

（2）*Nature Communications* 在 2014 年 9 月改为全开放获取刊物之前，其发表的论文既包含非开放性获取论文也包含大量开放性获取论文，并且开放获取论文和非开放获取论文的比例不算悬殊，从而可以对二者进行统计学意义上的比较分析。

（3）利用不同期刊发表的论文数据对比不同学科间的开放获取优势，会受到期刊影响因子等因素的影响。*Nature Communications* 期刊发表论文集中在 4 个不同领域，避免了期刊影响因子对使用数据的影响。

（4）目前，很多期刊公布了论文的使用数据，但使用数据的详尽程度不同。*Nature Communications* 不仅提供了论文的被引次数、补充计量得分、各社交媒体讨论次数和总浏览次数，还提供了论文发表后每天被浏览的详细数据，如图 4.7 所示。由于论文在发表后的 2 ～ 3 年内被引次数才能达到稳定状态，因此我们选取 2012 ～ 2013 年发表的研究性论文进行分析，以保证足够充分的时间跨度。

图 4.7 为 *Nature Communications* 提供的单篇论文各指标的数据。其中 Total citations 包含了 Web of Science、Scopus 和 CrossRef 三大数据库的引用数据，Online attention 部分提供了论文的补充计量得分及被各个媒体的转发次数，Page views 部分提供了论文自发表后每天被用户的累积使用次数变化曲线图。根据期刊提供的开放获取论文及非开放获取论文的这三个指标的数据，本书研究首先对各指标进行相关性分析，然后对开放获取论文及非开放

获取论文各指标进行静态对比分析。

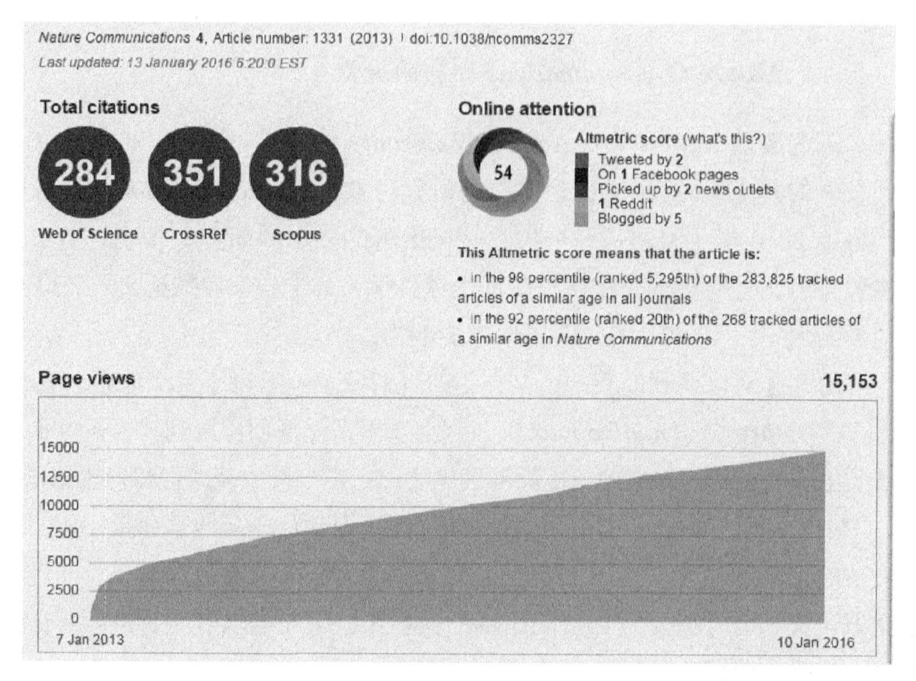

图 4.7 单篇论文的使用数据

4.3.2 数据获取与数据处理

4.3.2.1 数据获取

1. 单篇论文被引时间的获取

本研究不仅从静态角度而且从动态角度分析了论文开放获取优势。*Nature Communications* 期刊提供了单篇论文发表后至 2015 年年底分别在 Web of Science、CrossRef 和 Scopus 三大数据库的被引次数。三大数据库中作为研究对象的 2292 篇论文所获得的平均被引次数如表 4.2 所示。

表 4.2 三大数据库中论文平均被引次数 （单位：次）

数据库名称	Web of Science	CrossRef	Scopus
平均被引次数	25.01	23.50	25.79

从时间维度分析开放获取优势，需要准确获取每篇论文被引用的时间。Web of Science 数据库提供了每篇论文的施引文献情况，因此，本研究以

Web of Science 数据库中施引文献的发表时间作为单篇论文的被引时间。

2. 社交媒体讨论时间的获取

Nature Communications 期刊提供论文的补充计量得分及各社交媒体讨论总次数，获取各社交媒体转发次数结果如表 4.3 所示。其中 Twitter 转发次数占比最大，约为 65.16%，因此，在动态分析中，本研究以 Twitter 转发次数为研究对象。

表 4.3　各社交媒体转发总次数及占比

媒体名称	转发次数 / 次	比例 /%
Twitter	14 358	65.16
News	3 062	13.90
Facebook	2 026	9.19
Blogs	1 121	5.09
Google+	818	3.71
Wikipedia	224	1.02
F1000	184	0.84
Reddit	164	0.74
Video	59	0.27
Q&A	9	0.04
Pinterest	7	0.03
LinkedIn	3	0.01

altmetrics 网站不仅提供了单篇论文的补充计量得分，而且还提供了被 Twitter 等社交媒体不同用户转发该论文的内容及转发时间，如图 4.8 所示。本研究爬取了每篇论文在 Twitter 上被转发的时间数据以进行分析。

图 4.8　altmetrics 网站提供的媒体转发内容及时间

4.3.2.2　数据处理

1. 数据标准化处理

爬取 *Nature Communications* 2012 ～ 2013 年发表的全部论文网页，用 Perl 编程语言提取网页中每篇论文的类型、是否开放获取及所属学科领域，标准化后导入数据库。爬取研究性论文的单篇论文 metrics 网页，并在网页中以 Perl 程序提取每篇论文的发表时间、被引次数、补充计量得分、各社交媒体转发次数及每天被浏览次数，标准化后导入数据库。

将对单篇论文被引时间的获取转变为对施引文献发表时间的获取。在 Web of Science 核心集中检索 2012 ～ 2013 年发表的 2292 篇论文的 DOI 号，获取全部施引文献的基本信息，用程序获取施引文献的发表时间、参考文献及入藏号，标准化后导入数据库。

根据 DOI 号解译出每篇论文在 altmetrics 网站中 Twitter 转发的网址并爬取网页，用程序提取单篇论文被讨论的时间，标准化处理后导入数据库。

2. 时间标准化处理

每篇论文发表时间不一致，最大跨度达 720 天，不利于以相同的时间标准对比开放获取优势。因此，我们以使用数据发生的时间距离论文发表时间为标准计算，即论文发表当天时间计数为零。

3. 使用数据统计处理

论文被引时间和在社交媒体上的讨论时间存在重复，即同一天内一篇论文可能被引用或转发了多次，本研究按照标准化后的时间统计自发表后每篇论文每天被引及转发总次数。

4. 使用数据补充处理

论文被引用时间尤其是被社交媒体转发的时间间隔较大，统计分析时会产生很多空缺等干扰因素，导致无法判断开放获取与非开放获取的时间趋势，将其中缺少的时间数据补充为零。最后按日或月进行累加计算。

5. 异常数据处理

①在 2292 篇研究性论文中 DOI=10.1038/ncomms2396 的论文无使用数据，将该篇论文忽略不计。②异常数据显示，重新查询。其中 DOI=10.1038/ncomms2411 的论文在 Web of Science 中被引次数大于 1000，无法显示标准数据，在数据库中重新查询获取。③施引文献发表月份缺失，忽略不计。7091 次被引无法确定时间，数量较少忽略不计。④发表前产生使用数据，忽

略不计。部分论文在发表前在 Twitter 等社交媒体上引发少量讨论，因数量约为一次，忽略不计。

4.3.2.3　数据库构建

在 SQL Server 中构建存放论文使用数据的数据库，根据使用数据类型不同在数据库下创建不同的表存放数据。

4.4　基于相关性分析的多重指标抽取

本研究对开放获取论文的优势分析主要集中在被引次数、使用数据及社交媒体关注度三个维度的对比分析。那么，这三个指标间是否存在相关性？多重指标间的强相关性是否是导致开放获取论文存在优势的主要因素？为解决以上问题，研究需要进行相关分析来确定三个指标之间是否存在较大的相关性。如果相关性过大，可能会存在多重共线性的问题，不宜选取作为研究指标。

4.4.1　使用数据与媒体关注度相关性分析

数据库的 online 表中包含每篇论文被 Twitter、Facebook 等社交媒体讨论的次数，如表 4.4、表 4.5 所示。数据库表 views 中存储论文自发表后每天被浏览次数，其中 relative-date 为浏览发生的标准化时间，views 为浏览次数。

表 4.4　各社交媒体讨论次数

DOI	社交媒体	次数 / 次	开放获取
10.1038/ncomms1843	Twitter	5	否
10.1038/ncomms1844	Twitter	9	是
10.1038/ncomms1845	Twitter	25	是
10.1038/ncomms1845	Facebook	5	是
10.1038/ncomms1845	News	3	是
10.1038/ncomms1845	Blogs	3	是
10.1038/ncomms1846	Twitter	1	是
……	……	……	……
10.1038/ncomms1847	Twitter	15	否

表 4.5 论文每天被浏览次数

DOI	次数 / 次	使用 – 发表间隔天数	开放获取
10.1038/ncomms2899	1	474	否
10.1038/ncomms2669	3	971	否
10.1038/ncomms2523	2	316	否
10.1038/ncomms3693	2	161	否
10.1038/ncomms3311	5	17	否
10.1038/ncomms2956	7	626	是
10.1038/ncomms2062	1	556	是
……	……	……	……
10.1038/ncomms2660	4	976	否

以论文被社交媒体讨论总次数与总被浏览次数做相关性分析。由于Pearson相关系数计算方法对数据有连续、正态的分布要求，在本研究中无法使用。而Spearman相关系数作为非参数统计方法，对数据的分布没有要求，可以适用。因此，本研究采用Spearman相关系数方法。社交媒体讨论次数与被浏览次数的相关系数越高，二者关系越密切。相关系数的计算结果如表4.6所示。

表 4.6 社交媒体讨论次数与浏览次数 Spearman 相关性系数

指标	社交媒体讨论	浏览次数
社交媒体讨论	1	0.24
浏览次数	0.24	1

社交媒体总体转发次数与浏览次数间的Spearman相关性系数约为0.24，相关性较小。二者并无显著相关性，可分别作为独立指标分析开放获取论文优势。社交媒体总讨论次数与浏览次数相关性很小，那么单一的社交媒体如Twitter与浏览次数的相关性是否会增强？本研究分别对论文被社交媒体Facebook、Twitter和News讨论次数与浏览次数进行Spearman相关性分析，相关性系数分别为0.25、0.20、0.11。其中在Facebook上讨论次数与浏览次数相关性最高、Twitter次之、News相关性最小，但三者与浏览次数均无强相关性。

4.4.2 被引次数与媒体关注度相关性分析

本研究选取论文在 Web of Science 数据库被引总次数和被讨论总次数为研究对象，进行相关性分析，如表 4.7 所示。

表 4.7 论文在 Web of Science 的被引次数及社交媒体讨论次数 （单位：次）

DOI	Web of Science 被引次数	社交媒体讨论次数
10.1038/ncomms1607	37	6
10.1038/ncomms1611	42	36
10.1038/ncomms1612	27	5
10.1038/ncomms1613	3	1
10.1038/ncomms1614	22	3
10.1038/ncomms1616	28	8
10.1038/ncomms1617	112	8
……	……	……
10.1038/ncomms1619	81	1

相关性分析结果发现，被引次数与媒体关注度二者的 Spearman 相关性系数为 0.09，几乎为 0，二者无相关性。被引总次数与在社交媒体 Facebook、Twitter 上被转发总次数的相关性系数分别为 0.02 和 0.05，相关性很小，可忽略不计。因此，引用和媒体关注度两个指标可作为独立指标分析开放获取优势是否存在。

4.4.3 被引次数与使用数据相关性分析

从数据库的 citation 表中提取每篇论文在 Web of Science 数据库中的被引次数，由表 views 提取论文的总浏览次数，提取数据如表 4.8 所示。

表 4.8 论文的被引次数与浏览次数 （单位：次）

DOI	Web of Science 被引次数	浏览次数
10.1038/ncomms1607	37	9 623
10.1038/ncomms1611	42	22 835
10.1038/ncomms1612	27	4 407
10.1038/ncomms1613	3	2 551

续表

DOI	Web of Science 被引次数	浏览次数
10.1038/ncomms1614	22	4 331
10.1038/ncomms1616	28	16 850
10.1038/ncomms1617	112	21 967
10.1038/ncomms1618	91	7 282
……	……	……
10.1038/ncomms1620	43	5 261

对以上数据在 SPSS 中进行 Spearman 相关性分析，相关性系数为 0.56，浏览次数与被引次数间存在中度相关性。

经以上相关性分析本研究发现，社交媒体关注度和使用数据、引用数据间的相关性很弱，均小于 0.3。而使用数据与引用数据间相关性为 0.56，二者存在中度相关性，但相关性不显著。因此，三个指标可分别作为独立指标研究开放获取优势。

4.5 开放获取论文的优势对比分析

4.5.1 开放获取论文的多重科学计量指标对比分析

2012～2013 年 *Nature Communications* 期刊共发表 762 篇开放获取论文，1530 篇非开放获取性论文，开放获取论文约占非开放获取论文的一半。本章我们主要从引用、使用数据及社交媒体关注度三个一级指标分析开放获取优势。

4.5.1.1 引用优势对比分析

论文在发表 2～3 年后被 Web of Science 引用次数达到稳定状态，由于论文发表时间间隔最大的为 720 天，对被引次数的影响较大，因此，本研究将两年内发表的论文按照 3 个月为一组对比分析，即 2012 年 1～3 月发表的论文为一组，依次类推，2013 年 7～9 月发表论文为一组。计算每组论文在 Web of Science 数据库中的平均被引次数，结果如表 4.9 所示。

表 4.9　平均被引次数优势对比

时间	开放获取论文 / 次	非开放获取论文 / 次	比率
2012 年 1 ～ 3 月	51.10	36.45	1.40
2012 年 4 ～ 6 月	45.61	29.39	1.55
2012 年 7 ～ 9 月	34.89	33.16	1.05
2012 年 10 ～ 12 月	31.48	27.48	1.15
2013 年 1 ～ 3 月	36.44	29.42	1.24
2013 年 4 ～ 6 月	22.83	20.38	1.12
2013 年 7 ～ 9 月	17.92	19.29	0.93

由表 4.9 可知，在 2012 年 1 ～ 3 月发表的论文中，开放获取论文的平均被引次数约为 51.10，非开放获取论文的平均被引次数约为 36.45，开放获取论文平均被引次数约为非开放获取论文的 1.4 倍。其他分组中，开放获取论文的平均被引次数为非开放存取论文的 0.93 ～ 1.55 倍。由以上对比可知，开放获取论文存在引用优势。

图 4.9 为开放获取论文被引次数优势对比图，横轴表示论文发表时间分组，主要纵坐标轴表示平均被引次数，次要纵坐标轴表示开放获取论文与非开放获取论文平均被引次数比率，浅色柱体为开放获取论文的平均被引次数、深色柱体为非开放获取论文的平均被引次数，曲线代表二者比率。论文

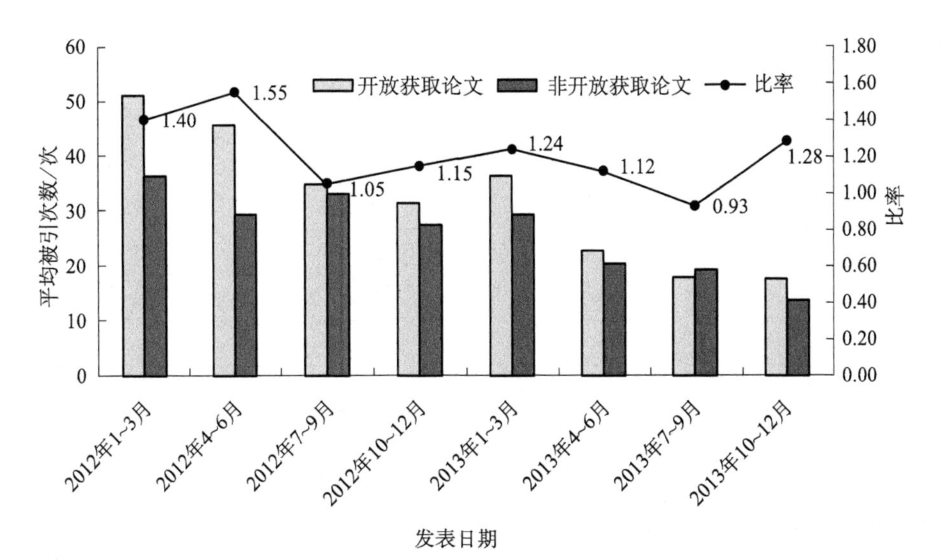

图 4.9　开放获取论文平均被引次数优势对比图

发表时间越早则至今历时越长，即图 4.9 中横轴由右向左观察，横轴历时时间依次增长，开放获取论文和非开放获取论文的平均被引次数均随着历时增长而增加，符合被引次数的时间变化规律。图中浅色柱体基本均高于同组中深色柱体，即开放获取论文的平均被引次数较大，引用优势显著。对开放获取论文与非开放获取论文的被引次数进行两个总体均值之差的 t 检验，p 值为 0.002，小于 0.05，即在 95% 置信区间内，两者间存在显著差异。因此，开放获取论文引用优势存在。

4.5.1.2 使用数据优势对比分析

Nature Communications 期刊提供了每篇论文自发表当天开始每天的被浏览次数，由于论文在发表后被浏览的时间间隔较短且每天的被浏览量较大，本研究将论文按照发表时间分为 24 组，即 1 个月内发表的论文为一组（如 2012 年 1 月发表论文为一组），对发表在同 1 个月内的开放获取论文与非开放获取论文的平均被浏览次数进行对比，结果如表 4.10 所示。

表 4.10 开放获取论文平均被浏览总次数优势对比

时间	开放获取论文 / 次	非开放获取论文 / 次	比率
2012 年 1 月	13 022.75	3 400.44	3.83
2012 年 2 月	11 794.92	3 181.96	3.71
2012 年 3 月	10 714.16	3 522.75	3.04
2012 年 4 月	19 693.29	2 613.96	7.53
2012 年 5 月	7 935.45	3 495.13	2.27
2012 年 6 月	7 215.62	3 346.28	2.16
2012 年 7 月	9 191.00	3 337.20	2.75
2012 年 8 月	8 017.94	2 832.59	2.83
2012 年 9 月	8 402.45	2 491.76	3.37
2012 年 10 月	8 841.55	2 540.62	3.48
……	……	……	……
2013 年 12 月	7 905.54	2 313.74	3.42

论文发表后每天都在被浏览，经对比分析发现，2 ～ 3 年内的开放获取优势明显，那么开放获取论文在发表后的每一天的平均被浏览次数优势是否也存在？结果如表 4.11 所示。

表 4.11　开放获取论文每天平均被浏览次数优势对比

时间	开放获取论文 / 次	非开放获取论文 / 次	比率
2012 年 1 月	11.75	5.22	2.25
2012 年 2 月	11.03	5.09	2.17
2012 年 3 月	9.89	5.18	1.91
2012 年 4 月	18.14	4.52	4.01
2012 年 5 月	8.09	5.57	1.45
2012 年 6 月	7.81	5.07	1.54
2012 年 7 月	9.54	5.15	1.85
2012 年 8 月	9.08	4.99	1.82
2012 年 9 月	9.43	4.81	1.96
2012 年 10 月	9.88	4.97	1.99
……	……	……	……
2013 年 12 月	12.95	5.92	2.19

开放获取论文平均每天最少被浏览 7.81 次，最多平均被浏览 18.14 次，而非开放获取论文平均每天被浏览次数的最大值为 7.56 次，低于开放获取论文平均每天被浏览次数的最小值。整体而言，开放获取论文平均每天被浏览次数约为非开放获取论文平均每天被浏览次数的 2 倍。因此，开放获取论文在发表后的每一天使用数据优势同样存在。

由于部分开放获取论文被浏览次数较大会导致整体均值的变大，因此，本研究从整体及各组上对开放获取论文与非开放获取论文的被浏览次数进行均值差的 t 检验，结果 p 值均小于 0.05，在 95% 置信区间内拒绝原假设，开放获取论文使用数据优势存在。

图 4.10 和图 4.11 为开放获取论文平均累积被浏览次数及平均每天被浏览次数优势对比，从横坐标轴由右向左观察，发现浏览次数和被引次数不同，随着时间的增加，平均累积被浏览次数及平均每天被浏览次数均不会显著增加。造成该现象的原因为：论文发表后在短时间内会产生较高的浏览量，论文在发表当月，被浏览次数达到总浏览次数的 32%，在发表 3 个月后浏览次数接近总浏览量的一半，随后被浏览次数逐渐较少，因此，论文在历时 2 ～ 3 年后，浏览次数不会有较大变化。

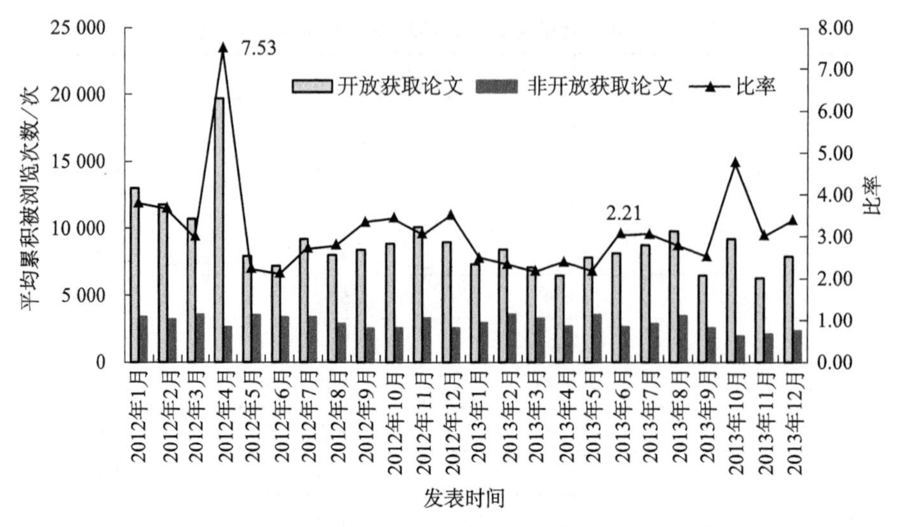

图 4.10　开放获取论文平均累积浏览次数优势对比

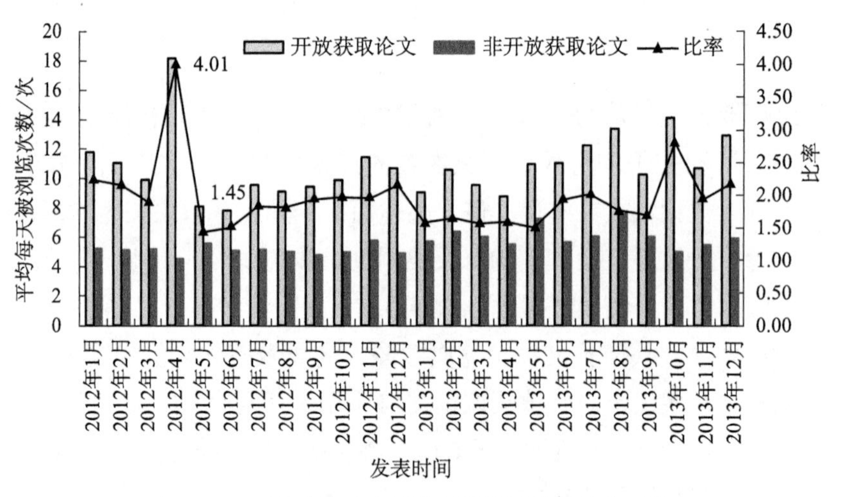

图 4.11　开放获取论文平均每天浏览次数优势对比

4.5.1.3　社交媒体关注度优势对比分析

论文在发表后会引发各社交媒体的关注，通过社交媒体进行知识传播，其主要表现形式为社交媒体用户对论文内容的讨论及转发。在选取的 2291 篇研究性论文中，共 1834 篇论文被社交媒体关注，媒体覆盖率为 80%。在不同的社交媒体（如 Twitter、Facebook、News 等）中，用户对开放获取论文的关注度明显高于对非开放获取论文的关注度。表 4.12 为不同类型社交媒体中用户对开放获取论文与非开放获取论文的平均转发次数对比分析，其中在 Twitter 中开放获取论文平均被转发次数为 11.29，非开放获取论文平均被转发 7.29 次，二者比率约为 1.55。在其他媒体中，开放获取论文媒体关注度优势仍然存在。

表 4.12　不同社交媒体对开放获取论文关注度对比

社交媒体	开放获取论文 / 次	非开放获取论文 / 次	比率
Twitter	11.29	7.29	1.55
News	4.83	4.73	1.02
Facebook	3.73	2.96	1.26
Google+	3.25	3.24	1.00
Blogs	2.41	2.19	1.10
Video	1.71	1.52	1.13
Reddit	1.59	1.48	1.07

从论文发表到被媒体转发时间间隔很短，部分论文在发表当天即会引起媒体关注，但是由于论文被媒体转发次数不均衡且两次转发时间间隔较大，本研究将论文按照发表时间分为 8 组，即 3 个月内发表的论文为一组，在组内对比开放获取论文的媒体关注度优势，结果如表 4.13 所示。包括被全部媒体转发的平均次数对比，以及被 Twitter 用户转发的平均次数对比。

表 4.13　媒体平均转发次数优势对比

时间	全部媒体			Twitter		
	开放获取论文 / 次	非开放获取论文 / 次	Ratio/ 次	开放获取论文 / 次	非开放获取论文 / 次	比率
2012 年 1 ～ 3 月	11.13	9.44	1.18	8.62	6.47	1.33
2012 年 4 ～ 6 月	10.23	6.66	1.53	8.13	5.80	1.40
2012 年 7 ～ 9 月	9.69	6.25	1.55	7.94	4.72	1.68
2012 年 10 ～ 12 月	13.50	7.56	1.79	10.22	6.13	1.67
2013 年 1 ～ 3 月	15.60	14.82	1.05	12.16	11.42	1.06
2013 年 4 ～ 6 月	13.80	10.49	1.32	10.02	7.17	1.40
2013 年 7 ～ 9 月	14.56	12.07	1.21	10.41	7.61	1.37
2013 年 10 ～ 12 月	23.85	10.05	2.37	17.35	6.64	2.61

由以上可知，开放获取论文被媒体平均转发 9.69 ～ 23.85 次，非开放获取论文最高平均被转发 14.82 次，最低为 6.25 次。同组内，开放获取论文被媒体关注度均大于非开放获取论文。通过对开放获取论文及非开放获取论文的媒体转发次数进行两总体均值之差的 t 检验，结果发现 p 值为 0.004，小于 0.05，开放获取论文与非开放获取论文受媒体关注程度存在显著差异。因此，开放存取论文更容易引发媒体关注，其受关注度约为非开放获取论文的 1.5 倍。

由图 4.12、图 4.13 全部媒体和 Twitter 对论文关注度对比图的横轴逆向观察可知，在论文发表 2 ～ 3 年后，无论是在各媒体上的平均转发次数还是在特定媒体 Twitter 上的平均转发次数，均不会随时间增加而显著增长。主要原因为媒体对信息的反应模式与被引不同，媒体对信息的反应时间间隔短且持续性差。论文在发表当天就会引发媒体关注，在论文发表一周内媒体转发次数约占总转发次数的 64%，而且社交媒体很少会关注已经发表 2 ～ 3 年的论文。

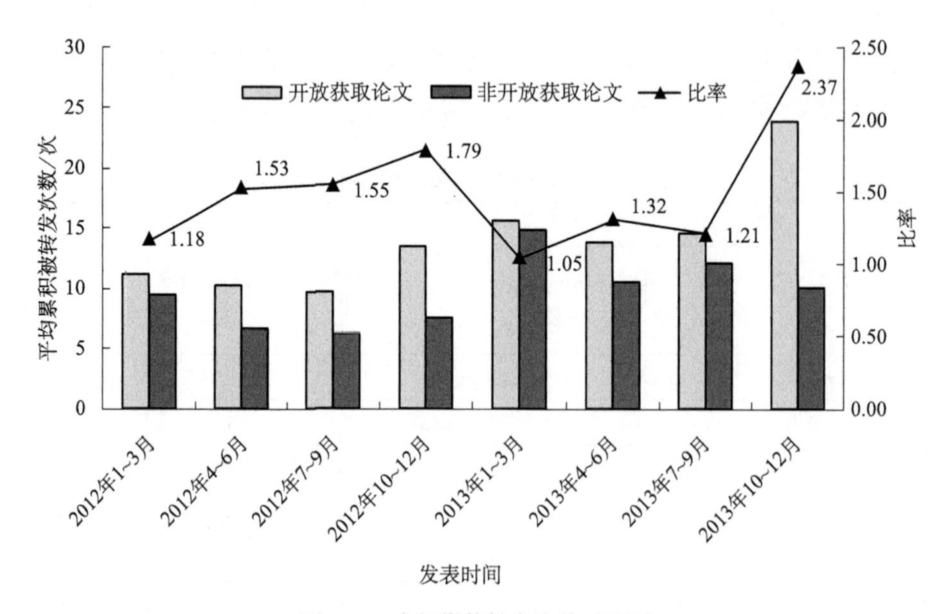

图 4.12　全部媒体转发次数对比图

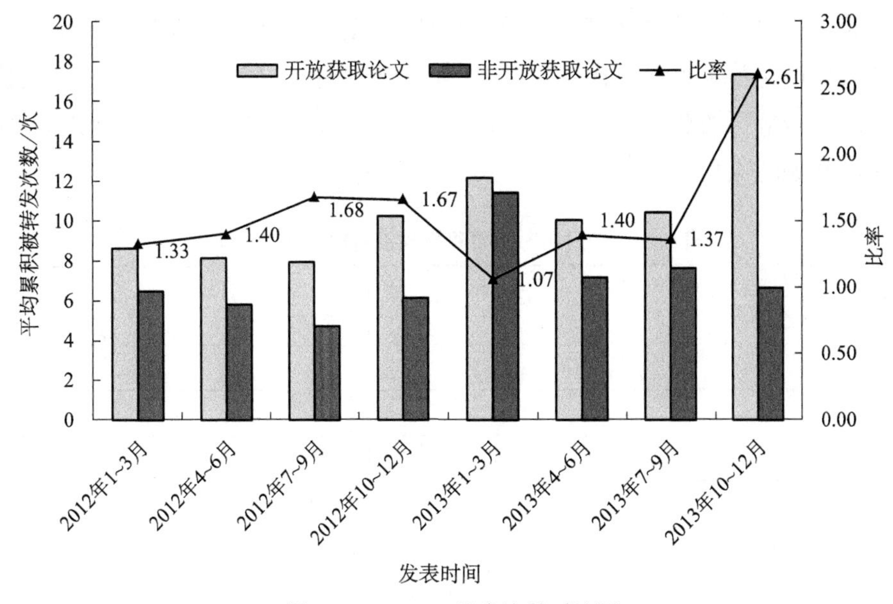

图 4.13 Twitter 转发次数对比图

4.5.2 开放获取论文优势的时间趋势分析

多重指标中被引次数、使用数据及媒体关注度的时间演化均遵从不同模式。在论文发表后当天会产生使用数据及社交媒体关注度数据，且在几天内媒体关注度达到顶峰，随着时间的增加，社交媒体关注度迅速下降，约在一周内媒体转发次数到达总转发次数的 60% 以上，而使用数据随着时间的变化并不会快速降低。论文被引用的时间距离论文发表时间较长，一篇论文产生引用需要经过施引文献的编辑、审稿和发表等漫长过程，一般在论文发表 2 ～ 3 年后，被引次数才会达到顶峰，随后增加速度减缓。多重指标间存在不同的时间演化模式，那么相同指标下，开放获取论文相比于非开放获取论文是否存在不同的时间演化模式？在遵从不同的时间模式时开放获取论文是否还存在优势？

4.5.2.1 引用优势的时间趋势分析

在 2291 篇研究性论文中共 2257 篇论文在 Web of Science 数据库中被引用，以施引论文的发表时间作为论文的被引时间，并根据被引用时间相对论文发表时间的天数计算累积被引次数。表 4.14 表示开放获取论文不同历时月内的平均累积被引次数。

表4.14显示，论文发表后历时8个月内，论文平均被引次数小于等于3，且开放获取优势不存在。在论文发表历时8个月后开放获取论文的被引次数基本均大于非开放获取论文，引用优势存在。平均累积被引次数随历时天数变化曲线如图4.14所示。

表4.14 按月历时的累积平均被引次数优势对比

历时月	开放获取论文/次	非开放获取论文/次	比率	历时月	开放获取论文/次	非开放获取论文/次	比率
0	1	1	1.00	25	20	17	1.18
1	1	1	1.00	26	21	18	1.17
2	1	1	1.00	27	23	20	1.15
3	1	1	1.00	28	24	21	1.14
4	1	1	1.00	29	26	22	1.18
5	2	1	2.00	30	28	23	1.22
6	2	2	1.00	31	29	24	1.21
7	2	2	1.00	32	31	26	1.19
8	3	3	1.00	33	33	27	1.22
9	4	3	1.33	34	35	28	1.25
10	4	4	1.00	35	37	29	1.28
11	5	4	1.25	36	35	30	1.17
12	6	5	1.20	37	37	31	1.19
13	7	6	1.17	38	39	33	1.18
14	8	7	1.14	39	41	34	1.21
15	9	7	1.29	40	44	35	1.26
16	10	8	1.25	41	46	36	1.28
17	10	9	1.11	42	52	37	1.41
18	12	10	1.20	43	59	40	1.48
19	13	11	1.18	44	57	45	1.27
20	14	12	1.17	45	63	51	1.24
21	15	13	1.15	46	64	49	1.31
22	16	14	1.14	47	81	62	1.31
23	17	15	1.13	48	86	61	1.41
24	19	16	1.19				

图 4.14 中，在论文发表历时 500 天内，开放获取论文与非开放获取论文被引次数无较大差别，约 500 天后曲线斜率变大，被引次数快速增加，随后曲线以接近线性速度增长。由于论文发表时间差异，部分论文的历时时间截止到第 36 个月（约 1000 天），因此，在历时 1000 天后，论文数量减少，曲线上下变动剧烈，此时，开放获取论文的引用优势仍然存在。

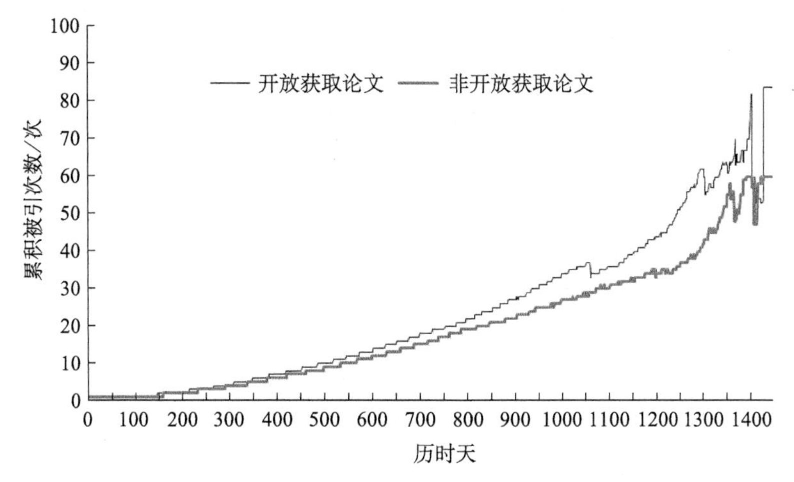

图 4.14　按天历时的累积平均被引次数优势对比

对累积平均被引次数随历时天变化曲线进行线性回归分析，开放获取论文的回归曲线斜率约为 0.05，非开放获取论文的回归曲线斜率约为 0.04。因此，随着历时天数的增加，开放获取论文被引用的速度大于非开放获取论文，两曲线间距离不断变大，引用优势逐渐显著。

4.5.2.2　使用数据优势的时间趋势分析

论文在发表后当天会被用户浏览产生使用数据，随着历时时间的变化浏览次数逐渐减小。本研究按论文发表后历时天数累积计算平均浏览次数，结果如表 4.15 所示。在历时 1445 天内，开放获取论文的平均累积浏览次数约为非开放获取论文的 3 倍，开放获取论文发表后每天的使用数据优势显著。

表 4.15　开放获取论文按天历时的使用数据优势对比

历时天	开放获取论文 / 次	非开放获取论文 / 次	比率
0	311.16	98.25	3.17
1	806.49	217.14	3.71

续表

历时天	开放获取论文 / 次	非开放获取论文 / 次	比率
2	1 072.86	291.60	3.68
3	1 254.50	347.86	3.61
4	1 367.04	380.76	3.59
5	1 486.96	443.87	3.35
6	1 656.98	493.70	3.36
7	1 787.56	536.35	3.33
8	1 893.18	571.84	3.31
9	1 991.55	607.73	3.28
10	2 059.52	632.25	3.26
11	2 107.03	669.45	3.15
12	2 154.77	684.12	3.15
13	2 212.24	681.49	3.25
……	……	……	……
1 445	15 121.20	7 282.00	2.08

图 4.15 为按天历时的累积平均浏览次数曲线，其中上方的曲线和下方的曲线分别为开放获取论文及非开放获取论文的累积平均浏览次数曲线。观察两条曲线可知，在论文发表后历时 30 天内，浏览次数的增长速度最快，随后增长速度逐渐平稳，呈线性增长趋势。在历时 30 天内，开放获取论文的曲线斜率明显高于非开放获取论文的曲线斜率，即在发表后 30 天内开放获取论文更易被用户浏览使用，在发表 30 天后，论文平均累积被浏览次数接近线性增长。经回归分析发现，开放获取论文和非开放获取论文的平均累积浏览次数分别以每天约 7.36 次和约 2.37 次的速度增长，因此，随着历时天数的增加开放获取论文与非开放获取论文曲线间距变大，开放获取论文的使用数据优势越显著。由于论文发表时间差异，在论文发表历时 1000 天后，发表时间较晚的论文没有数据，导致曲线剧烈震动，但使用数据优势仍存在。

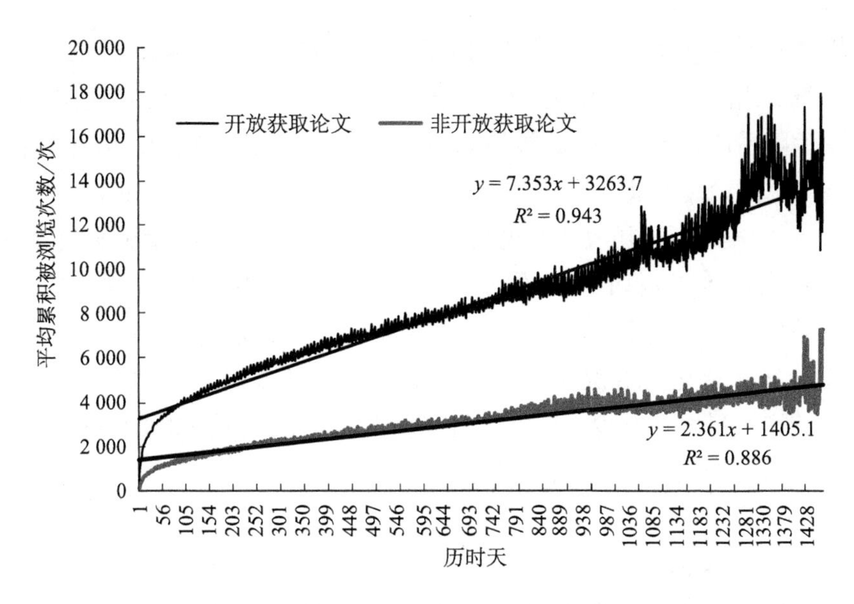

图 4.15　按天历时的累积平均浏览次数优势对比

4.5.2.3　社交媒体关注度的时间趋势分析

论文发表后很快会引起媒体关注并被讨论及转发，但媒体关注持续时间很短，在约一周后，媒体关注逐渐减少甚至消失。为对比开放获取论文与非开放获取论文的社交媒体关注度随时间演化模式的不同，本研究将在 Twitter 上的转发时间及次数作为研究对象。在 2291 篇论文中，共 1641 篇论文被 Twitter 用户转发、评论。在论文发表后历时天数不同情况下的论文数量、媒体转发总次数和平均次数计算结果如图 4.16 所示。

历时天数	开放获取论文论文数	开放获取论文转发总次数	开放获取论文平均转发次数	非开放获取论文论文数	非开放获取论文转发总次数	非开放获取论文平均转发次数	比率
0～10	528	4411	8.35	883	5339	6.05	1.38
10～20	297	366	1.23	437	462	1.06	1.16
20～30	266	209	0.79	386	233	0.60	1.32
30～60	248	272	1.10	359	272	0.76	1.45
60～90	210	188	0.90	304	127	0.42	2.14
90～180	197	195	0.99	289	248	0.86	1.15
180～360	178	237	1.33	247	312	1.26	1.06
360～540	134	247	1.84	148	193	1.30	1.42
540～720	95	362	3.81	110	151	1.37	2.78
720～900	59	152	2.58	70	130	1.86	1.39

图 4.16　不同时间段开放获取论文媒体关注度优势对比

图 4.16 表示在历时天数不同的情况下论文数量及被 Twitter 转发次数的变化情况。由图 4.16 可知，在论文发表后历时 10 天内，被转发的论文数量最大，之后随着历时天数增加，被媒体关注的论文数量迅速减少，历时 3 年时，社交媒体关注论文数量小于 60，由于数据量较少将该部分数据忽略不计。

由图 4.16 可知，开放获取论文发表历时 10 天内共 528 篇论文被媒体关注，关注次数达到 4411 次，平均被转发 8.35 次，约占总转发次数的 66%。非开放获取论文在发表后历时 10 天内共 883 篇论文被媒体关注 5339 次，平均每篇论文被转发 6.05 次，约占总次数的 71%。虽然随着历时时间的增长，被关注论文数量均在减少，但整体而言开放获取论文被媒体平均转发的次数约为非开放获取论文的 1.5 倍，开放获取论文在发表后的各时间段内媒体关注度优势显著。

图 4.17 为媒体关注度优势对比图，其中细线表示开放获取论文在发表后不同时间段的平均被转发次数、粗线表示非开放获取论文的平均被转发次数。在论文发表前，部分作者将论文存放在学术网站中，会引起少量媒体关注，本研究将该转发量忽略不计。论文发表后历时 10 天内，平均被媒体关注度达到最高，之后在发表后历时 10～20 天内平均媒体关注度瞬间减少至 1 次，在历时 10～720 天（2 年）的时间内，基本以平均 1 次的转发次数转发。开放获取论文在发表后的 10 天内，被转发次数明显高于非开放获取论文，开放获取优势显著。随后开放获取论文和非开放获取论文被媒体关注度均快速下降，且开放获取论文被关注度下降曲线斜率较高，下降速度更快。达到稳定状态后，开放获取论文被媒体关注度仍稍高于非开放获取论文。

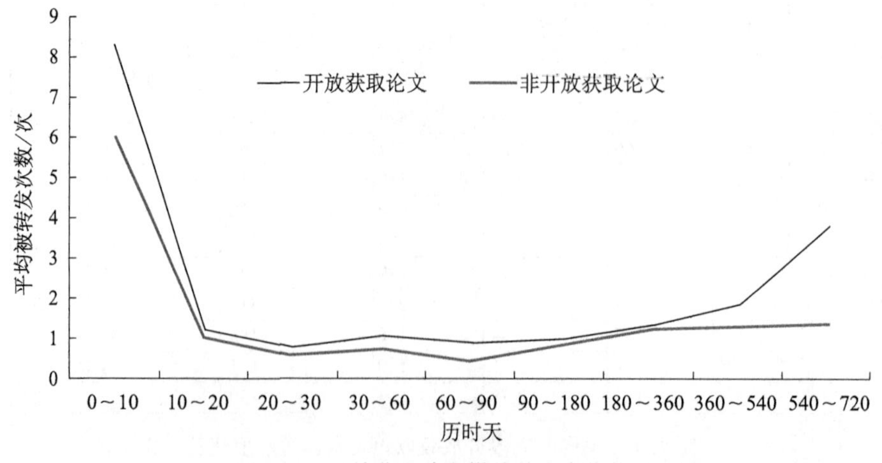

图 4.17　开放获取论文媒体关注度优势对比图

由图 4.18 媒体关注度随时间变化模式对比图，可更直观地观察论文发表后社交媒体 Twitter 对论文的反应情况。论文发表历时 30 天内非开放获取论文曲线随时间快速增长，30 天后曲线逐渐平缓，以接近 0.02 的速度线性增长。开放获取论文在发表后历时 60 天时间内曲线快速增长，随后以约 0.03 的线性速度增长。由对比曲线可知，开放获取论文被媒体关注时间持续性更长，约为 60 天，而非开放获取论文约为 30 天。在历时 720 天内，两曲线距离不断增大，开放获取优势随历时天增加而不断显著。因此，开放获取论文存在媒体关注度优势且被媒体关注时间持续性更长。

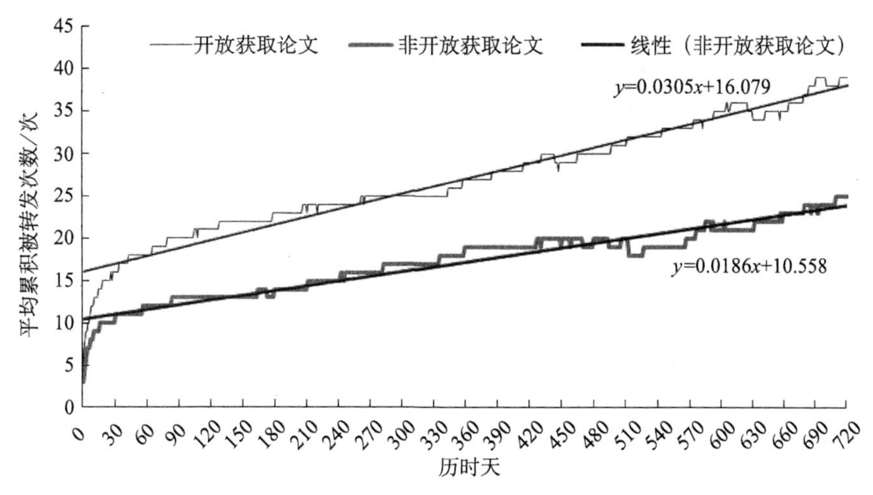

图 4.18　媒体关注度随时间变化模式对比图

4.5.3　开放获取论文优势研究小结

本节分别从静态和动态角度对比分析了开放获取论文的引用优势、使用数据优势和媒体关注度优势，结果发现开放获取论文在这三个维度均存在优势，且开放获取论文与非开放获取论文的使用数据随时间变化模式不同。

静态分析的结果发现：开放获取论文的引用、使用数据及媒体关注度优势存在，随论文历时时间越长被引用次数越大，而浏览次数及媒体关注次数并不随时间而显著增加。动态分析中发现：论文在发表后 1 年才被用户引用，而在发表当天即被浏览和讨论。随着论文发表历时时间的增加论文的引用、浏览和媒体关注度优势逐渐显著，同时相比于非开放获取论文，开放获取论文被浏览及被媒体关注的时间持续性更长。

4.6 分学科领域的开放获取优势对比分析

Nature Communications 中共存在生物科学、物理科学、化学科学和地球科学 4 个学科领域，各个领域论文分别占比约为 52.31%、32.11%、11.87% 和 3.71%（图 4.19）。那么，为研究在不同学科领域内是否存在开放获取优势，本研究分别对每个学科中的开放获取论文进行优势对比分析。

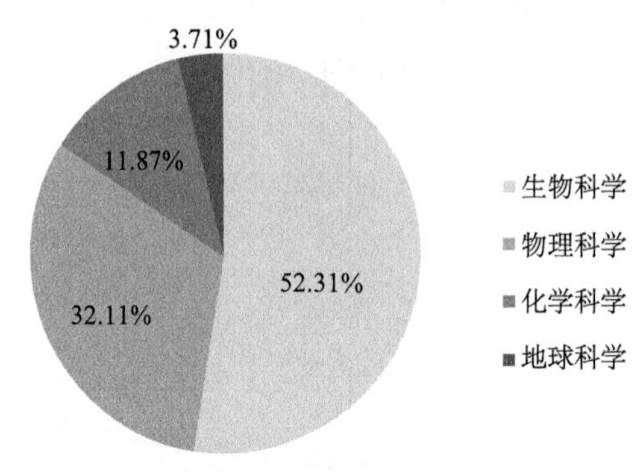

图 4.19　各学科论文占比

4.6.1　生物科学领域

2012 ～ 2013 年，*Nature Communications* 共发表生物科学领域论文 1199 篇，其中开放获取论文 428 篇，非开放获取论文共 771 篇。本研究分别从引用次数、浏览次数及媒体转发次数三个维度进行开放获取优势对比分析。

4.6.1.1　引用优势

由于历时时间越长被引次数越大，本研究根据论文发表时间不同将论文分为 8 组，3 个月内发表论文为一组，即在 2012 年 1 ～ 3 月发表论文为一组，对同组内对开放获取论文与非开放获取论文的被引次数进行对比。

表 4.16 为对组内开放获取论文与非开放获取论文的平均被引次数对比，从单一组内对比分析，2012 年 1 ～ 3 月组内开放获取论文平均被引 34.23 次，非开放获取论文平均被引 28.14 次，开放获取论文是非开放获取论文平均被引次数的 1.22 倍，开放获取论文引用优势显著。整体而言，开放获取论文平均被引 25 次，约为非开放获取论文的 1.32 倍，开放获取论文引用优势仍存在，结果如图 4.20 所示。由于部分论文的高被引次数会直接导致较高的平均被引次数，本研究对开放获取论文与非开放获取论文的被引次数进行两

总体均值之差的 t 检验，p 值为 0，拒绝原假设，两者存在显著差异，开放获取论文引用优势存在。

表 4.16 开放获取论文引用优势对比

时间	开放获取论文 / 次	非开放获取论文 / 次	比率
2012 年 1 ～ 3 月	34.23	28.14	1.22
2012 年 4 ～ 6 月	28.35	22.88	1.24
2012 年 7 ～ 9 月	30.21	20.55	1.47
2012 年 10 ～ 12 月	32.47	18.04	1.80
2013 年 1 ～ 3 月	23.90	17.91	1.33
2013 年 4 ～ 6 月	16.00	16.36	0.98
2013 年 7 ～ 9 月	16.28	14.32	1.14
2013 年 10 ～ 12 月	16.45	10.17	1.62

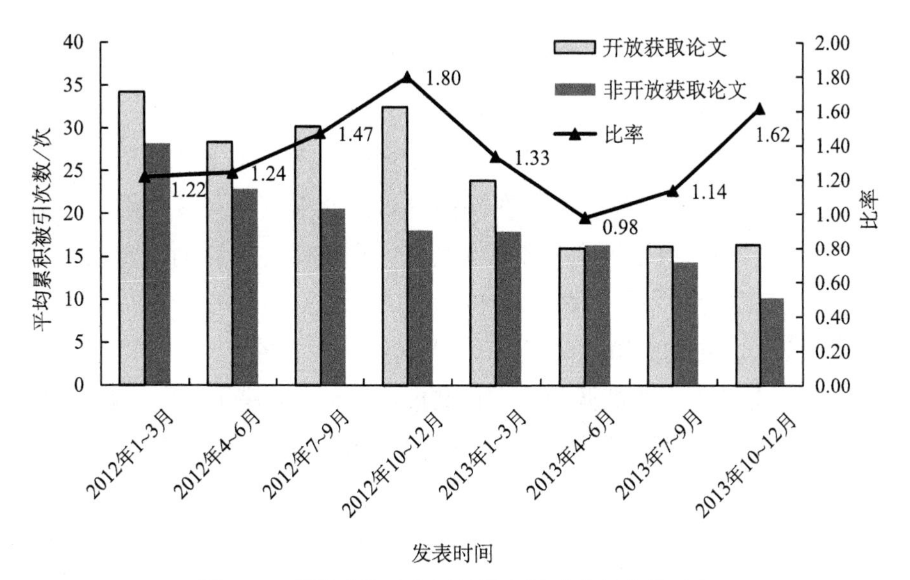

图 4.20 开放获取论文平均累积被引次数优势对比

图 4.21 为论文平均累积被引次数随时间变化图，其中论文在发表后历时 150 天（5 个月）内，平均累积被引次数均为 1，之后随着历时时间变化而增加。在论文发表 5 个月后，开放获取论文的平均累积被引次数大于非开放获取论文，且开放获取论文的平均累积被引次数曲线斜率较大。分别对两曲线进行线性回归分析，结果发现：开放获取论文以每月 0.03 次的被引次数增

长，而非开放获取以平均每月 0.02 次增长。因此，随着时间变化，两曲线间距变大，开放获取论文的引用优势越来越显著。

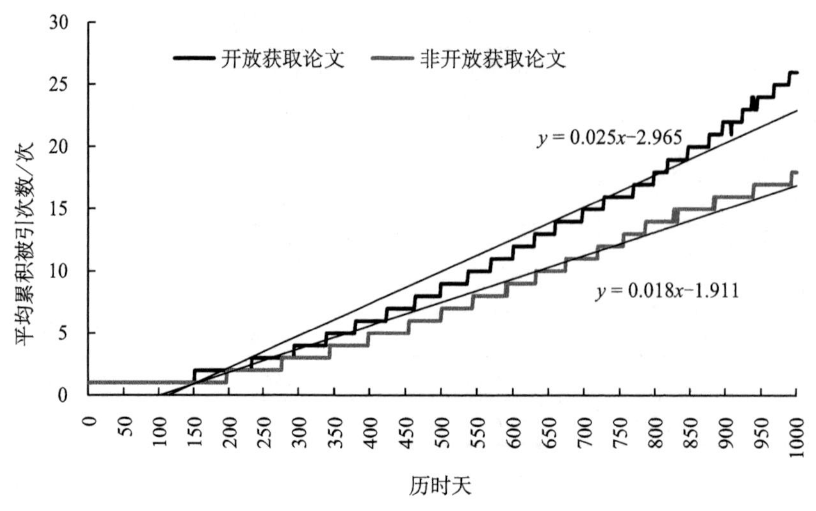

图 4.21 开放获取论文平均累积被引次数优势对比

4.6.1.2 使用数据优势

相比于被引次数与媒体转发次数，使用数据量较大且连续性强。本研究将每个月发表的论文分为一组，在同组内对开放获取论文及非开放获取论文的使用数据进行对比分析，结果如表 4.17 所示。在组内对比分析，2012 年 1 月开放获取论文平均被浏览 9.45 次，非开放获取论文平均被浏览 4.80 次，开放获取论文被浏览次数约为非开放获取论文的 1.97 倍。整体而言，2012 ～ 2013 年每月发表的开放获取论文被浏览次数均高于非开放获取论文，且开放获取论文的平均累积被浏览次数约为非开放获取论文的 2 倍。

表 4.17 使用数据优势对比

时间	开放获取论文 / 次	非开放获取论文 / 次	比率
2012 年 1 月	9.45	4.80	1.97
2012 年 2 月	9.39	4.92	1.91
2012 年 3 月	10.09	4.56	2.21
2012 年 4 月	16.35	4.48	3.65
2012 年 5 月	7.16	5.95	1.20
2012 年 6 月	7.12	5.54	1.29
2012 年 7 月	8.91	5.31	1.68

续表

时间	开放获取论文 / 次	非开放获取论文 / 次	比率
2012 年 8 月	7.58	4.10	1.85
2012 年 9 月	9.82	5.31	1.85
2012 年 10 月	11.10	4.84	2.29
2012 年 11 月	12.68	5.17	2.45
2012 年 12 月	10.56	4.81	2.20
2013 年 1 月	9.51	5.96	1.60
2013 年 2 月	8.69	4.80	1.81
2013 年 3 月	10.40	5.32	1.95
2013 年 4 月	7.40	5.04	1.47
2013 年 5 月	8.68	6.37	1.36
2013 年 6 月	8.51	5.32	1.60
2013 年 7 月	12.87	5.62	2.29
2013 年 8 月	13.10	6.48	2.02
2013 年 9 月	10.69	5.25	2.04
2013 年 10 月	14.88	4.86	3.06
2013 年 11 月	10.33	4.85	2.13
2013 年 12 月	14.04	5.17	2.72

组内开放获取优势对比柱状图如图 4.22 所示，浅色和深色柱体分别表示开放获取与非开放获取论文的平均累积被浏览次数，图中显示开放获取论文的使用数据明显高于非开放获取论文。从横轴由右向左观察，论文历时时间按月增加，而平均被浏览次数并未随历时时间增长而增加。分析原因发现，使用数据一般产生在论文发表后的当月，论文发表 2 ～ 3 年后，论文被浏览次数变化较小。经对比发现，开放获取论文使用数据优势存在，为进一步证明开放获取论文与非开放获取的使用数据间存在显著差异，本研究对二者进行两总体均值之差的检验，检验结果显示各组内 p 值均小于 0.05，开放获取论文的使用数据显著大于非开放获取论文。

开放获取与非开放获取论文在发表后历时天数不同，论文的使用数据变化模式不同。如图 4.23 所示，横轴为论文发表后历时天数，纵轴表示平均累积被浏览次数，浅色和深色曲线分别表示开放获取论文与非开放获取的平均累积被浏览次数。由曲线变化趋势可知，开放获取论文与非开放获取论文

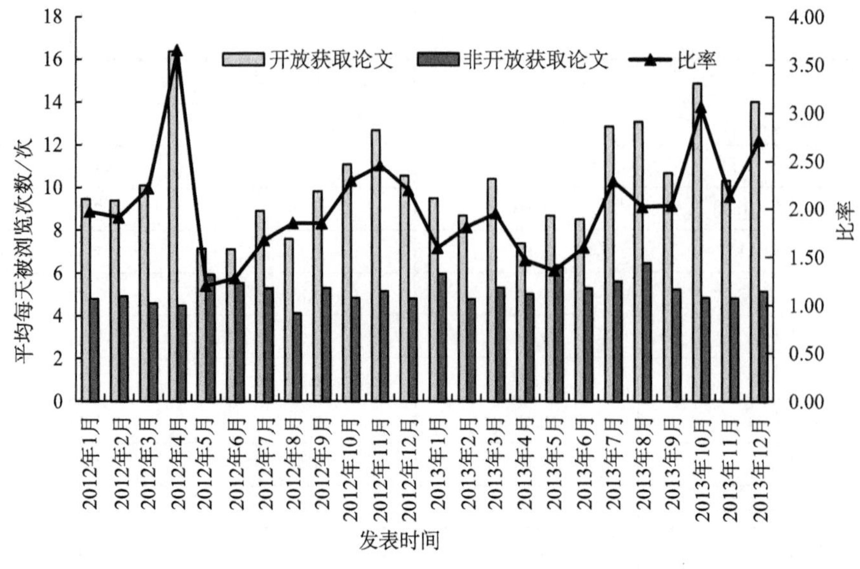

图 4.22　论文使用数据优势分析

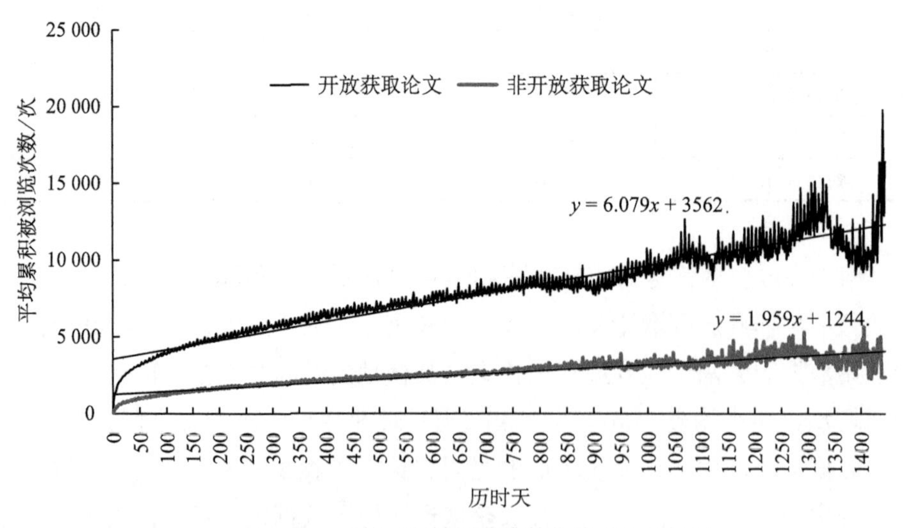

图 4.23　平均累积被浏览次数优势对比分析图

的平均累积被浏览次数随着历时时间增长而增加，在论文发表 30 天内论文平均被浏览次数增加速度最快，随后被浏览次数以线性速度增长。在历时 1000 天后，发表时间较晚的论文使用数据消失，数据集减少，曲线波动变大。在论文发表 30 天内，开放获取论文曲线斜率显著大于非开放获取论文，开放获取论文被快速浏览。对非开放获取论文及开放获取论文的平均累积被浏览次数按历时天数变化曲线进行一元线性回归分析，曲线斜率分别约为

6.08 和 1.96，即开放获取论文的平均累积被浏览次数以平均每天约 6 次的速度增长，而非开放获取论文以平均每天约 2 次的速度增长，因此，随着历时天数增加两曲线间距离逐渐增大，开放获取优势愈加显著。

4.6.1.3 社交媒体关注度优势

生物科学领域论文发表后不同时间段的社交媒体关注度是否遵从不同的时间模式？遵从哪种时间模式？首先，我们按论文发表后历时日（表 4.18），将时间按照发表后 0 ～ 10 天、10 ～ 20 天、20 ～ 30 天、1 ～ 2 个月、2 ～ 3 个月、3 ～ 6 个月等历时时间分组。其次，在组内对开放获取论文与非开放获取论文的平均被转发次数进行对比，结果如表 4.3 所示。论文发表历时 0 ～ 10 天内，开放获取论文平均被媒体转发 10.23 次，非开放获取论文平均被媒体转发 7.58 次，开放获取论文受媒体关注度约为非开放获取论文的 1.35 倍。论文发表历时 20 天后，开放获取与非开放获取论文的平均被转发次数均小于 1 次，但 2 年内，开放获取论文受媒体关注度均大于非开放获取论文（对比曲线如图 4.24 所示），经总体均值差的 t 检验，结果显示 p 值为 0.03，开放获取论文与非开放获取论文的媒体关注度间存在显著差异，开放获取论文媒体关注度优势显著。

表 4.18 社交媒体优势对比表

历时天	开放获取论文 / 次	非开放获取论文 / 次	比率
0 ~ 10	10.23	7.58	1.35
10 ~ 20	1.32	1.18	1.12
20 ~ 30	0.85	0.74	1.15
30 ~ 60	1.11	0.83	1.34
60 ~ 90	1.01	0.46	2.20
90 ~ 180	1.05	1.02	1.03
180 ~ 360	1.54	1.50	1.03
360 ~ 540	2.06	1.71	1.20
540 ~ 720	4.90	1.56	3.14

不同时间段内，开放获取论文论文受到更多的媒体关注，那么社交媒体对开放获取论文与非开放获取论文论文在发表后反应的时间模式是否相同？在此，本研究对比历时半年内，开放获取论文与非开放获取论文发表后每天

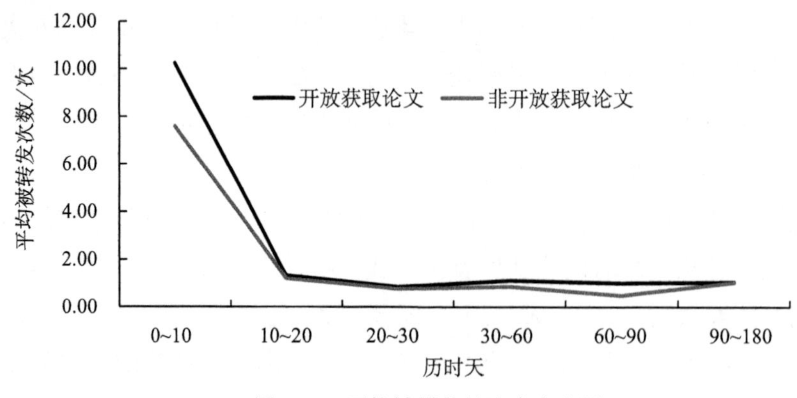

图 4.24　平均被媒体关注度变化图

被媒体转发的次数，结果如图 4.25 所示。横轴表示论文发表后的历时天数，纵轴表示平均累积转发次数，深色和浅色曲线分别表示开放获取与非开放获取论文。在历时一年时间内，开放获取论文的平均被转发次数均高于非开放获取论文，具有媒体关注度优势。在论文发表初期，开放获取论文曲线斜率明显大于非开放获取论文曲线斜率，即开放获取论文在发表后能快速引起社交媒体关注，非开放获取论文引发社交媒体反应时间相对迟缓。开放获取论文在历时 20 天内持续引发社交媒体转发，而在历时 10 天后，非开放获取论文曲线趋于平缓，因此，开放获取论文在发表后不仅能快速得到媒体关注，而且被社交媒体关注的时间持续性更强。

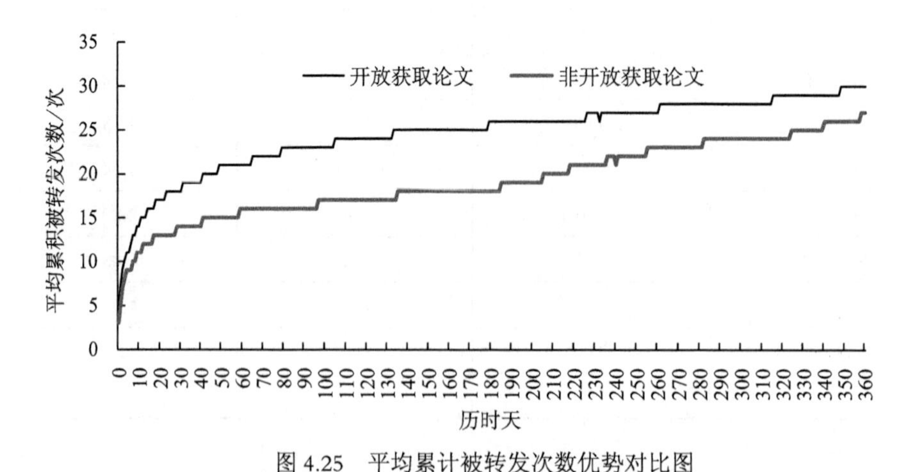

图 4.25　平均累计被转发次数优势对比图

4.6.2　物理科学领域

研究数据集中物理科学领域论文共 736 篇，其中开放获取论文 238 篇，非开放获取论文 498 篇。本研究分别从引用优势、使用数据优势及媒体关注度优势三方面对比分析，研究物理学领域是否存在开放获取优势。

4.6.2.1　引用优势

按照 3 个月内发表的论文为一组，进行组内开放获取与非开放获取论文引用优势对比，如表 4.19 所示，2012 年 1 ～ 3 月发表的论文中，开放获取论文平均被引用 63.76 次，非开放获取论文平均被引用 48.97 次，二者比例约为 1.30。在各组内开放获取论文被引用次数最大约为非开放获取论文的 2.13 倍，最小约为非开放获取论文的 0.95 倍。表 4.19 中显示共 5 组数据表明开放获取论文被引用次数更大，而 3 组数据表明非开放获取论文被引次数更大。本研究对物理科学领域论文进行整体分析，结果发现，开放获取论文平均被引用 45 次，非开放获取论文平均被引用 33 次，因此在物理科学领域开放获取论文仍具有引用优势。

表 4.19　引用优势对比

时间	开放获取论文 / 次	非开放获取论文 / 次	比率
2012 年 1 ～ 3 月	63.76	48.97	1.30
2012 年 4 ～ 6 月	76.64	38.53	1.99
2012 年 7 ～ 9 月	41.81	41.59	1.01
2012 年 10 ～ 12 月	29.76	31.41	0.95
2013 年 1 ～ 3 月	79.55	37.32	2.13
2013 年 4 ～ 6 月	29.15	22.65	1.29
2013 年 7 ～ 9 月	20.75	21.48	0.97
2013 年 10 ～ 12 月	17.51	18.39	0.95

图 4.26 为引用优势对比图，图中按横坐标轴从右向左观察，除 2012 年 4 ～ 6 月及 2013 年 1 ～ 3 月外，论文被引次数随历时时间增长而增加。其中，2012 年 4 ～ 6 月和 2013 年 1 ～ 3 月两组数据出现误差的原因为高被引论文的出现。因此，本研究对开放获取论文与非开放获取论文的被引次数两总体间进行均值差的 t 检验，结果 p 值等于 0.05，两总体在 95% 的置信区间上存在显著差异，开放获取论文相比于非开放获取论文存在引用优势。

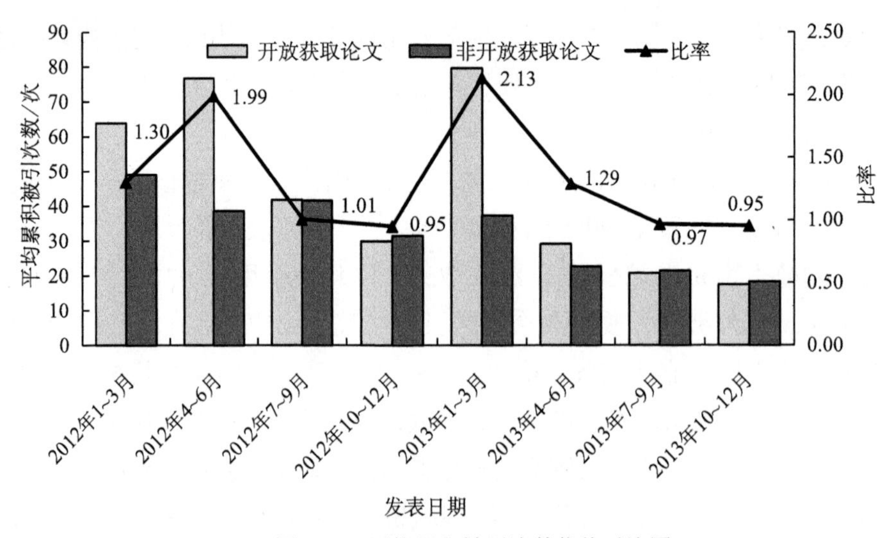

图 4.26　平均累积被引次数优势对比图

图 4.27 为物理科学领域内，论文随历时天数增加平均累积被引次数变化图，其中浅色表示开放获取论文平均累积被引次数变化曲线，深色曲线为非开放获取论文平均累积被引次数变化曲线。在发表后历时 200 天内，二者累积平均被引次数均在 3 次以内，随后均被快速引用，但开放获取论文曲线斜率较大，增长速度较快。经回归分析发现，开放获取论文平均以每天约 0.06 次被引次数增加，非开放获取论文平均以每天约 0.05 次被引速度增加。因此，两曲线间距随时间不断增大，开放获取论文引用优势也不断显著。

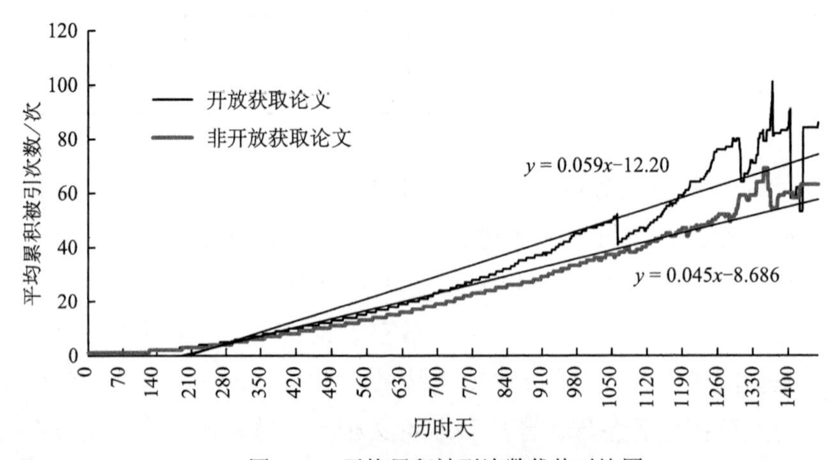

图 4.27　平均累积被引次数优势对比图

4.6.2.2 使用数据优势

将每月发表论文分为一组，对开放获取与非开放获取论文的平均累积被浏览次数进行对比分析，结果如表 4.20 及图 4.28 所示。表 4.20 显示，2012 年 1 月发表的开放获取论文平均累积被浏览次数约为 8702 次，非开放获取论文平均累积被浏览次数约为 3560 次，开放获取论文被浏览次数约为非开放获取论文的 2.44 倍，开放获取论文使用数据优势显著。其他组内开放获取论文被浏览次数也均高于非开放获取论文，2012 年 4 月发表的开放获取论文平均累积被浏览次数与非开放获取论文平均累积被浏览次数比例最大，二者比例高达 8.34 倍。对各组内开放获取论文与非开放获取论文使用数据进行均值差的 t 检验，结果发现，p 值均小于 0.05，在 95% 置信区间内，因此，开放获取论文存在使用数据优势。

表 4.20 使用数据优势对比

时间	开放获取论文 / 次	非开放获取论文 / 次	比率
2012 年 1 月	8 701.50	3 560.27	2.44
2012 年 2 月	13 838.71	5 042.40	2.74
2012 年 3 月	10 512.17	4 823.77	2.18
2012 年 4 月	29 344.33	3 516.50	8.34
2012 年 5 月	8 842.11	2 850.46	3.10
2012 年 6 月	8 407.20	2 729.73	3.08
2012 年 7 月	10 336.36	3 410.67	3.03
2012 年 8 月	9 352.60	3 685.64	2.54
2012 年 9 月	6 735.33	2 390.07	2.82
2012 年 10 月	9 047.25	2 641.06	3.43
2012 年 11 月	6 093.29	3 402.67	1.79
2012 年 12 月	11 067.17	1 784.53	6.20
2013 年 1 月	7 459.57	2 242.85	3.33
2013 年 2 月	12 323.11	4 515.71	2.73
2013 年 3 月	5 075.50	3 779.50	1.34
2013 年 4 月	8 697.00	2 614.25	3.33
2013 年 5 月	6 013.60	4 038.05	1.49

续表

时间	开放获取论文 / 次	非开放获取论文 / 次	比率
2013 年 6 月	11 880.85	2 624.47	4.53
2013 年 7 月	8 027.15	3 278.10	2.45
2013 年 8 月	10 292.60	3 679.14	2.80
2013 年 9 月	5 608.92	2 423.56	2.31
……	……	……	……
2013 年 12 月	6 021.80	2 492.22	2.42

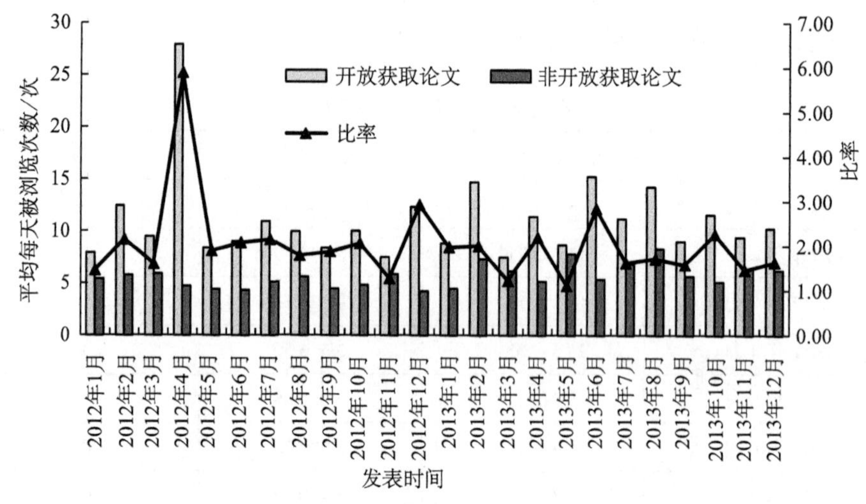

图 4.28　平均每天被浏览次数优势对比图

在物理科学领域，根据论文发表后历时天数变化，分析开放获取论文与非开放获取论文发表后被浏览次数随时间的变化模式，如图 4.29 所示。物理科学领域论文在发表历时 1300 天后论文数量较少，因此本研究将历时时间截取至历时 1300 天。在论文发表历时 1 个月内被浏览次数快速增加，开放获取论文曲线（深色）斜率大于非开放获取论文曲线（浅色）斜率，即开放获取论文在发表后历时 10 天内被浏览次数增加速度更快，开放获取论文更易得到用户关注。论文发表 30 天后，两条曲线逐渐平缓，分别以约 7 次和 2 次的线性速度增长，且随着历时时间增长，两曲线间距离变大，开放获取论文的浏览优势愈加显著。

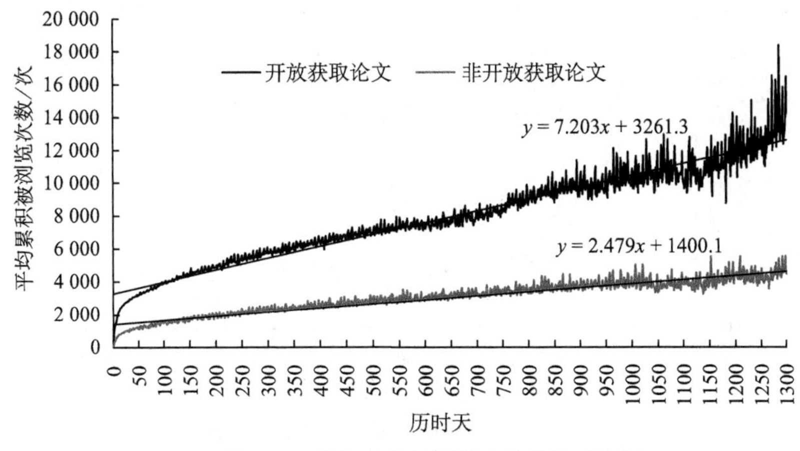

图 4.29 平均累积被浏览次数优势对比图

4.6.2.3 社交媒体关注度优势

将开放获取论文与非开放获取论文在 Twitter 上的被转发次数进行对比分析（表 4.21），结果发现媒体在论文发表后短期内会快速反应，但社交媒体的转发持续性差，大部分论文在发表几天后将不被转发。

表 4.21 媒体关注度优势对比

历时天	开放获取论文 / 次	非开放获取论文 / 次	比率
0 ~ 10	4.03	3.10	1.30
10 ~ 20	1.09	0.96	1.14
20 ~ 30	0.76	0.43	1.77
30 ~ 60	0.92	0.75	1.23
60 ~ 90	0.70	0.42	1.67
90 ~ 180	0.84	0.69	1.22

图 4.30 中深色和浅色曲线分别表示开放获取论文和非开放获取论文平均被转发次数。横轴表示论文发表后历时不同时间段，如 0 ～ 10 表示论文发表后历时 0 ～ 10 天。论文发表后历时 0 ～ 10 天内，开放获取论文平均被转发次数是非开放获取论文的 1.30 倍，在论文发表后历时 10 ～ 20 天内，开放获取论文平均被转发次数约为 1.09 次，非开放获取论文平均被转发次数小于 1 次，20 天后开放获取论文与非开放获取论文的平均被转发次数均小于 1 次，但在不同时间段内，开放获取论文仍具有社交媒体关注度优势。

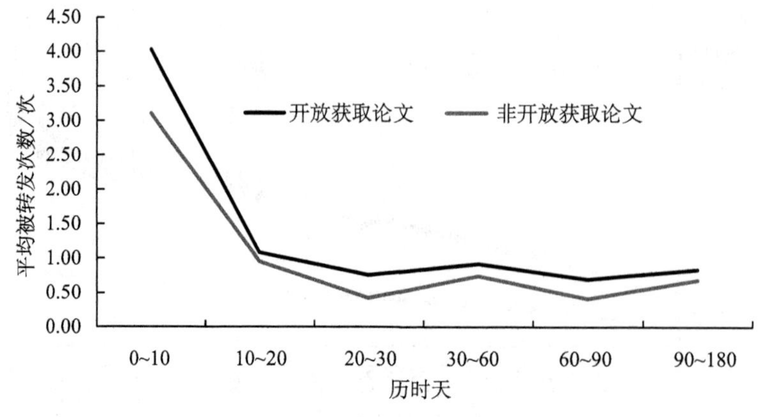

图 4.30　平均累积被媒体关注次数优势对比

论文发表后在Twitter的平均累积转发次数随历时天数变化曲线如图4.31所示，本研究选取历时 360 天内的平均被转发次数对比分析。在历时 10 天内，开放获取论文变化曲线斜率大于非开放获取论文，开放获取论文发表后被快速转发，更易受到社交媒体关注。

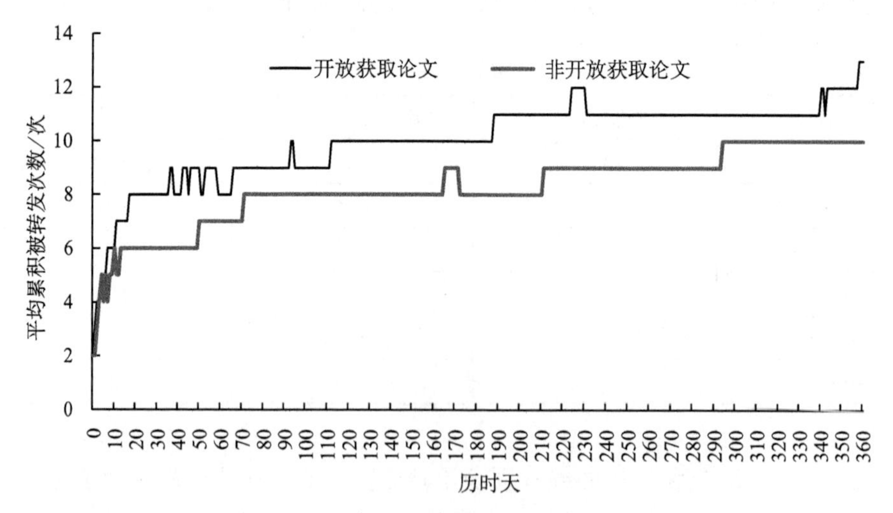

图 4.31　平均累积被媒体关注度时间模式对比

在非开放获取论文发表 10 天内平均累积被关注次数不断增加，后平均累积被转发次数整体基本保持不变。而开放获取论文在 20 天内累积平均被转发次数不断增加，随后基本保持不变。因此，相比于非开放获取论文，开放获取论文发表后更易得到媒体关注且被关注时间持续性更长。

4.6.3　化学科学领域

在 2012 ～ 2013 年 *Nature Communications* 期刊共发表化学科学领域论文 272 篇，其中开放获取论文 71 篇，非开放获取论文 201 篇。

4.6.3.1　引用优势

图 4.32 为论文平均累积被引次数随历时时间变化趋势图，横轴表示论文历时天数，纵轴表示平均累积被引次数，深色和浅色曲线分别表示开放获取论文及非开放获取论文平均累积被引次数随历时时间变化曲线。论文在历时 3 年内，两曲线基本重合。在 3 年后，开放获取论文的平均累积被引次数大于非开放获取论文。经回归分析发现，开放获取论文与非开放获取论文分别以每天约 0.07 次、约 0.05 次增长。因此，随时间增长两曲线间距越大，引用优势越明显。

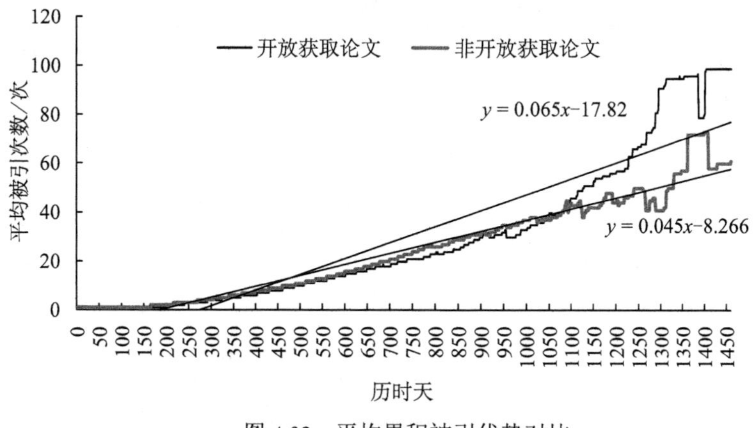

图 4.32　平均累积被引优势对比

出现两曲线重合现象的主要原因为，论文发表 3 年后被引次数才能趋于平稳，只有 2012 年发表论文时间积累达到 3 年，因此本研究单独比较 2012 年 6 月份前发表的论文，结果如表 4.22 所示。开放获取论文平均被引 126.18 次，非开放获取论文平均被引 93.64 次，开放获取论文平均被引次数约为非开放获取论文的 1.35 倍。论文发表历时 3 年后，开放获取论文引用优势显著。

表 4.22　引用优势对比

时间	开放获取论文 / 次	非开放获取论文 / 次	比率
2012 年 1 ～ 6 月	126.18	93.64	1.35

4.6.3.2 使用数据优势

Nature Communications 提供了用户每天的浏览数据，论文在发表后当天就会产生较大浏览量。我们选取 3 个月内发表论文为一组，如 2012 年 1 ～ 3 月发表论文为一组，在组内对开放获取论文与非开放获取论文的平均被浏览次数对比分析（表 4.23，图 4.33）。2012 年 1 ～ 3 月发表开放获取论文平均被浏览 26 740.00 次，非开放获取论文平均被浏览 4976.20 次，开放获取论文被浏览次数约为非开放获取论文的 5.37 倍。在每组内，开放获取论文平均被浏览次数均大于非开放获取论文，开放获取论文具有使用数据优势。经开放获取论文与非开放获取论文两组使用数据的 t 检验，结果显示 p 值为 0，即在 95% 置信区间内，开放获取论文的使用数据与非开放获取论文存在显著差异，开放获取论文的使用数据优势存在。

表 4.23 使用数据优势对比

时间	开放获取论文 / 次	非开放获取论文 / 次	比率
2012 年 1 ～ 3 月	26 740.00	4 976.20	5.37
2012 年 4 ～ 6 月	11 684.33	3 918.36	2.98
2012 年 7 ～ 9 月	7 168.00	3 461.75	2.07
2012 年 10 ～ 12 月	9 285.58	4 236.14	2.19
2013 年 1 ～ 3 月	7 059.57	5 773.11	1.22
2013 年 4 ～ 6 月	11 742.63	5 117.06	2.29
2013 年 7 ～ 9 月	9 576.14	4 210.38	2.27
2013 年 10 ～ 12 月	10 382.33	2 997.00	3.46

开放获取论文与非开放获取论文的平均累积被浏览次数随历时天数变化曲线如图 4.34 所示，其中横轴表示历时天数，纵轴表示平均累积被浏览次数，深色和浅色曲线分别表示开放获取论文和非开放获取论文平均累积被浏览次数变化曲线。在论文发表后历时 30 天内开放获取论文曲线斜率大于非开放获取论文曲线斜率，开放获取论文更易被用户浏览。对两曲线做回归分析，开放获取论文和非开放获取论文分别以每天 15.35 次和 3.03 次的被浏览次数增长，非开放获取论文被浏览次数增长速度较慢，开放获取论文曲线与非开放获取论文曲线间距离不断增大，开放获取使用数据优势不断显著。因此，开放获取论文发表后能被快速浏览且随历时时间增长使用数据优势更显著。

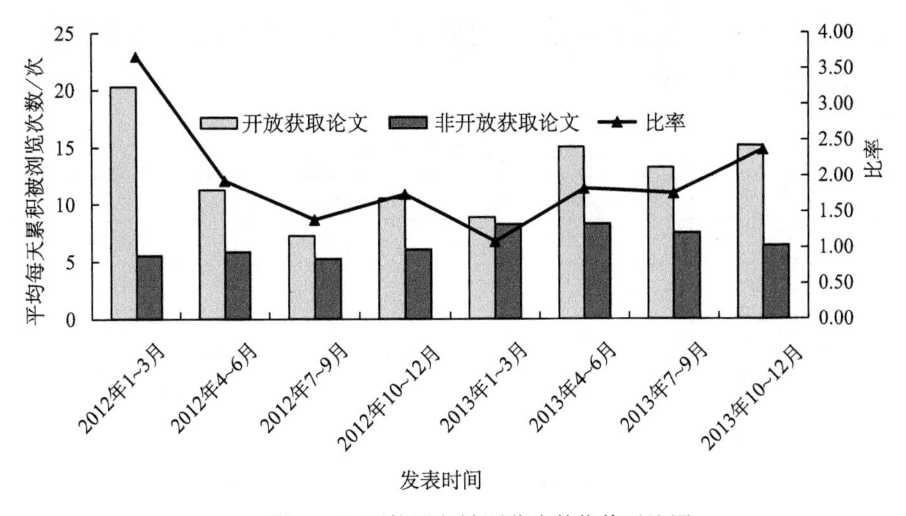

图 4.33 平均累积被浏览次数优势对比图

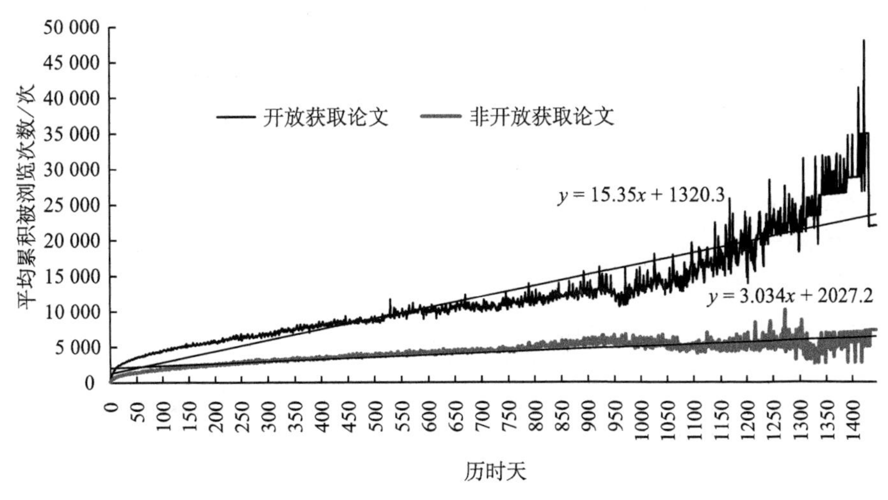

图 4.34 平均累积被浏览次数优势对比图

4.6.3.3 社交媒体关注度优势

化学科学领域中 DOI 为 10.1038/ncomms2747 的论文，在发表当天即被媒体转发约 83 次，其被媒体关注次数过大会影响整体平均水平，因此，我们将其视为异常值，忽略不计。论文发表后在不同时间段内平均被媒体关注次数对比如表 4.24 所示。开放获取论文与非开放获取论文不同时间段内平均被关注次数对比如图 4.35 所示，结果显示：在论文发表后 20 天内，开放获取论文的媒体关注度优势不明显，发表 20 天后开放获取论文媒体关注度优势逐渐显著，造成该结果的原因可能为化学科学领域中文章专业性较强，不易快速得到媒体关注。

表 4.24　媒体关注度优势对比

历时天	开放获取论文 / 次	非开放获取论文 / 次	比率
0 ~ 10	3.89	4.71	0.82
10 ~ 20	0.90	0.87	1.03
20 ~ 30	0.47	0.39	1.21
30 ~ 60	1.32	0.31	4.19
60 ~ 90	0.63	0.25	2.50
90 ~ 180	0.55	0.26	2.10

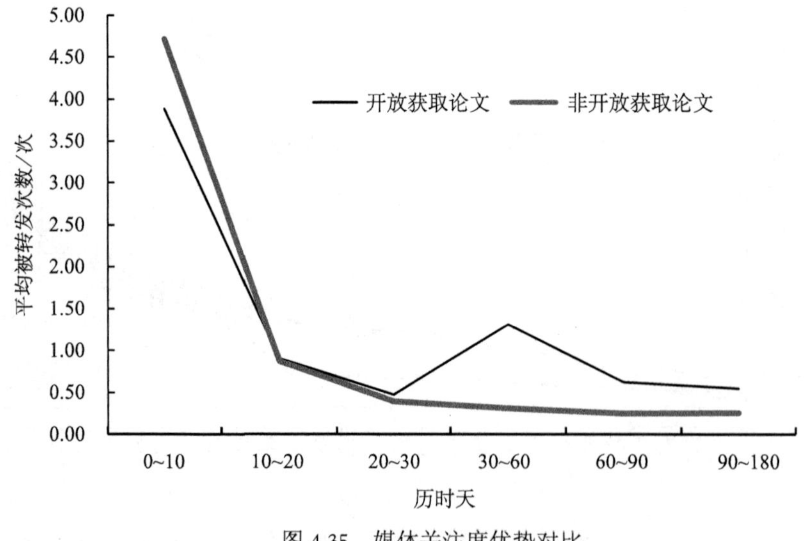

图 4.35　媒体关注度优势对比

化学科学领域论文发表后平均累积被转发次数随历时天数变化情况如图 4.36 所示，其中深色和浅色曲线分别表示开放获取论文与非开放获取论文，在论文发表后 0 ～ 10 天内，两曲线基本重合，媒体关注度优势并未显示，论文发表历时 10 天后，开放获取论文被媒体关注曲线斜率很大，而非开放获取论文曲线处于平稳状态。随着历时时间增加，两曲线间距离不断增大，开放获取论文的媒体关注度优势越来越显著。非开放获取论文曲线在历时 10 天后处于平稳状态，而开放获取论文曲线增长至约 120 天才达到平稳状态，因此，开放获取论文在发表后受媒体关注度持续时间更长。

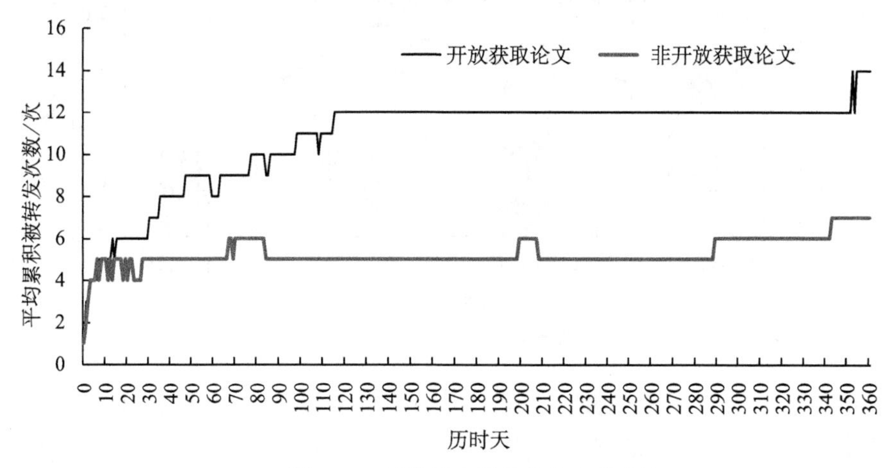

图 4.36 平均累积媒体关注度优势比

4.6.4 地球科学领域

Nature Communications 在 2012 ～ 2013 年共发表地球科学领域论文 85 篇，其中开放获取论文 25 篇，非开放获取论文 60 篇。

4.6.4.1 引用优势

对地球科学领域的开放获取论文与非开放获取论文进行引用优势对比分析，由于论文总体数量较少，因此我们将 2 年内发表的论文按照发表时间分为 4 组，如 2012 年 1 ～ 6 月发表论文为一组，在组内进行优势对比，结果如表 4.25 所示。2012 年 1 ～ 6 月开放获取论文平均被引 21.75 次，非开放获取论文平均被引 16.00 次，二者比例为 1.36。2013 年 1 ～ 6 月，开放获取论文平均被引次数为非开放获取论文平均被引次数的 1.91 倍。在 4 个分组内，开放获取论文的被引次数均高于非开放获取论文，引用优势存在。且经 t 检验，结果证明：在 95% 置信区间内，两总体存在显著差异，如图 4.37 所示。

表 4.25 引用优势对比

时间	开放获取论文 / 次	非开放获取论文 / 次	比率
2012 年 1 ～ 6 月	21.75	16.00	1.36
2012 年 7 ～ 12 月	12.00	8.40	1.43
2013 年 1 ～ 6 月	14.70	7.70	1.91
2013 年 7 ～ 12 月	7.80	7.62	1.02

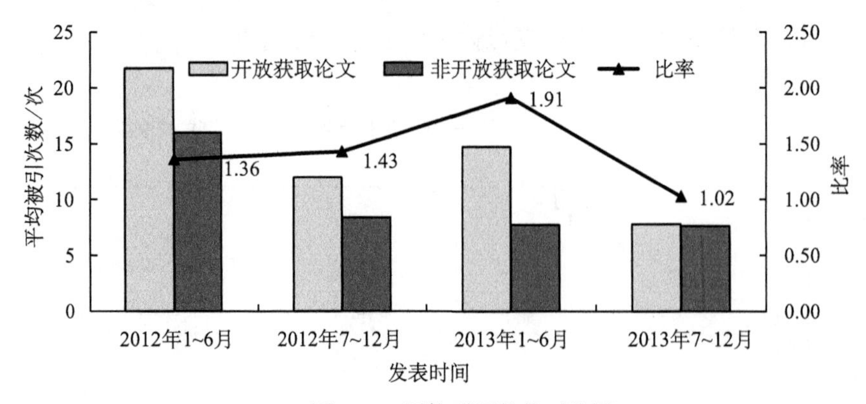

图 4.37　平均引用优势对比图

在论文发表初期开放获取论文引用优势是否存在？开放获取论文与非开放获取论文间被引用的时间模式是否一致？我们按照论文发表后被引用的相对时间分析引用次数随时间的变化模式，结果如图 4.38 所示。图中横轴表示论文发表后历时天数，纵轴表示平均累积被引次数，深色和浅色曲线分别表示开放获取论文与非开放获取论文随历时天数增加平均累积被引次数的变化。在论文发表后历时 180 天即半年时间内，开放获取论文和非开放获取论文平均累积被引次数均为 1，两曲线重合。论文发表半年后，被引次数随历时时间缓慢增加。经回归分析，开放获取论文曲线斜率大于非开放获取论文，二者斜率分别约为 0.02 和 0.01，开放获取论文平均累积被引次数增加速度较大，随历时时间增加，两曲线间距离不断变大，开放获取论文引用优势不断显著。在论文发表历时 3 年后，部分论文不再继续被引用，曲线有下

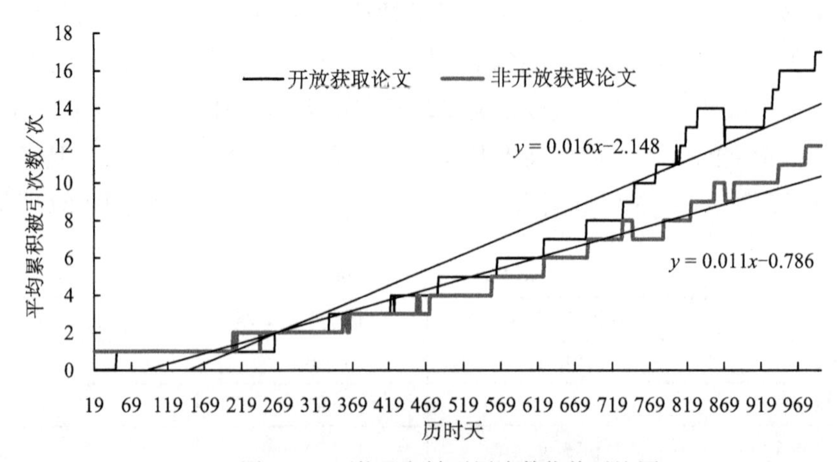

图 4.38　平均累积被引用次数优势对比图

降趋势。由于论文发表时间不一致，导致历时时间不同，历时时间越长，论文数量越少，曲线末端震荡越大。

4.6.4.2　使用数据优势

论文在发表后当天会被科研人员浏览、下载，在短期内产生大量浏览数据。开放获取论文在发表后是否会得到更多的浏览次数？我们将发表在 6 个月内的论文分为一组，即 2012 年 1 ～ 6 月发表论文为一组，在组内对比分析开放获取论文的平均被浏览次数，结果如表 4.26 所示。2012 年 1 ～ 6 月发表的开放获取论文平均被浏览 7887.75 次，非开放获取论文平均被浏览 855.33 次，开放获取论文平均被浏览次数约为非开放获取论文的 9.22 倍。整体而言，开放获取论文比非开放获取论文的平均被浏览次数约高 6.88 倍，开放获取论文更具有浏览优势。每天平均累积被浏览次数图如图 4.39 所示，由图可知，以历时天为基准，优势同样存在。为证明开放获取论文平均被浏览次数大于非开放获取论文，我们对两总体进行 t 检验，结果显示 p 值为 0.002，在 95% 置信区间内开放获取论文与非开放获取论文使用数据间存在显著差异。因此，开放获取论文使用数据优势存在。

表 4.26　平均累积使用数据优势对比

时间	开放获取论文 / 次	非开放获取论文 / 次	比率
2012 年 1 ～ 6 月	7887.75	855.33	9.22
2012 年 7 ～ 12 月	3498.00	807.60	4.33
2013 年 1 ～ 6 月	4422.20	852.50	5.19
2013 年 7 ～ 12 月	7425.70	844.85	8.79

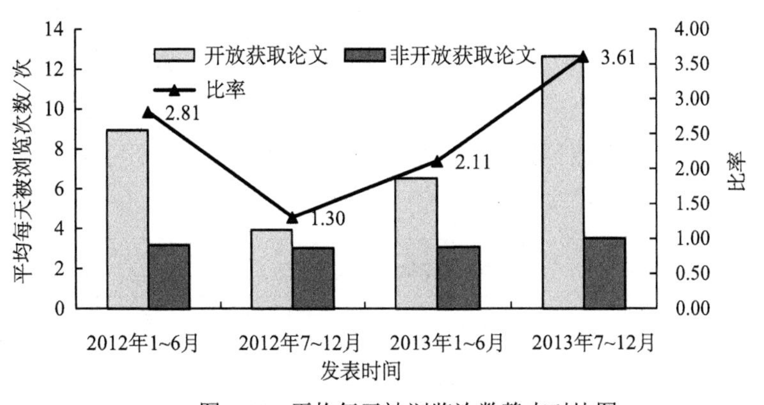

图 4.39　平均每天被浏览次数静态对比图

地球科学领域论文被浏览的时间模式如图 4.40 所示，图中横轴表示论文发表后历时天数，纵轴表示平均累积被浏览次数，深色和浅色曲线分别表示开放获取论文及非开放获取论文平均被浏览次数随历时时间变化曲线。经回归分析发现，论文发表后历时 30 天内，开放获取论文的平均累积被浏览次数迅速增加，随后每天平均以约 2.88 次的速度增加。非开放获取论文自发表开始平均累积被浏览次数以平均约 0.69 次的速度增加，随着历时时间增长，开放获取论文与非开放获取论文曲线间距不断变大，开放获取论文浏览优势逐渐显著。

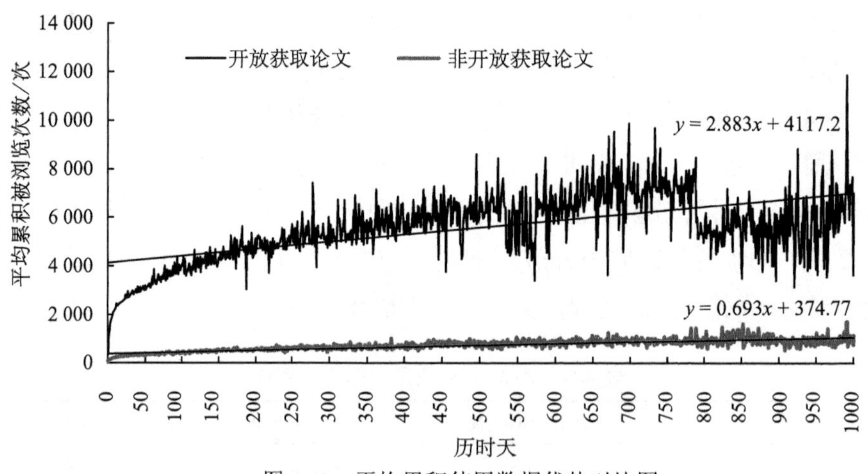

图 4.40 平均累积使用数据优势对比图

4.6.4.3 社交媒体关注度优势

地球科学领域，开放获取论文和非开放获取论文被社交媒体 Twitter 平均转发次数分别为 22 次、3 次，开放获取论文平均被转发次数约为非开放获取论文的 7 倍。将发表在同一年内的论文进行媒体关注度优势对比分析，结果如表 4.27 所示。2012 年发表的开放获取论文与非开放获取论文平均被转发次数分别为 14.20 次和 4.92 次，2013 年发表的开放获取论文与非开放获取论文平均被转发次数分别为 30.06 次和 9.70 次。对比发现，组内开放获取论文媒体关注度优势存在。

表 4.27 媒体关注度优势对比

时间	开放获取论文 / 次	非开放获取论文 / 次	比率
2012 年 1 ～ 12 月	14.20	4.92	2.89
2013 年 1 ～ 12 月	30.06	9.70	3.10

我们将论文发表后的平均被转发次数进行对比分析，如图 4.41 所示。在论文发表后 10 天内，开放获取论文平均被转发 14.30 次，非开放获取论文平均被转发 5.81 次，在历时 10 天后，平均被转发次数小于 1 次。

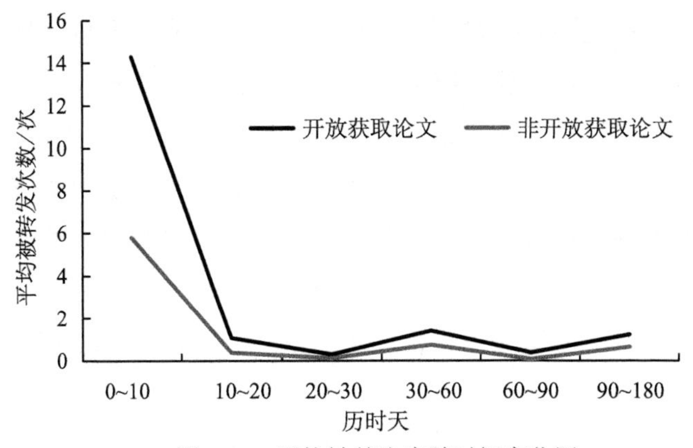

图 4.41　平均被关注度随时间变化图

地球科学领域论文受媒体关注度的时间变化模式如图 4.42 所示，其中深色和浅色曲线分别代表开放获取论文与非开放获取论文在发表后平均累积被关注次数随历时时间变化曲线。我们由图发现，开放获取论文在历时 10 天内被转发次数快速增长，随后曲线斜率变小，持续到 150 天左右后，曲线基本处于不变。非开放获取论文在历时 10 天内曲线以较小斜率上升，持续增长至 60 天后趋于不变。随时间增长两曲线距离越大，开放获取论文社交媒体关注度优势越显著。因此，开放获取论文媒体关注度优势存在且持续时间更长。

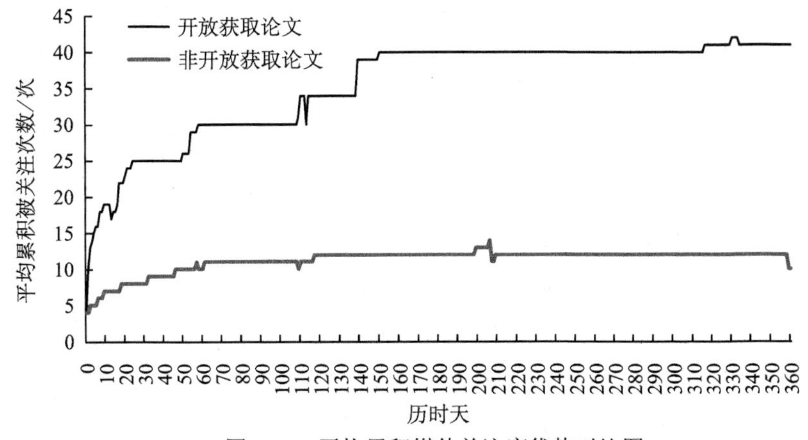

图 4.42　平均累积媒体关注度优势对比图

4.6.5 分学科开放获取优势研究小结

本节分别对物理科学、化学科学、生物科学及地球科学四个领域内发表的开放获取及非开放获取论文进行了引用、使用数据和媒体关注度优势对比分析，结果发现：在不同领域内，开放获取优势均存在且随历时时间增加而不断显著，但论文显示开放获取优势的时间存在很大差异。

虽然科学论文受所属学科领域专业程度影响，被用户引用和被媒体关注度优势显示时间存在很大差异，但是不同领域开放获取论文均在发表当天即表现出显著的使用数据优势。物理科学、生物科学及地球科学这三个领域中论文在发表1年后逐渐被引用，此时，开放获取论文的引用优势随历时时间不断显著，而化学科学领域论文，在发表3年后才能显示出引用优势。在全部领域内，非开放获取论文在发表较短时间后被媒体关注度逐渐减弱甚至不再被媒体关注，而物理和生物科学领域开放获取论文被媒体关注持续时间较长，化学及地球科学领域被媒体持续关注时间甚至达2个月以上。

整体而言，虽然不同领域内论文的使用数据遵从不同的时间演化模式，但开放获取论文在引用、使用数据和媒体关注度三维度均存在优势，且优势随历时时间的增加而显著。

4.7 本章小结

在本章中，我们以期刊 *Nature Communications* 中 2012 ～ 2013 年发表的论文为研究对象，通过相关性分析抽取引用、浏览和媒体关注度三个独立指标，从静态和动态角度分析开放获取优势是否存在。首先，本章利用论文总体被引用次数、被浏览次数和被关注次数静态对比分析开放获取论文优势是否存在。其次，本章利用 Web of Science、Twitter 及期刊提供的论文每天被引用、转发和浏览数据，动态分析在论文发表后三个指标随时间的变化模式及论文发表后不同时间段内开放获取优势是否存在。

本研究通过整体分析发现，开放获取论文在被引次数、被浏览次数及被媒体关注度三个指标下均存在优势。在论文发表后 2 ～ 3 年时间内，被引用次数随历时时间增加而增长，而被浏览次数及被媒体关注次数并未随历时时间增加而发生较大变化。论文的开放获取优势随历时时间增加而不断显著，但开放获取优势显示时间差异较大。开放获取论文的引用优势约在论文发表1年后显示，而其使用优势和媒体关注度优势在发表当天就已经十分显著。

本研究通过对四个不同学科领域的开放获取优势进行分析发现，在不同学科内开放获取优势仍然存在，且随时间增长开放获取优势越明显，但在时间模式上存在较大差异。对开放获取引用优势时间模式分析发现，生物科学、物理科学及地球科学领域中开放获取引用优势均在论文发表1年后逐渐显著，而化学科学领域开放获取论文在历时3年后才显示出引用优势。本研究通过分析四个领域内论文的媒体关注度随时间变化模式发现，生物科学、物理科学领域开放获取论文被媒体关注时间约持续到发表后20天，比非开放获取论文持续被关注时间长10天。而化学科学和地球科学领域开放获取论文持续被关注时间分别约为120天和150天，非开放获取约被持续关注10天，开放获取论文被媒体关注持续时间更长。四个领域内论文的使用数据的时间变化模式一致，论文在发表后历时1个月内被浏览次数快速增加，随后以接近线性速度增长。

本研究从静态和动态角度分析了开放获取优势是否存在，结果证明无论在期刊中还是在不同学科内部开放获取论文均存在引用、使用和媒体关注度优势。在时间模式分析中发现，不同学科领域开放获取论文优势显示的时间变化模式不同。同时，研究也存在一定的局限性，在获取论文被引用时间即选取 Web of Science 数据库中施引文献发表时间时，发现该数据库中并未完全发布施引文献的发表时间，导致部分论文被引次数缺失。相信在未来的时间里，各大数据库会不断完善论文使用数据。

第5章 探索科学家的工作时间表

在科学界，往往只有辛勤工作才会有所成就。科学家不仅需要完成日常的任务和工作，还要继续学习以保证在所从事科研领域中的领先地位。大多数科学家都生存在来自全球的激烈学术竞争和巨大压力之下，他们不得不将工作融入自己的生命中。

科学家的科研压力很大，他们不分工作日和非工作日地进行科研活动，使得工作和生活难以保持平衡[65-68]。

传统上，探索科学家的工作时间表很困难，除了问卷调查[69, 70]和案例跟踪调查[71]之外，没有更好的方法来研究这一话题。由于研究难度大，以往的相关研究非常少见。

5.1 基于科学家下载论文的大规模时间数据分析

2010 年 12 月，为了“给科学界提供关于文献是正在怎样被利用的有价值的信息”①，斯普林格出版集团开发了一个免费新工具，也就是 realtime 实时工具。在这个实时地图平台（http://realtime.springer.com/map）上，每当一篇期刊论文或书籍章节被下载，其下载地点（根据 IP 地址和城市地址配

① http://realtime.springer.com/about［2012-04-10］，目前该平台已不可用。

对得到的结果）就会在这张世界地图上即时显示出来。

虽然科学家的工作形式多种多样，但毫无疑问的是，科学家在下载论文的时候一定是在工作的。单个科学家在某个时间点下载论文可能是随意而偶然的个体行为，但是基于全世界科学家的群体行为数据，则可以说明问题。无数单个科学家看似随意而偶然的下载时间点聚合起来，就可以反映科学家“群体”的工作时间规律。因此，本研究通过科学论文的下载来研究科学家的工作时间表，从而研究科学家的工作习惯模式。

5.1.1　数据收集和处理

5.1.1.1　数据监测和记录

本研究的数据来源于斯普林格的 realtime 平台。研究通过 24 小时昼夜不停地监测和记录数据，来收集论文下载时间和下载地点的数据。在实时下载地图上，只要有来自全球任何一个地方的研究者从斯普林格的数据库下载了一篇文献，下载者所在城市的名称就会即时闪现在 realtime 平台的世界地图上，如图 5.1 所示。每分每秒都有无数的研究者下载文献，因此实时地图的

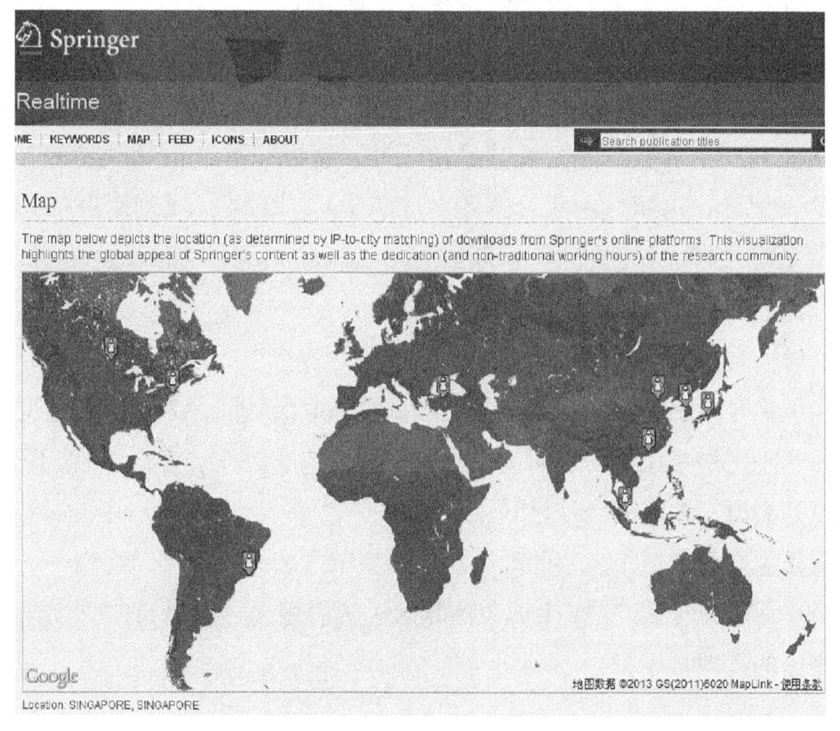

图 5.1　实时下载地图的屏幕截图（http：//realtime.springer.com/map）

城市名称也在不断刷新，数据变化的速度非常快，最快的时候可达 1 秒 40 余次。因此，研究者需要时刻监测斯普林格的文献下载情况，并且数据的记录必须高速进行。研究者于 2012 年 4 月份开展了为期半个月的连续监测，最终获得了 5 个工作日（4 月 10 日、11 日、12 日、13 日和 16 日）和 4 个非工作日（周末）（4 月 14 日、15 日、21 日和 22 日）的多达 180 余万条数据。

5.1.1.2　数据处理

数据处理部分，主要是将所获得的数据导入 SQL Server 数据库，然后进行异常数据处理及数据的时区转换。

1. 异常数据处理

数据的处理过程中，我们发现天津、洛杉矶和道格拉斯等城市的数据在某些时间点有异常情况的存在。图 5.2（a）是北京的正常下载数据曲线，这些曲线的变化趋势几乎完美地同步。图 5.2（b）是天津的下载数据曲线。显然，4 月 10 日晚上 11 点到 11 日上午 9 点本应是睡眠时间，但这个时间段内平均每 10 分钟的数据下载量达到 1228 次，是白天下载量的 10 倍。图 5.2（c）和图 5.2（d）显示，洛杉矶在 4 月 21 日、22 日，道格拉斯在 4 月 14 日、15 日和 22 日也出现了异常数据。我们的解决方法是，利用某城市正常下载日内相应时间的正常数据来替换其异常数据，这样异常数据只占到全部数据很小的一部分，对研究结果几乎不会产生影响。例如，我们用洛杉矶 4 月 14 日、15 日的数据分别替代 4 月 21 日、22 日的数据，替代数据总量不超过全部数据的 1.75%。

2. 时区转换

由于实时地图上显示的所有时间都是格林尼治时间，为了更好地观察和分析每个地区科学家的工作时间，需要根据经纬度数据，将格林尼治时间转换为下载者所在地区的当地时间。

首先需要确定每个城市的时区。根据城市的经纬度数据，我们逐一查询了研究中涉及的全部 5931 个城市的时区。然后根据这些城市的时区，计算各个地区的本地时间。

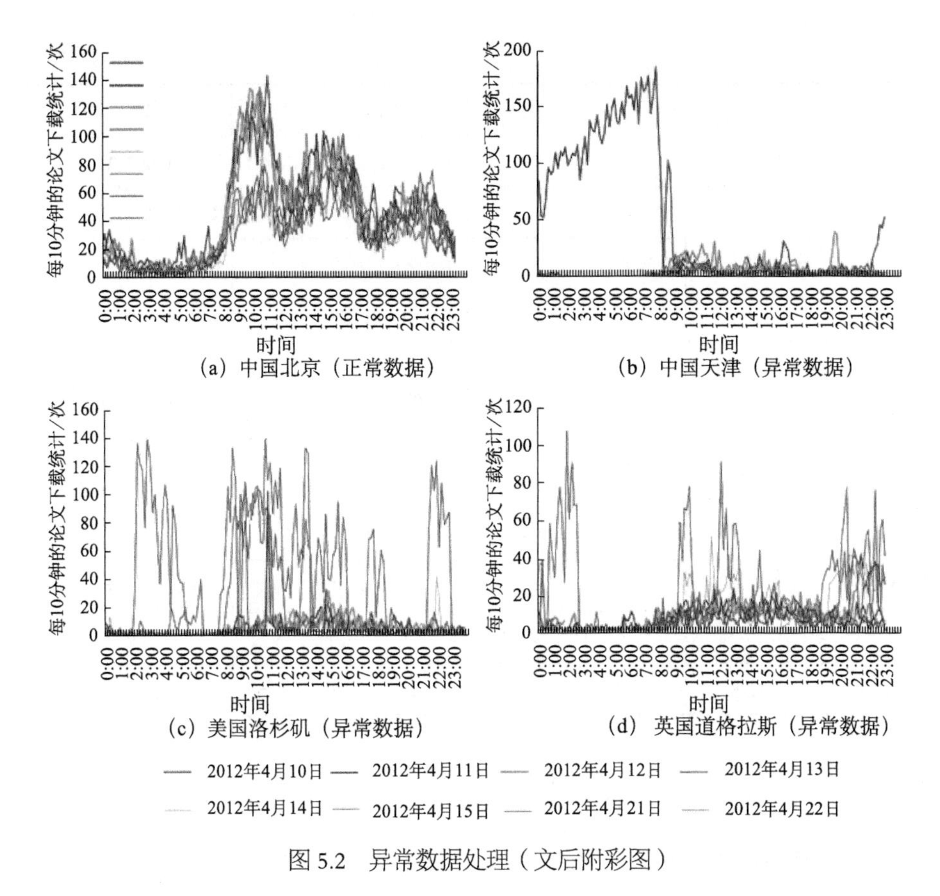

图 5.2 异常数据处理（文后附彩图）

大多数亚洲、欧洲和非洲等国家都只有一个时区，时区转换相对比较容易，我们只需要根据这些国家的统一时区将格林尼治时间转换为当地时间即可。然而，对于横跨多个时区的国家和地区，时区转换就相对复杂，比如美国、加拿大和澳大利亚等，以及印度、伊朗和纽芬兰等国家的一些城市使用半时区，而尼泊尔和查塔姆群岛等使用四分之一时区，我们需要知道每个城市的具体时区。时区转换如表 5.1 所示。对于一些没有城市名称的地区，我们根据经纬度来确定。

表 5.1 城市的时区转换

城市	国家 / 地区	纬度	经度	格林尼治时间	时差	本地时间
马德里	西班牙	40.4	−3.683	4/9/2012 0:17	2	4/9/2012 2:17
柏林	德国	52.517	13.4	4/9/2012 0:16	2	4/9/2012 2:16
伦敦	英国	51.517	−0.105	4/9/2012 0:32	1	4/9/2012 1:32

续表

城市	国家 / 地区	纬度	经度	格林尼治时间	时差	本地时间
苏黎世	瑞士	47.367	8.55	4/9/2012 0:17	2	4/9/2012 2:17
斯坦福	美国	37.4162	−122.172	4/9/2012 0:56	−7	4/8/2012 17:65
勒芬	比利时	50.883	4.7	4/9/2012 0:49	2	4/9/2012 2:49
首尔	韩国	37.567	127	4/9/2012 0:37	9	4/9/2012 9:37
–（未给出城市名称的原始数据）	韩国	37.567	127	4/9/2012 1:00	9	4/9/2012 10:00
台北	中国台湾	25.017	121.45	4/9/2012 1:00	8	4/9/2012 9:00
北京	中国	39.9	116.413	4/9/2012 0:24	8	4/9/2012 8:24
莱顿	荷兰	52.15	4.5	4/9/2012 0:24	2	4/9/2012 2:24
东京	日本	35.7	139.767	4/9/2012 0:24	9	4/9/2012 9:24
阿德莱德	澳大利亚	−34.93	138.6	4/9/2012 0:18	9.5	4/9/2012 9:48

5.1.2 国家和地区的下载总量

不同国家和地区下载量的差别也是非常大的。表 5.2 列出了 4 月 12 日（格林尼治时间）下载量最多的 20 个国家和地区。结果显示，美国的下载量是所有国家中最多的，达到 61 361 次，占同时期全球下载量（207 164 次）的 29.62%；德国第二，占全球下载量的 15.02%；中国大陆第三，占全球下载量的 9.57%。换句话说，仅前三国家和地区的下载量就占据了全部下载量的一半以上（54.21%）。另外，我们发现排名前 20 的国家和地区的论文下载数量与科研成果发表数量（以 2011 年的 SCI/SSCI 论文发表数量为例进行统计）的相关系数高达 0.94，说明对于国家来说，论文下载与论文发表具有明显的正相关关系。

图 5.3 的世界地图显示了不同国家和地区的论文下载数量，图中节点大小反映该国论文下载总量的多少。可以看出，美国、德国和中国大陆的节点最大；大多数欧洲国家的下载总量超过 1000，这使得地图上欧洲地区的节点十分密集；除了巴西和南非，大多数南美和非洲国家的下载总量都很少。

表 5.2 4 月 12 日（格林尼治时间）下载量最多的 20 个国家和地区

排名	国家 / 地区	下载量 / 次	百分比 /%	SCI/SSCI 论文发表数量（2011 年）
1	美国	61 361	29.62	474 306
2	德国	31 122	15.02	115 217
3	中国大陆	19 826	9.57	170 896
4	英国	8 066	3.89	130 150
5	日本	6 915	3.34	88 283
6	加拿大	6 752	3.26	70 487
7	澳大利亚	6 020	2.91	54 572
8	印度	5 552	2.68	50 820
9	法国	4 880	2.36	78 327
10	韩国	4 630	2.23	50 215
11	巴西	3 623	1.75	39 725
12	荷兰	3 580	1.73	41 168
13	伊朗	3 291	1.59	24 503
14	中国台湾	3 247	1.57	29 592
15	意大利	2 938	1.42	67 361
16	马来西亚	2 344	1.13	8 618
17	瑞士	2 221	1.07	29 393
18	西班牙	2 119	1.02	58 905
19	奥地利	1 905	0.92	15 667
20	墨西哥	1 802	0.87	11 422

我们统计了不同地区的下载总量，如表 5.3 所示。北美洲的下载总量为 431 500 次，占总下载量的 33.65%；欧洲的下载总量为 402 184 次，占全部下载量的 31.36%；而亚洲的下载总量为 346 812 次，占全部下载量的 27.04%；大洋洲的下载总量为 45 196 次，占全部下载量的 3.52%。

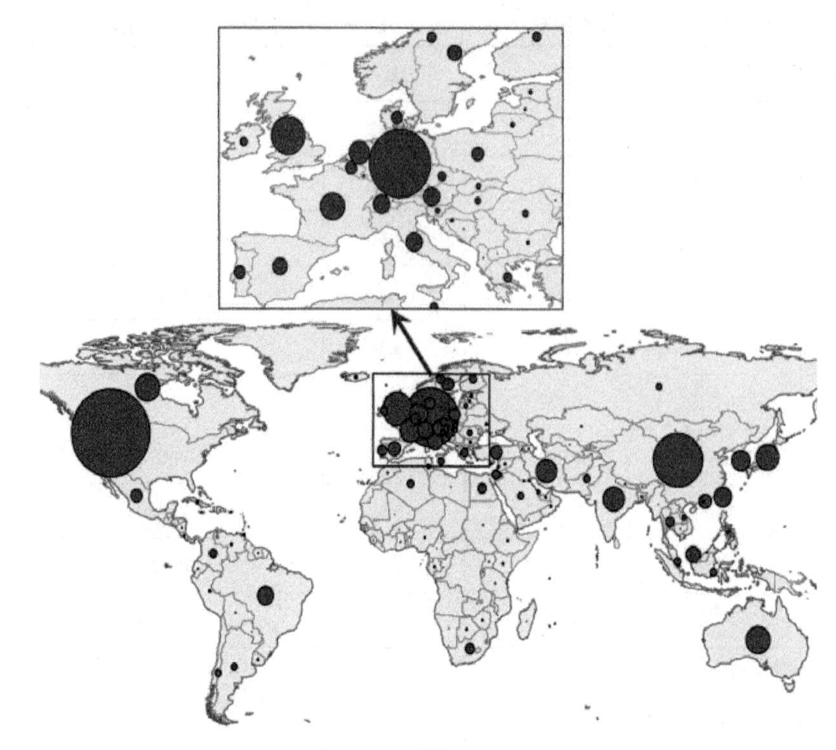

图 5.3 下载总量地图

表 5.3 不同地区下载总量

地区	下载总量 / 次	百分比 /%
北美洲	431 500	33.65
欧洲	402 184	31.36
亚洲	346 812	27.04
大洋洲	45 196	3.52
其他	56 686	4.42
全世界总量	1 282 378	100

5.2 各国科学家工作时间表的共性与地区差异

5.2.1 全球每分钟的下载总量

图 5.4（a）展示了 2012 年两个工作日（4 月 11 日、13 日）和两个周末

（4 月 14 日、15 日）每分钟的下载总量。这两个工作日和两个周末的下载曲线都很相似。由于它们形状相似，我们将四个工作日和四个周末每分钟的下载数平均，结果如图 5.4（b）所示，蓝色线代表工作日全世界平均每分钟下载总量，红色线代表周末每分钟下载总量，工作日在 12:00 ～ 13:00 出现了一个低谷，而在周末从 7:00 下载次数开始增加，此后出现一个较高的平稳水平，然后在 18:00 降到一个较低的平稳水平，从 22:00 开始显著下降。

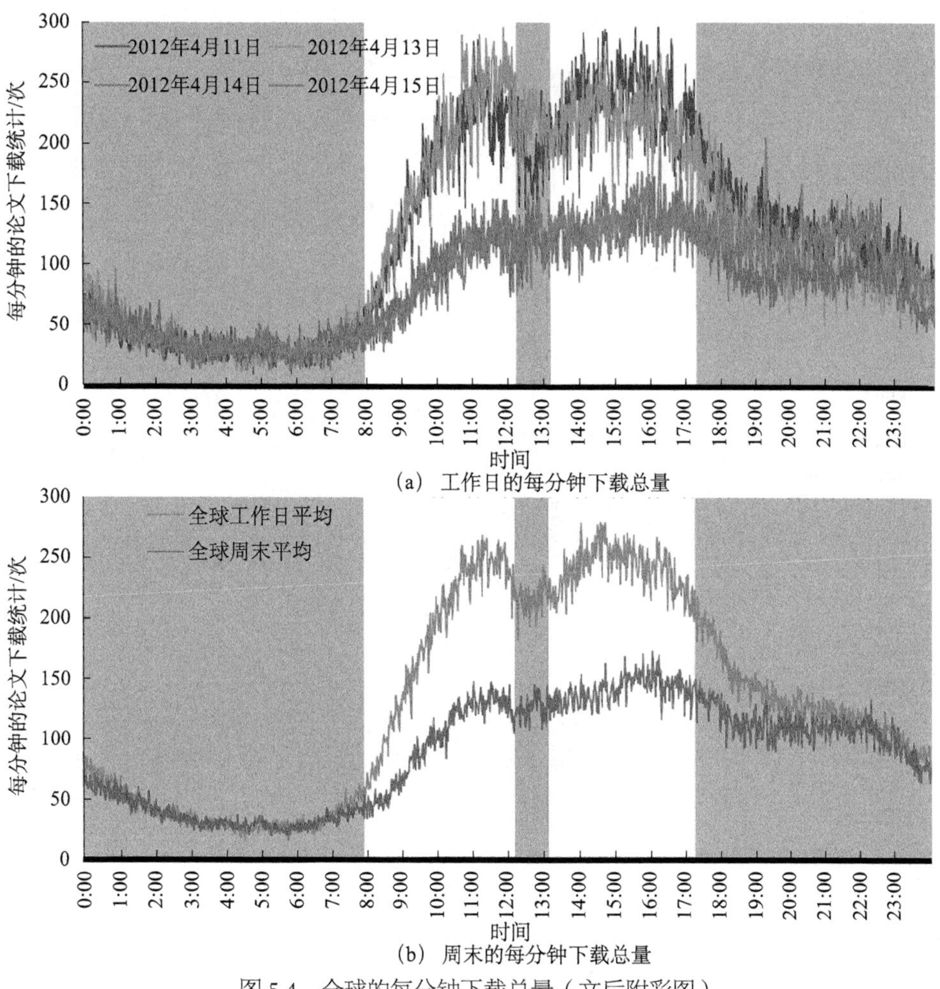

（a）工作日的每分钟下载总量

（b）周末的每分钟下载总量

图 5.4　全球的每分钟下载总量（文后附彩图）

5.2.2　国家 / 地区下载曲线

5.2.2.1　美洲和大洋洲国家

美国工作日的下载量曲线从 8:00 开始上升，在 16:00 达到峰值。持续增长的曲线显示，美国科学家没有因为午餐而停止工作，而且很多科学家工作至深夜，甚至持续到第二天凌晨［图 5.5（a）］。

加拿大工作日的下载量曲线也从 8:00 开始迅速增长，在 12:00 左右迎来第一个峰值；在历经短暂的轻微下降后，迎来 14:00 ～ 17:00 的高峰期，并在 15:00 左右出现第二个峰值；但 17:00 ～ 18:30 急速下降，在 18:30 之后，一直处于低迷的状态［图 5.5（b）］。

巴西和墨西哥是拉丁美洲下载数量最多的两个国家。在工作日，看起来似乎巴西科学家的工作时间是从下午才正式开始，其下午的下载量远远超过上午［图 5.5（c）］；墨西哥的下载曲线在 13:00 左右达到高峰，随后会波动较长时间，然后在 18:00 左右快速下降［图 5.5（d）］。此外，两国周末的下载量远远少于工作日的下载量，说明巴西和墨西哥的科学家在周末较为悠闲，远不像平时那样忙碌。

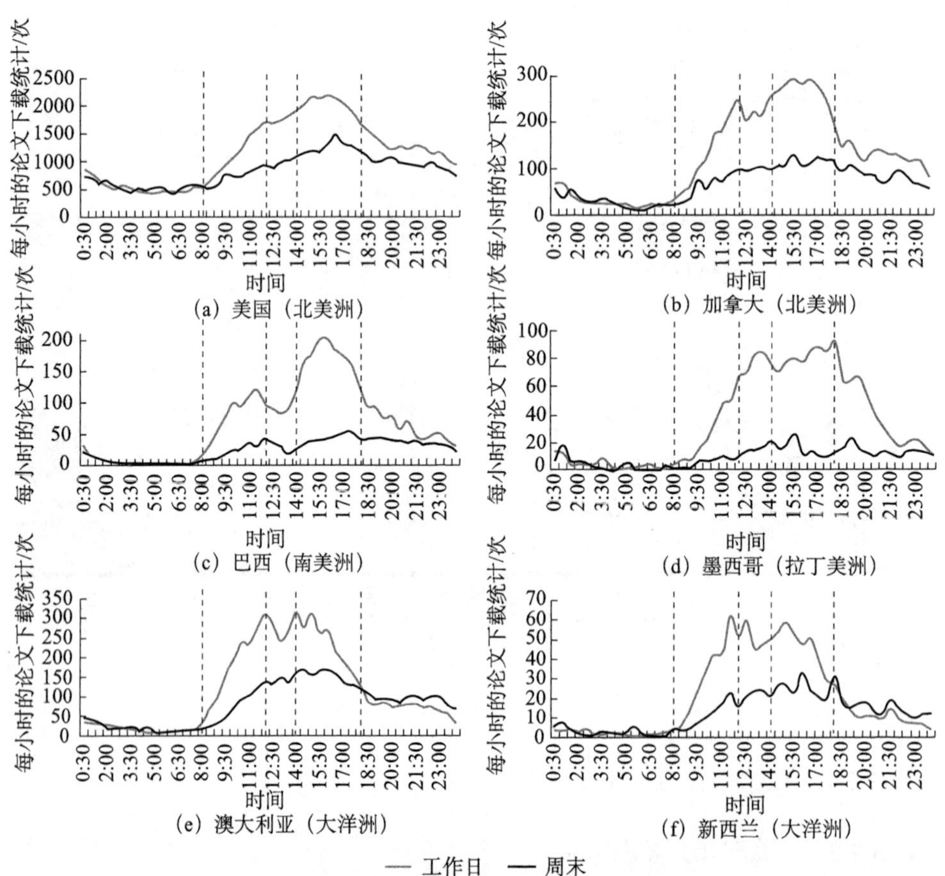

图 5.5　北美和拉丁美洲国家下载量（本地时间）

澳大利亚和新西兰两国工作日和周末的下载量曲线的走势都比较类似［图 5.5（e）、图 5.5（f）］。在工作日，曲线在 8:00 左右开始上升，在 12:00 左右达到峰值，在 13:00 之前短暂地下降到一个小波谷，之后持续上升达到一个新的高峰。两国周末的下载曲线都比较平坦，但是周末晚上的下载量超过了工作日晚上的下数量。

5.2.2.2　亚洲国家 / 地区

中国[①] 的下载量曲线显示，典型的中国科学家的一天可以划分为三个时间段，两个波谷分别是 12:00 和 18:00，这正好是中国的午餐和晚餐时间。另外，18:00 的波谷之后又迎来一个新的论文下载高峰，说明中国科学家在晚餐后又开始了一天中第三阶段的工作。周末的论文下载量和平时区别并不大，说明大部分中国科学家即使在周末也仍然在忙于科研［图 5.6（a）］。

日本工作日下载曲线的形状看起来很像富士山，“火山口”是午餐时间，但是曲线在 15:00 左右上升到一天之中的最高点。在周末，日本的下载曲线较为平坦，每半个小时只有 100 次，这说明日本科学家的周末并不像平时那样忙碌［图 5.6（b）］。

印度工作日的下载曲线也有两个峰值点，从图 5.6（c）可以明显地看出，中午的峰值高于下午的峰值（这个特征和中国一样）。曲线在午餐时间，也就是 13:00 左右开始下降，在 14:00 左右达到最低点，然后开始上升，到 15:00 左右达到第二个峰值。

图 5.6（d）是伊朗工作日和非工作日的下载曲线。与其他国家不同的是，伊朗的曲线无论是在工作日还是在非工作日，只在 11:00 左右有一个最高点。从图 5.6（d）的结果来看，伊朗的科学家在非工作日（我们认为的）下载量更大。实际上，星期五是伊朗法定的休息日，大多数伊朗人也将星期四的下午看成是非工作日，而星期六和星期日是工作日。所以，这个结果虽然看似和其他国家有很大不同，但是和伊朗的实际情况是非常相符的。

韩国［图 5.6（e）］工作日的曲线与中国台湾地区［图 5.6（i）］和土耳其［图 5.6（h）］的曲线十分一致，在午餐时间（11:30 ～ 13:30）有一个波谷。此外，上午的峰值与下午的峰值几乎相等。中国香港地区［图 5.6（g）］工作日的曲线与中国大陆的曲线大体相同。马来西亚工作日的曲线在 12:00 左右有一个峰值，午餐时间是从 13:00 到 15:00，下载量最低的时间是 14:00。如图 5.6（f）所示，马来西亚的科学家在周末的时候，尤其是周末晚上，工作量也很大。另外，泰国的科学家在周末的下午也非常忙碌［图 5.6（j）］。

① 本章中提到的中国，如未特殊注明，均指中国大陆地区。

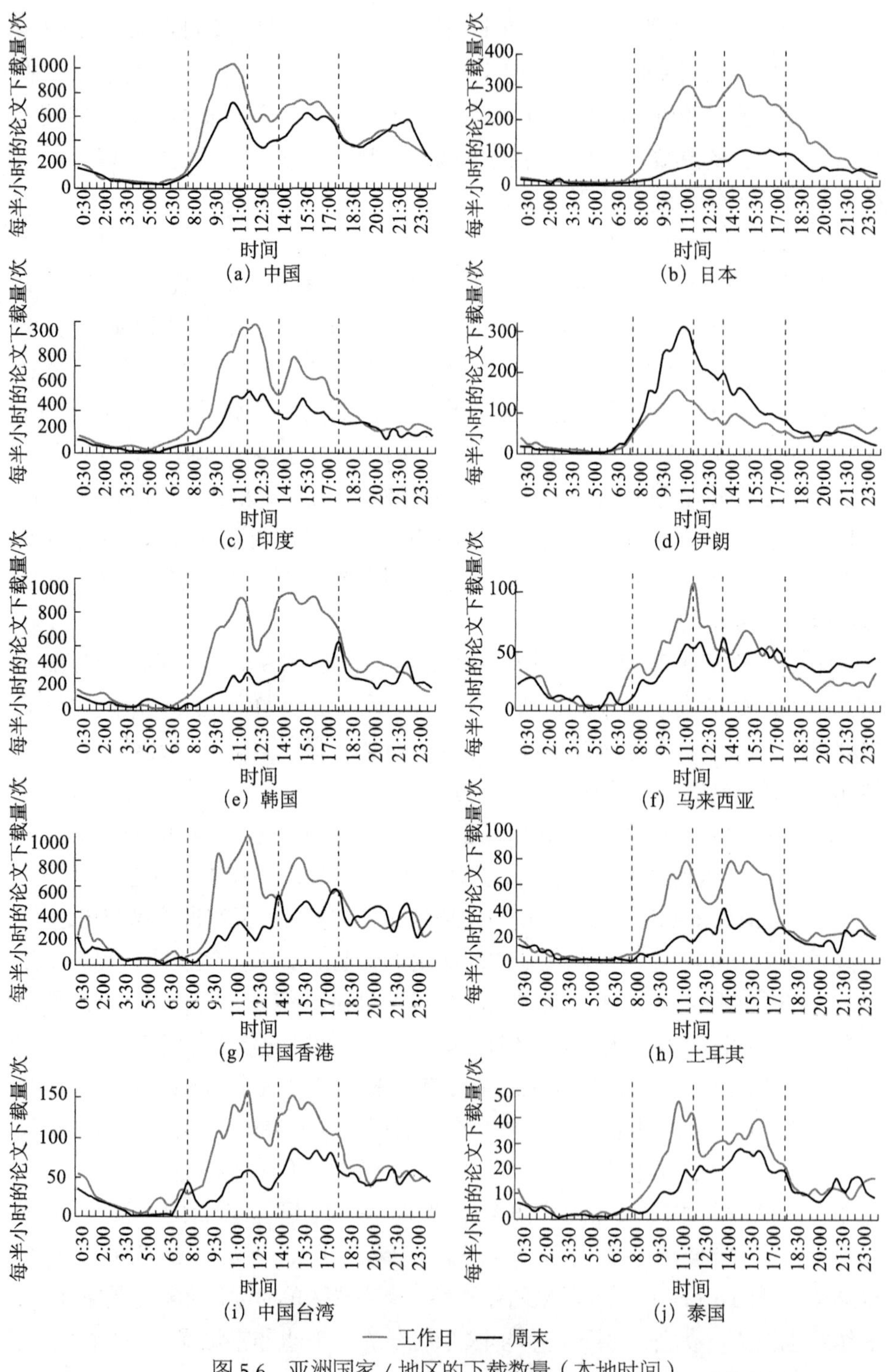

图 5.6 亚洲国家 / 地区的下载数量（本地时间）

5.2.2.3 欧洲和非洲国家

在工作日，德国的第一个高峰出现在 11:00，在午餐时间（12:00 左右）有一个轻微的下降，之后在 13:00 出现了第二个峰值。而在周末的时候，尽管比平时下载量相对较低，但是下载数量的高峰时间并没有发生变化［图 5.6（a）］。

与美国一样，英国也没有固定的午餐时间。从 10:00 到 18:00，下载数量一直居高不下，工作日和非工作日下载数量的差别也非常小。这就意味着英国的科学家周末的时候也在工作，尤其是周末晚上的下载数量甚至超过了工作日晚上［图 5.6（b）］。

在工作日，欧洲的国家有着近乎相同的工作模式。从图 5.7 中可以看到，法国、意大利、瑞士、比利时和葡萄牙在工作日下载数量的曲线看起来非常相近，只有两个相对较大的差异：一个是意大利的午休时间比其他国家要长，而且开始的时间稍晚于其他国家；另一个是葡萄牙下午的峰值（15:30 左右）比上午的峰值（12:30 左右）要高一些。法国周末全天的下载数量都在 50 次上下的范围内波动。

与德国类似，荷兰和丹麦的午餐时间非常短，而且下载数量变化不大。荷兰科学家在一整天都保持近乎良好的工作状态［图 5.6（d）]。与之不同的是，丹麦的科学家在晚餐过后有三个工作时间段［图 5.6（1）]。

在工作日，西班牙的下载曲线也有两个峰值，且上午的峰值比下午的峰值更大一些；午餐时间比其他的国家要晚，并且持续的时间比较长。从下载曲线看起来，西班牙的午餐一般是从下午 3:00 左右开始，一直持续到下午 5:00 左右［图 5.6（h）]。

大部分国家的周末下载曲线低而平坦，尤其是欧洲南部国家，如意大利、西班牙和葡萄牙。这些国家的科学家平常工作日会很努力工作，但是大多数还是会在周末选择放松和休息。然而，奥地利工作日和非工作日的曲线却没有太多的差别［图 5.6（g）]。

据图 5.3，除南非、埃及和阿尔及利亚外，非洲大陆上其他国家的下载量都很少。在下载数量最多的前 30 个国家中，南非是唯一一个非洲国家。图 5.7（n）显示，南非工作日和非工作日下载数量的曲线非常一致，午餐时间在 11:30 左右，且午餐时间很短。

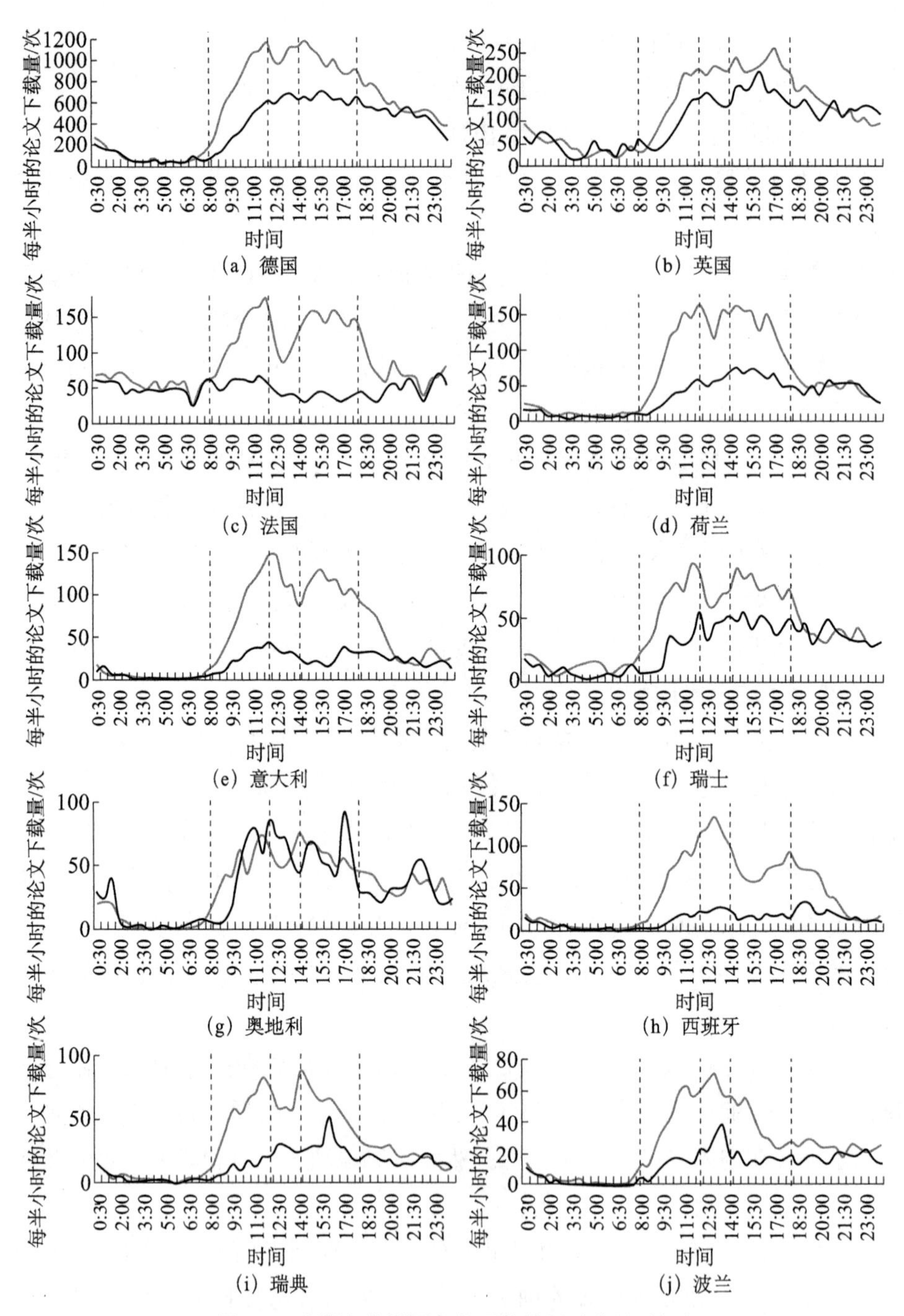

图 5.7 欧洲和非洲国家的下载数量（本地时间）

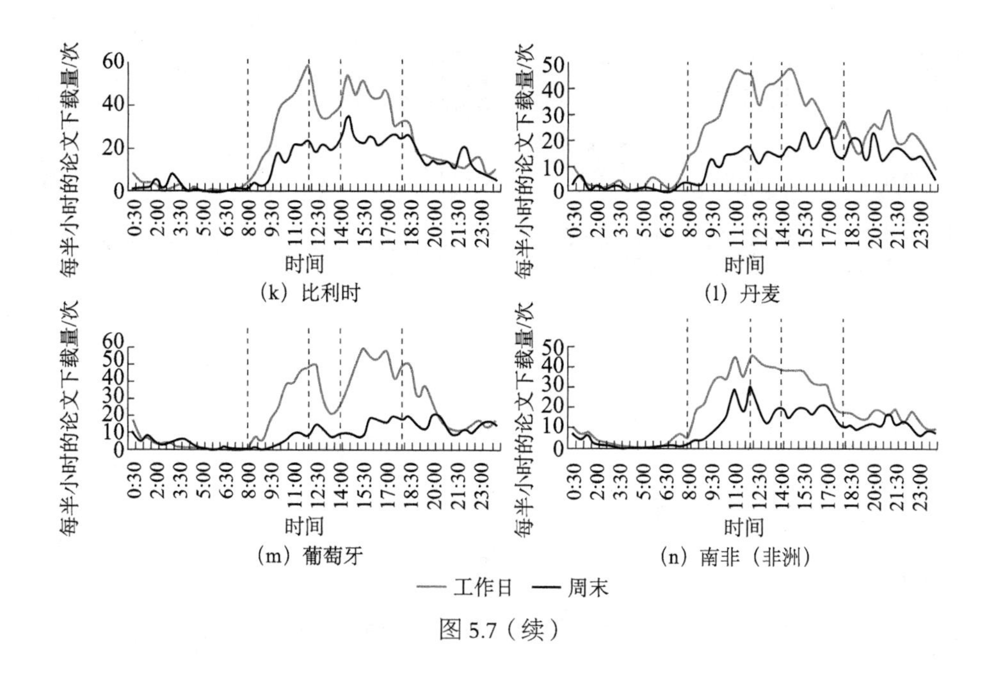

图 5.7（续）

5.3 美国、德国、中国大陆的深入比较分析

5.3.1 从 0:00 到 24:00

我们对下载量前三的国家或地区，即美国、德国和中国大陆，进行深入比较分析。为此，我们将每天的 24 小时划分为 144 个 10 分钟的时间段，如图 5.8 所示，对 4 个工作日和 4 个非工作日的下载量取平均值。需要说明的是，在 4 月 11 日 0:00 ～ 8:00 的时间段内，中国的数据较为异常（天津的下载值比平常多了几百倍）。因此对于中国，本研究选择 4 月 10 日、12 日、13 日和 16 日这 4 天进行分析。

图 5.8 较为细致地反映了美国、德国和中国大陆地区较为典型的“科学家的一天”。左边面板中的三张图代表了这八天的下载情况。为了更好地对比工作日和非工作日的下载情况，在右边的面板中展示了 4 个工作日和 4 个非工作日的平均下载量。左边面板中，三个国家或地区各自的工作日和非工作日的曲线波动情况非常相似。

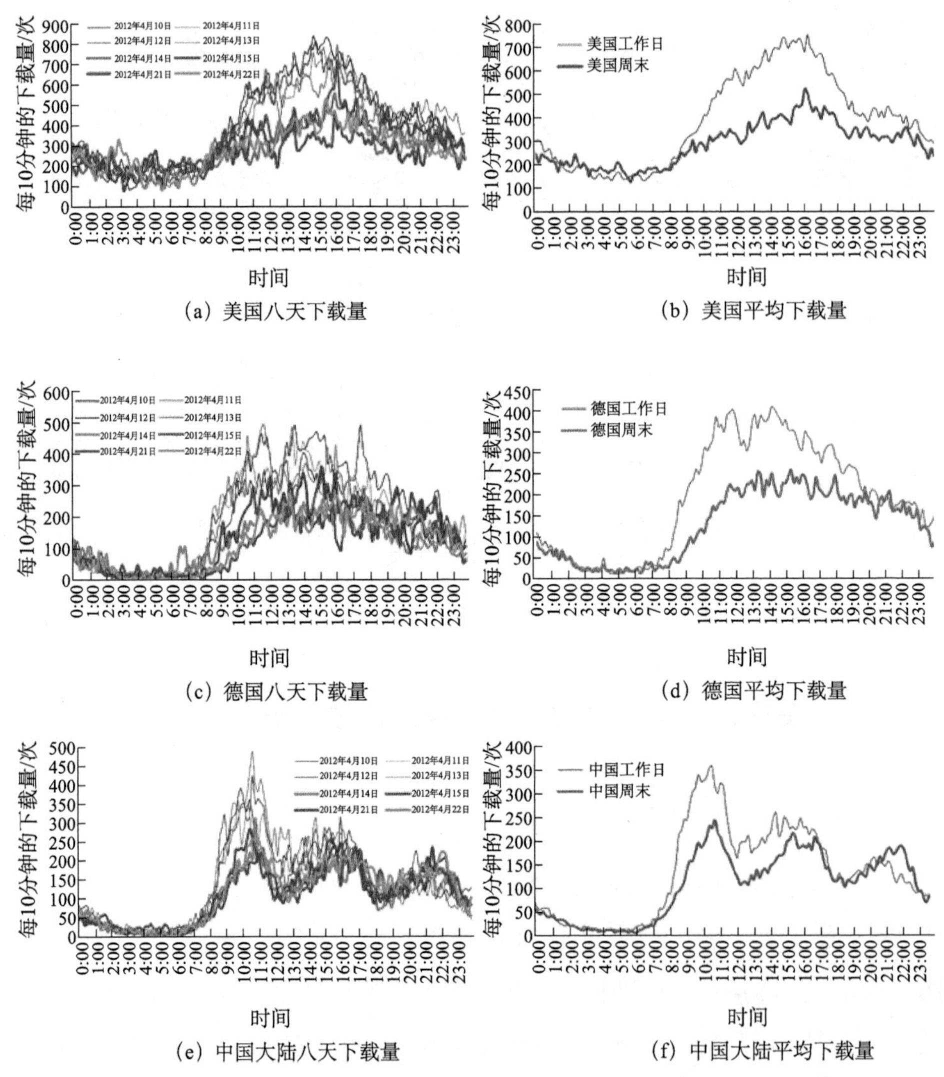

(a) 美国八天下载量

(b) 美国平均下载量

(c) 德国八天下载量

(d) 德国平均下载量

(e) 中国大陆八天下载量

(f) 中国大陆平均下载量

图 5.8 工作日和非工作日中美国、德国和中国大陆的下载情况（文后附彩图）

从图 5.9 中可以看出，全世界许多科学家在非工作时间都投身于科研工作中，有些人甚至通宵工作到清晨。尤其是在美国，通宵工作的现象更为普遍。

纵观整个时间表，这三个国家或地区具有不同的特征。在美国，下载量在 7:00 左右开始上升，在 16:00 左右达到高峰，也就是说，美国的科学家并没有固定的午餐时间。然而，在德国，第一个高峰期在 11:00 左右到来，随后，在 12:00 左右有一段轻微的下降，继而在 13:00 左右迎来第二个高峰期，随后下载量波动下降。而在中国大陆，在 12:00 和 18:00 左右的两个波谷说明，科学家在午餐和晚餐时间都会停下手中的工作。这也许与中国每天定点提供食物的食堂午餐制度有关。中国下载量的高峰在 10:30、15:30 和 21:00 到来，典型的中国大陆科学家的一天被三个波峰和两个波谷分成了较为明显的三个工作时间段。

5.3.2 工作日和非工作日的比较分析

本研究将每天 0:00 ～ 8:00 这段时间定义为睡眠时间，将 8:00 ～ 23:00 这段时间定义为非睡眠时间，23:00 ～ 0:00 的数据不予考虑。那么本节对工作日和非工作日的睡眠 / 非睡眠时间进行比对分析。如图 5.9 所示，在这三个国家或地区中，周末的下载量都超过了工作日下载量的 60%，这证明许多科学家在周末依旧在工作。对比图 5.8 和图 5.9，发现在美国和德国的部分科学家在享受周末的休闲时光，中国大陆科学家的周末与工作日的差别并不大。与爱熬夜的美国科学家相比，中国大陆科研人员的周末更为忙碌，尤其是周末的下午和晚上。

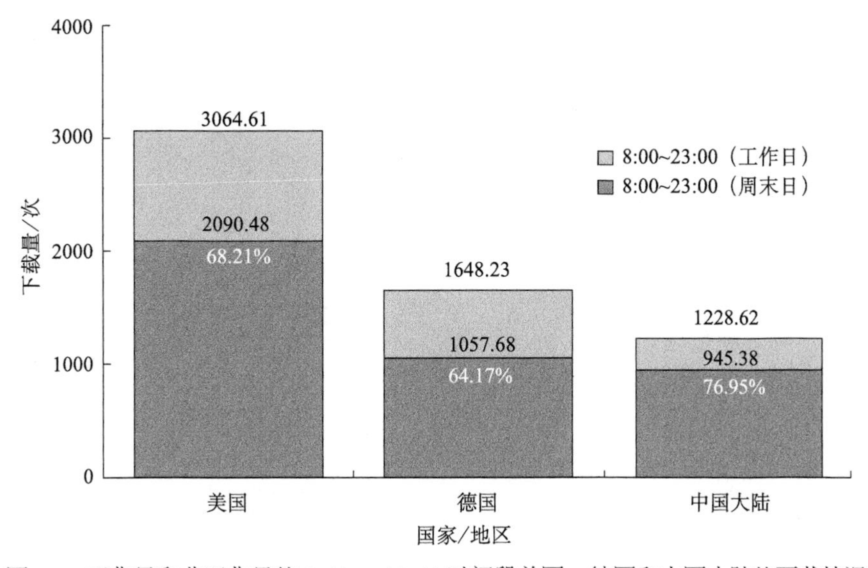

图 5.9 工作日和非工作日的 8:00 ～ 23:00 时间段美国、德国和中国大陆的下载情况

5.4 本章小结

基于科学论文的下载时间数据，我们的研究揭示了不同国家的工作时间

模式。在美国和法国，科学家熬夜工作的现象非常普遍；而在英国和中国大陆，科学家在周末的时候也像工作日一样努力地工作。通过对伊朗下载数据的分析，我们初步了解了假期在科学家时间表中的地位。其他社会因素，如文化、政治和宗教等，都对科学家的研究活动有一定的影响。

尽管不同国家科学家工作习惯不同，但存在一个普遍现象，即世界上的科学家都加班，他们放弃了爱好、休闲活动，甚至体育运动，这无疑对他们的精神和身体健康都造成了负面影响。同时，在非工作时间继续工作，也模糊了工作和家庭的界限。本研究在某种程度上呼吁大家关注学术圈不成文的加班工作制度。毕竟，科学研究不是百米冲刺，而是漫长的马拉松，科学家们需要工作和生活的平衡。

第 6 章 科学论文在社交网络中的传播机制研究

社交网络（social network）是在互联网技术背景下，以人为中心，依靠人与人之间的连接关系进行信息的分享和传播。社交网络具有高度连通性，信息在网络中传播的门槛几乎为零。近年来，一方面，随着社交网络的蓬勃发展，公众在社交网络上的参与程度不断提高。每天都有数以亿计的人们在社交网络上分享思想，其中也包括科学论文的思想。越来越多的科学研究工作者也利用博客、微博、标签功能、订阅功能和 SNS 等社交媒体工具和网站，获取、分享、传播和评价科研成果及科学资源。另一方面，学术期刊危机的出现和网络技术的不断创新，使得科研工作者开始对既有的科学交流体系进行反思和重组，其中开放获取运动的兴起是网络时代学术界对科学交流危机的自然响应[72]，同时对科学论文交流和传播体系的重建具有变革性的意义。开放获取运动的开展，使得更多优质的科学论文可以上传至公共存档平台，也可以开放获取的形式发表到开放获取期刊或者传统期刊，供人们免费自由地下载。出版形式的多样化、科研成果传播的网络化和资源获取的低成本化，使得越来越多的原创性的最新成果发表在开放获取的数字出版平台上，并通过社交网络和媒体实现快速的科技信息传播。本研究从社交网络推动科学论文传播的作用出发，分析科学论文在社交网络中的传播机理，利用科学计量学方法，结合研究案例，对科学论文在社交网络上的传播和影响扩散情况进行实证分析。

6.1 网络时代科学论文的传播

6.1.1 社交网络对学术传播的影响

社交网络及其应用工具作为互联网技术、媒体传播知识及社会网络理论综合支撑和指导下的技术成果，以近乎“零进入壁垒”的网上信息制造与发布方式，以及超链接、推荐转载和评论回复的传播功能，使得科学知识和信息的传递呈现快捷、高效和交互的特点，为科研工作者创造了一种全新的学术传播和工作平台。

首先，社交网络突破了学术交流传播的时空限制、组织界限和知识边界。社交网络可以突破学者所在的区域限制，特别是移动互联的实现，使得跨时空的学术传播更为便捷；社交网络使得学术交流在很大程度上打破了严格的组织界限，延伸了无形学院的范围；社交网络一方面为不同学科领域的学者建构了知识流通的桥梁，另一方面也打开了科学传播的边界，使得公众了解科学、参与科学更加便利。

其次，社交网络有助于优质知识的高质量传播。学者的声誉地位是由其对知识的贡献程度所决定的，在社交网络和开放获取环境下，学者往往愿意将自己最有价值的知识公之于众；社交网络的即时性和交互性可以实现论文传播过程中作者的全过程参与，也使其和读者近乎面对面地交流，有助于使读者对作者的思想有更好的理解。

最后，科学论文在社交网络上的传播，也是一种科学知识建构和管理的过程。学者通过社交媒体发表自己的作品，本身就是对自身认知结构和知识背景的展现和梳理，也是对自身知识体系的建构和完善[73]；而社交网络工具的广泛应用也使得基于网络的在线写作和参与式写作成为一种习惯[74]，尤其是大量有价值的第三方工具的开发为新知识的建构提供了技术可能性；社交网络背景下，网络学术信息也越来越准确可靠，并逐渐成为一种新的知识基础，越来越多的网络学术资源被论文著作引用[75]。

Sublet Virginia 等的实证研究表明，在推动学术传播方面，社交网络及媒体确实是一种有价值的资源，大部分学者认为其会改变信息获取和科研工作的方式[76]。然而，社交网络工具在学术期刊网站上的应用还不是很普遍，且以 RSS 聚合订阅功能为多[77]，尽管多数期刊都在重视或已开始策划社交网络的应用。相比之下，开放获取机制下的期刊和存档平台在社交网络工具应用上更为领先，进一步加速了科学论文的传播。

6.1.2 开放获取对论文传播的影响

开放获取运动，发起于 20 世纪 90 年代，依据文献的类型不同，目前主要有开放获取期刊和开放获取仓储两种实现途径。开放获取期刊又分为两种，一种是部分已存在的期刊，同意对其内容提供一定程度的免费获取，如 *PubMed Central*；另一种是新兴的采用作者付费读者免费方式而直接在网上出版的电子期刊，如 PLOS 系列期刊。开放获取仓储包括机构仓储和学科仓储。机构仓储是收集和存放由某个或多个学术机构成员创造的，可供机构内外用户共享的学术资源的数据库，以佛罗里达州立大学的 D-Scholarship 为代表；学科仓储是按照学科领域进行组织，其中 arXiv 电子预印本仓储的出现和发展，对科学知识的传播及储存方式具有指标性意义[78]。

尽管关于开放获取的文章是否具备引用优势尚有争议，但有清晰证据表明开放式的免费获取会提升文章的下载量[79]，以 arXiv 为代表的开放获取自存档平台极大促进了科学论文的传播。

就论文的传播数量而言，对于那些没有付费购买出版商数据库访问权限的用户，arXiv 平台免费提供自存档论文供浏览和使用，会使这些论文的使用量增大；而出版商在加强自身网站建设、提供区别化和增值服务的情况下，arXiv 自存档不仅未分流可能还会增加出版商期刊网站相应论文的下载量[80]。从传播速度上，arXiv 预印本的流行提高了论文传播的时效性。论文提交到 arXiv 平台上自存档的时间通常要早于出版商网站发布的时间，从而有效弥补出版延误所带来的时间障碍，使得论文被阅读的整体时间延长，同时“提前阅览效应”的存在也会加速论文的被引用[81]。实际上，越来越多的学者采用文章被期刊录用后再上传到 arXiv 平台的方式，因为期刊排版和发行时间的延误，所以 arXiv 自存文档公开时间仍会早于出版商发行时间，进而缩短论文进入学术信息交流系统的时间。对于仓储平台存档的论文本身，arXiv 预印本为学术交流提供了高质量的信息。由于 arXiv 收录的预印本几乎不需要同行评审，而是作者的自我评审和推荐，因而如前文所述，作者通常会选择比较好的文章自存档，优秀的作者也更倾向于选择 arXiv 平台促进作品传播[82]。此外，以 OAI 元数据收割协议为蓝本的开放获取仓储标准化建设，有利于各种数据资源的整合，从而实现更广泛的论文共享和传播。

6.1.3 开放获取论文在社交网络的传播现状

社交网络环境下，越来越多的学者愿意使用社交在线社区和开放获取平台进行学术的交流和评论以及论文的发布和传播。arXiv 是最早和最有影响力的电子预印本开放存取平台，截至 2012 年 12 月底，平台上的预印本研究文献数量接近 81 万篇；进入 2012 年，每个月的提交论文数量都超过 7000 篇；而 2011 年 arXiv 论文全年下载量超过 5000 万次。作为开启微博客时代的 Twitter，已成为当今最重要的社交网络服务之一。根据法国 Semiocast 的数据调查结果，截至 2012 年 7 月，Twitter 的用户数量已经达到 5.17 亿。在 Twitter 网站，每天都有上亿条信息被发送，这其中就包括大量学术讨论的信息。本研究选取 Twitter 作为社交网络的代表，选取 arXiv 作为科学论文数据库的代表，来探察科学论文在社交网络中的传播状况。

如前文所述，开放获取平台更为关注社交网络工具的应用，arXiv 平台上的文献就链接有 Facebook、LinkedIn 和 Mendeley 等 10 种公众或学术社交网络应用，但与 Twitter 并没有直接链接。我们在本研究中通过 Google 查询 arXiv 论文在 Twitter 中讨论的信息数量。在 Google 中输入“arxiv.org/abs/0901” site：twitter.com，查询 2009 年 1 月在 arXiv 平台公布的论文在 Twitter 中的讨论数量，查询时间为 2012 年 11 月 2 日。用同样方法查询 2009 年 1 月至 2012 年 9 月的数据。

图 6.1 是 2009 年 1 月至 2012 年 9 月的月度发文被讨论情况。2009 年每个月 arXiv 公布的论文中，Twitter 讨论的信息数量均在 70 条以下，最高的是 9 月份发布的论文被讨论 67 次。2010 年，情况发生了明显变化。整体来看，arXiv 每个月发表的论文在 Twitter 都获得了更多的讨论，尤其是 10 月份上传的 6304 篇论文截至 2012 年 11 月初在 Twitter 上被讨论了 3100 次。2011 年整体仍趋于稳定。到了 2012 年，尤其是前 5 个月，每个月上传的论文都有超过 1000 条的 Twitter 讨论，5 月份的论文更是达到 2320 次。6 月份以后由于时间较近，所以讨论数相比年初有所下降，但数量还是非常多。可

见科学论文在社交网络中传播得越来越广泛。

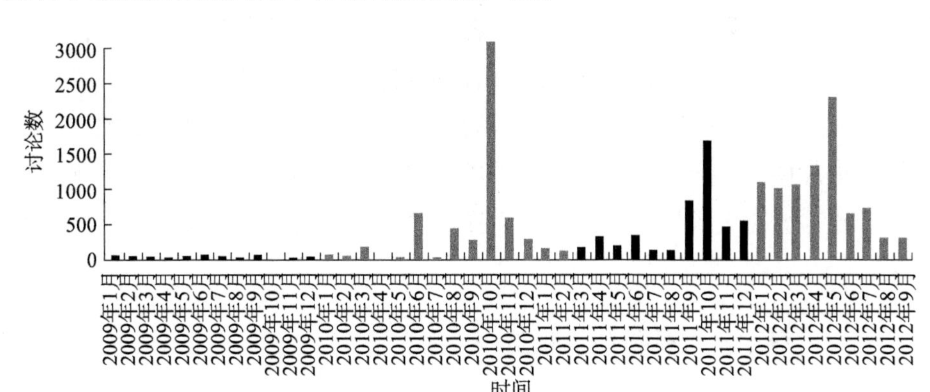

图 6.1　rXiv 论文在 Twitter 中的讨论情况（2009 年 1 月至 2012 年 9 月）

6.2 科学论文在社交网络中的传播机理

6.2.1 作为传播客体的科学论文

就传播的内容而言，科学传播可以分为专业内容的传播和面向公众的传播。与之相对应的，作为传播客体的科学论文，也包含知识域下的科学传播和事件域下的公众传播两个层面，只不过这里的“公众”除了通常意义的社会公众还包括非学科同行的科学共同体成员。科学论文是论文作者与受众之间互动的介质，由于受众与作者在知识结构及认知视角上的不同，论文的传播呈现不同的层次。

（1）知识域视角的科学传播。知识域视角下，科学论文作为学科知识的载体出现，承担着专业领域内的知识传播。论文的正式引用是传统科学交流体系中最重要的知识传播途径。社交网络环境下，越来越多的学者选择在网络社区中对论文进行评议和推荐，文献引用作为学术成果传播主要渠道的作用逐渐被弱化。一方面，开放的、在线的软同行评议随着开放获取平台的建设和社交网络技术的成熟受到重视和推广。例如，在 arXiv 平台，有关数学和物理学等领域论文的公共讨论已经形成规范，既包括出版之前，也包括出版之后。另一方面，在网络社区中，专家学者根据自己所专长的研究主题和领域前沿，快速鉴别学术研究出版物中最重要的文献，推荐具有高影响力的学术研究成果，如 Faculty of 1000[83]。

（2）事件域视角的公众传播。部分科学论文因其研究结论（有时也可能是研究方法）容易引起他人关注，或者涉及人类生命健康等重大问题，或者与历史文化及生活现状有关且话题具有一定趣味性，而进入“事件”的讨论域。新闻媒体、社交网络和社会公众的发酵和传播，使得这类论文的“事件特征”更加明显。例如，荷兰和美国的研究机构在提交有关致命性禽流感病毒毒株制造的文章时，引起了科学界、媒体界、社会公众及政治界的激烈争论。

6.2.2 科学论文传播的过程透视

6.2.2.1 科学论文的传播过程

以社交网络为技术支撑和开放获取为理念的新的学术交流传播模式带来了新的交流路径，组成了新的交流频道，从根本上改变了学术信息的传播方式[84]。然而，目前对包括注册、认证、告知和存档在内的科学论文前认证交流系统研究较多，对科学论文的后传播交流系统研究不足。图 6.2 为科学论文在社交网络环境下和多类型媒体时代的传播过程。

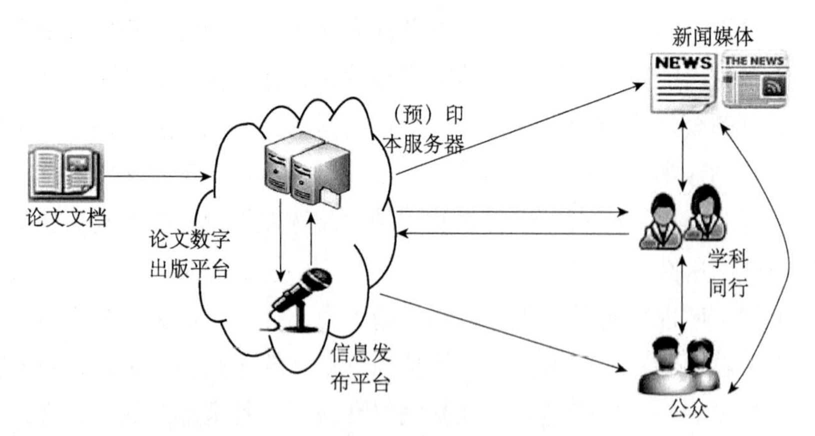

图 6.2 科学论文在社交网络环境下的传播过程

论文通过评审和排版后，被上传到（预）印本服务器上，然后借助信息发布平台进行公布和推荐。信息发布平台一般通过电子期刊当期期刊的目录或自存档平台最新上传文章的标题进行论文的发布，在此基础上，部分期刊或数据库会以封面文章的形式或运用社交媒体工具对部分文章进行重点推介。论文正式发布后，则进入后传播交流阶段。读者可以在相应的权限内，直接通过目录或标题的链接，从后台服务器上调取、阅览和下载论文文档。

本领域的同行通常是论文最早的读者，因而论文最初常是学科同行内部的传播。在社交网络环境下，学科同行借助各种载体和工具，一方面对文章进行评议和反馈，事实上执行着后评审的角色，另一方面通过推荐、转发、评议甚至再加工的机制，在同行内部和公众之间进行传播。当然，如果发布的论文具有重要或有趣的研究结论，也会被新闻媒体尤其是科技媒体或大众媒体的科技频道第一时间获知和报道；开放获取平台的建设也有利于公众尤其是非学科同行科学共同体成员较早地接触到科学论文。

6.2.2.2 科学论文的传播机制

社交网络环境下，论文能够得到快速传播，我们认为主要有成本、宣传和内容三方面的动力机制。

（1）成本机制。成本机制包括物质成本和时间成本两方面。低廉的上网费用和大多数社交网络工具的免费应用使得传播渠道的花费可以忽略不计，而开放获取平台的建设更极大降低了论文获取的成本。社交网络应用的技术门槛趋近于零，互联网上的即时传递和随处可用的直接链接，使得论文及其信息传播的时间成本微乎其微。

（2）宣传机制。包括名人效应和推荐精选两方面。名人包括在现实世界中具有较高知名度和重要影响力的明星人物以及在网络社区互动中成长起来的意见领袖，当然明星人物也具备成为意见领袖的优势地位。名人是社交网络中的中心节点，而这些节点满足增长与优先情结，越连接越强大，越强大越被连接。因而，名人发起或转发的论文及其话题容易得到传播。推荐精选是指社交网络中的个体对传播内容进行一些标签的标注，从而起到推荐的作用。例如，我国科学网博客会对推荐的博文加上“精选”标签，而每篇博文后的“当前推荐数”和“推荐人”均会增加文章的推荐价值，尤其是知名博主的推荐。

（3）内容机制。主要涉及论文本身的内容和后期再加工的内容。如前文所述，结论重要和话题有趣的论文容易引起学科同行及公众的传播，而具有吸引力的标题也会加大论文的传播概率。内容再加工主要是传播个体对论文进行个性化的评论，使其更具传播的力量，甚至某种程度上会改变传播的路径、加速传播的速率，名人对论文的评论尤其易产生这种效果。由此可见，各种动力机制也是交融在一起，共同发力，推动论文的传播。

需要指出的是，随着社交网络技术的成熟，传统新闻媒体、学科同行及其社区和公众自媒体等多种类型媒体之间的联系越来越密切和直接。社交网络环境下，各类媒介间的融合对论文的传播起到推波助澜的作用，并使其游走于知识域和事件域之间。例如，2010 年 7 月初，有关人类寿命基因预测的一篇文章发表在 *Science* 杂志上，并最早被《华尔街日报》以“科学家发现长寿秘诀”的狂热标题加以报道，随后引起众多媒体的跟风。然而，科学研究人员却对主流媒体的歌颂不屑一顾，在很短的时间内通过博客、Twitter 和其他社交媒体对该文进行了严厉的批评和辨析 [85]。该文被著名新闻媒体报道，从知识域进入事件域，随后又受到科研人员批评，回到知识域，最终因为文章本身的技术问题而在 2011 年 7 月撤稿。

6.3 案例分析

2012 年 8 月 5 日，笔者有关科学家工作时间研究的一篇论文发表在信息计量学期刊 *Journal of Informetrics*[43] 上。图 6.3 是该论文中的一个主要发现。论文发表后，在国内外都引起了较大反响。本研究即以该论文为案例，对社交网络环境下科学论文的传播进行探讨。

截至 2012 年 12 月底，已有包括 *Nature* 在内的 10 余家国内外媒体对这篇论文的研究进行了专题报道，其中大众媒体包括德国《法兰克福汇报》、德国广播电台（Deutschlandradio）和《大连日报》；科技新闻媒体是报道的主力，涉及美国《连线》（wired.com）及《连线》日本站（wird.jp）、新加坡 *Asian Scientist*、英国皇家化学学会 *Chemistry World* 和《中国科学报》等报纸杂志；作为顶级学术期刊的 *Nature* 也对论文作者进行了采访并发表专文报道 [86]。在这篇论文的传播过程中，以博客和微博为代表的社交网络及应用对该论文的传播起着不可替代甚至说更为重要的作用。图 6.3 反映了该案例论文从 2012 年 8 月份至 12 月底的传播情况。

论文于 2012 年 8 月 5 日在 *Journal of Informetrics* 网站发表，同年 8 月 13 日，作者将论文的预印本提交到 arXiv 数据库进行免费公开发表。从图 6.3 中可以看到，该论文在 8 月和 9 月得到快速传播，在 10 月上旬开始进入沉寂期，但从 11 月底又重新受到关注。此外，由于前时段中论文在国内外的传播路径及表现存在较大差异，因而将论文的传播过程分为以下三个阶段来考察。

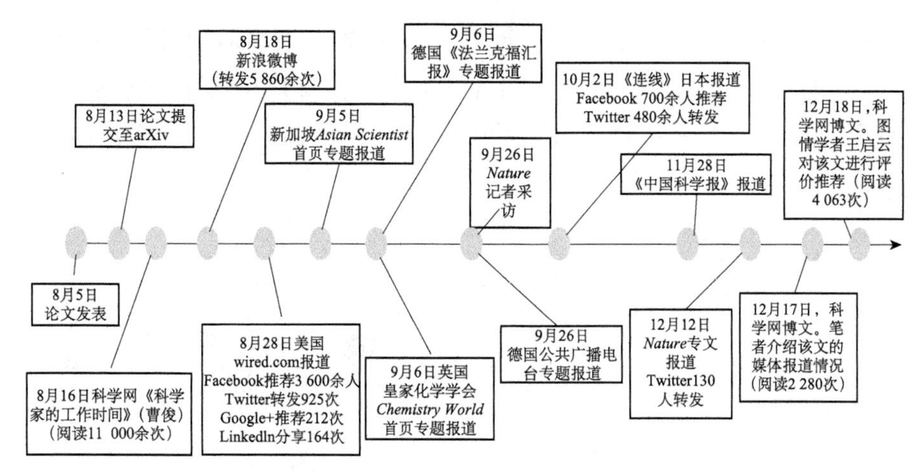

图 6.3　案例论文的传播和影响时间路径

1. 第一阶段：2012 年 8 月中旬到 10 月中旬论文在国内的传播

2012 年 8 月 16 日，将论文预印本提交到 arXiv 平台仅 3 天后，来自中国科学院高能物理研究所的曹俊研究员就在科学网上发表了一篇题为“科学家的工作时间”的博客，当天就被 30 余名科学网的知名博主推荐，列为“精选”博文，被点击阅读数千次。该论文能被国内学者在较短的时间内获悉，与该论文上传到 arXiv 有直接的关系，一方面开放获取的零成本机制方便了学者对论文的获取，另一方面，高能物理也恰是 arXiv 主要收录的学科之一，这正是这篇科学计量学的论文之所以被物理科学家发现的原因。而该博客后附的论文下载地址也确实是对 arXiv 平台上该论文的链接，这就进一步推动了文章的阅览和下载。

2012 年 8 月 18 日，微博账号 1water 在新浪微博上发表了一条微博（http：//weibo.com/1768148712/yxMrH6UWK）：

> “发现个神 paper：科学家的工作时间。大连理工的王贤文等人利用论文下载时间来反映美国、德国、中国的科研工作者的工作时间，得出挺有趣的结论：1）科学家基本上没有周末。2）科学家基本上不分上下班。3）中国的吃饭时间管得挺牢，美国还喜欢夜战。”原来：美国是全日型，德国日用型，中国三段式。

有意思的结论和调侃式的语言使得这条微博迅速在新浪微博上传播，而名人效应和社区团体的转发更是起到推波助澜的作用，图 6.4 反映的是该微博在新浪微博上的传播路径。转发的账号中既有李开复这样的社会名人，也有社会网络与数据挖掘、松鼠会 Sheldon 和姬十三等科学社区及其组织者，还有以 vista 看天下为代表的新闻媒体。三类媒介在微博空间内的交融加速了信息的裂变式传播，截至 2012 年 10 月 15 日，该微博被转发 5860 余次。

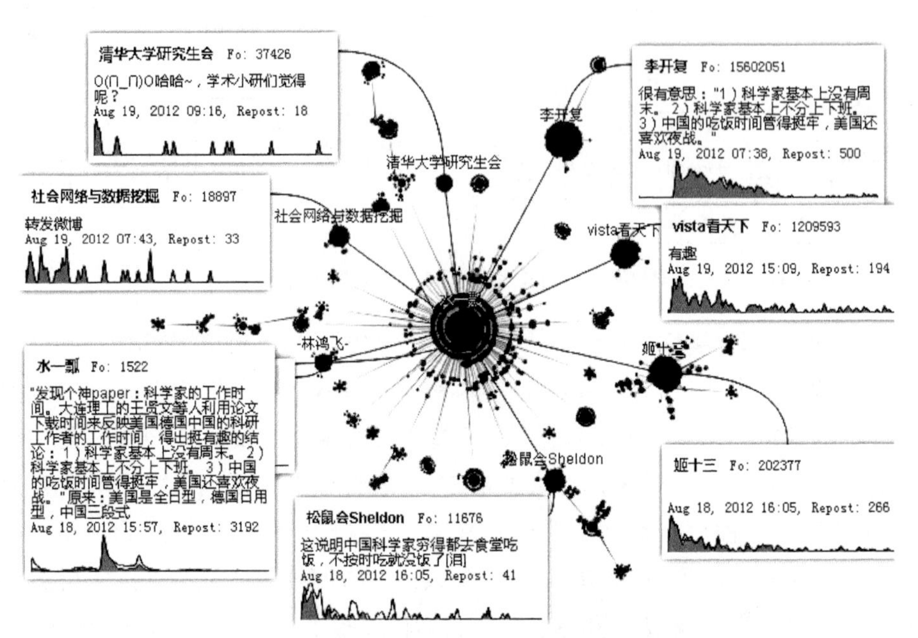

图 6.4 案例论文在新浪微博中的传播路径（2012 年 8 月 18 日至 10 月 15 日）

2. 第二阶段：8 月中旬到 10 月中旬论文在国外的传播

2012 年 8 月 28 日，来自美国考夫曼基金会和哈佛大学数量社会科学研究所（Institute for Quantitative Social Science，IQSS）的学者 Samuel Arbesman 先生在知名科技杂志美国《连线》网站上发表了一篇博客报道 *The Results Are in*: *Scientists Are Workaholics* [18]。截至 10 月 15 日，在 Facebook 上，这篇报道被 2600 余人推荐，在 Twitter 上被 922 余人分享或评论。其中许多评论者都来自美国哈佛大学 IQSS、德国马普学会、美国洛斯阿拉莫斯国家实验室、德州大学奥斯汀分校和英国苏塞克斯大学等世界著名大学和科研机构。斯坦福大学国家加速器实验室还在其官方网站上对这篇报道进行了转载。美国西北大学的 Noshir Contractor 教授、美国哥伦比亚大学的 Chris Blattman 博士等也在其个人网站上进行了介绍、评论或者转载。

2012 年 9 月 6 日，英国皇家化学学会专业杂志 *Chemistry World* 在其网站首页的显要位置刊发了对这篇论文的报道。该报道对论文作者、Springer 出版集团负责平台发展的副总裁 Brian Bishop 和宾夕法尼亚大学社会学教授 Jerry A. Jacobs 博士进行了采访。同一天，德国发行量最大的报纸之一《法兰克福汇报》也对论文的研究进行了较大篇幅的报道。9 月 26 日，德国广播电台对论文进行了专题报道。

进入 10 月份，这篇论文的公众传播热度仍未完全消退。10 月 2 日，《连线》日本站对论文进行了专题报道。该报道同时引用了 *Nature* 的一项调查结果，大约有 20% 的科学家经常服用精神类药物。科学家们的满负荷工作状态值得引起注意。这篇报道在日本引起了较大的反响，成为当天 wird.jp 被阅读和评论最多的前三篇论文之一，在 Facebook 和 Twitter 上也都被推荐和分享数百次。

3. 第三阶段：11 月底到 12 月底论文的传播

经过前期的约访，《中国科学报》11 月 28 日对该论文的研究成果进行了报道，并与 2012 年 11 月科学网讨论热烈的关于“逃离科研”的话题结合起来，探讨科研人员的工作状态，引起众多学者的共鸣，也使论文的传播由知识域转向科学共同体内部的事件域。同样经过 9 月 26 日的采访和之后的整理，12 月 12 日，*Nature* 杂志就科学家实验室的工作和生活状态探讨，对本研究以 Feature 的形式进行了专文报道。

综合来看，论文本身内容及价值是其快速传播的核心要素。本研究围绕广大科研人员的工作时间展开，研究内容与科学家的工作和生活状态有关，是个比较有意思的话题，同时如梁立明教授在接受《中国科学报》采访提到的“选题新颖，技术手段先进，创新性强”，所以发表后迅速引起科学家群体和媒体的关注。此外，本研究除数据采集外，研究方法并非复杂庞大、晦涩高深，这有助于其他学科学者读懂该文，从而降低了知识传播的门槛。名人效应在论文传播过程中起到非常重要的作用，无论是微博的评论转发还是博客的精选推荐，甚至 *Nature* 本身的明星特征又使该文受到新的关注，都能体现这一点。通过前两阶段国内外传播现状的比较，还可以发现尽管均为多种媒体融合的多元传播，但传播过程还是存在较大不同：论文在国内先是借助以博客和微博为代表的社交网络工具得到广泛传播，然后引起新闻媒体的关注；而在国外，则表现为先通过科学媒体及其附属的平台报道，然后借助媒体应用的社交网络工具，获得他人的评论、推荐、转发和分享，从而实现传播。

6.4 本章小结

社交网络及其应用工具以近乎“零壁垒”的信息发布与传播方式以及丰富实用的应用功能，快捷、高效和交互式地传递着科学知识和信息。社交网络突破了学术传播的时空、组织和知识界限，促进好作品的高质量传播，为科研工作者创造了一种全新的学术传播和知识建构平台。开放获取平台也因自身优势，从数量、速度和质量上全方位地推动科学论文的传播。通过研究arXiv论文在Twitter中的讨论情况，结果表明科学论文在社交网络中的传播越来越容易，也越来越广泛。社交网络环境下，越来越多的学者愿意使用社交在线社区和开放获取平台进行论文的评议和传播。而影响传播速度的因素有物质和时间在内的成本机制，包括名人效应和推荐加精的宣传机制，以及涉及论文本身内容和后期再加工内容的知识内容机制。此外，随着社交网络技术的成熟，各种媒介间的融合越来越紧密，而这对论文的传播起到推波助澜的作用。本研究以笔者一篇有关科学家工作时间的研究文章为例，对社交网络环境下科学论文的传播进行实证探讨，发现实际情况与之前的传播机理基本相符，尤其论文本身的内容机制和传播过程中的名人效应非常重要，而论文前期在国内外的传播也呈现不同的特征。

在科学论文的整个交流系统中，论文的传播和评价其实是一脉相承的，科学论文能够发表和顺利地传播，前期就是已经得到同行的评议和认可；而科学论文在传播过程中被引用，这是后来者对论文的认可和投票。社交网络环境下，引用已经不是学术成果传播的主要渠道，在引用之外，越来越多的学者选择在网络社区中对论文进行评论和推荐。与之相对应的，传播体系中对论文的评论、转发、标签、推荐和分享等方式，事实上也构成了对该论文的评价机制，只不过是由原来的“引用”评价变成了一种“关注”（attention）[77]评价。开放获取运动的发展和仓储平台的建设更是促进了作者和读者间论文直接的传播和评价，使得论文的传播和评价存在摆脱过去单纯依靠期刊及其影响因子进行评价的可能。而要实现对这种“关注”的评价，就需要构建起对相应关注指标进行测度的计量体系，即补充计量学。基于开放获取平台和学术社交网络的补充计量学是一种基于出版前开放同行评审与出版后科学交流过程的非正式评价[87]，而量化和聚合各类关注指标是该领域研究的关键。

第7章 研究热点与研究前沿的实时挖掘

7.1 科研新趋势的探测

April Kontostathis 等在 2003 年提出了新兴研究趋势（emerging trend）的定义："随着时间变化，学者对该主题的兴趣和讨论日益增长，这一主题领域就为新的研究趋势。"[88] 从上面的定义中可以看出，emerging trend 是一组主题领域的集合，同时也有学者提出了一些类似概念，如普赖斯在 1965 年提出的研究热点（hot topic）[21]、ESI 在 2008 年提出的研究前沿（research front，http://www.esi-topics.com/RFmethodology.html）、Soma Roy 提出的初始趋势（incipient trend）概念[89]、Matsumura 等提出的新兴主题（emerging topics）[90] 等，都是指科学研究中发展潜力突出的研究主题。emerging trend 是由一组正在研究的主题领域组成的，每一个研究领域由不同的关键词和词组构成。例如，要探测计算神经学的研究趋势，就是要探测在计算神经学领域正在研究的一个主题集。在新兴研究趋势定义的基础上，April Kontostathis 等将发现某个特定领域中热点信息的动态趋势，并在探测到最新发展动态时进行主动提示的过程叫做新趋势探测（emerging trend detection）[88, 91]。

从方法上看，对新趋势的探测方法主要包括：①文献综述分析；②单纯文献计量分析；③社会网络分析；④文本挖掘结合文献计量分析。

（1）文献综述分析。文献综述分析需要阅读大量该领域的文献，并对文献有一定的感知，这对探测者的要求较高，既要对所探测领域的研究内容和方向有一定的把握，又要探测者花费大量的时间来阅读海量的文献。例如，基于文献综述方法总结信息管理理论的研究趋势，提出五个该领域的焦点问题，并进行趋势预测[92]。该种方法探测的趋势具有一定的主观性，往往随着研究者对该领域某一问题的观点不同而有所差异。

（2）单纯文献计量分析。此方法应用较多，为了更清楚地介绍该方法，本研究将该方法按照文献计量的方法不同分为以下几类：首先是单纯运用作者、论文和期刊来源、机构及国家等的统计数据进行分析，例如，以管理科学与工程各分支研究领域获得国家自然科学基金面上项目资助的统计数据为依据，运用非线性评价模型对我国管理科学与工程学科的研究热点和发展趋势进行分析[93]。关键词频次分析的方法[94，95]很普遍，以至于各种系统几乎都用到。其次是文献计量学指标的方法，主要有共词分析[96]和引文分析[23]等。

（3）社会网络分析。社会网络起源于互联网中各类提供“社交”的应用，随着该学科的日益发展，目前社会网络的研究不仅局限于社会科学中，宗乾进等运用社交网络分析对国外社交网络研究文献进行分析，找出了该领域的研究热点[97]。基于信息安全领域的关键词共现网络的构建，以及利用社会网络分析中的中心性指标发现当前研究热点，中心性指标中的度、中间中心性和接近中心性这 3 项指标不但可以用于发现某一学科领域中当前的研究热点，而且还能够用于识别未来的发展趋势[98]。

（4）文本挖掘结合文献计量分析。近年来，文本挖掘技术也被越来越多地应用于研究趋势的挖掘分析中[99，100]。陈超美开发了 CiteSpace 软件来对知识基础和研究前沿进行分析[101，102]。CiteSpace 软件创造性地将文本挖掘、信息可视化与科学计量学结合起来，形成了适于多元、分时和动态分析的可视化技术，把科技情报研究推进到以知识图谱与知识可视化为基础的新阶段。

从上述的研究现状我们可以看到，目前很多出版社都提供论文的下载数据，而且已经有很多学者在使用该数据来研究各个领域的问题，所以使用论文下载数据探索科研新趋势在技术及方法上是可行的。通过分析以上科研新趋势探测的各种传统方法，本研究发现以下问题。

首先，传统方法研究某一领域是对已经发表文献进行研究，通过文献综述、文献计量学方法、文本挖掘方法等方法来探测研究热点和趋势，但是一篇文献自录用到发表要经过很长的时间，而传统方法得到的研究趋势要比实际情况晚一年到两年，存在时间滞后性。而科学家关心的是现在该领域内的研究热点和趋势是什么，因此，亟待找到一个能更快地探测研究热点、前沿的方式。

其次，目前各大学术出版商公布了论文的下载数据，但对这些数据的应用主要在评价一篇论文的影响力方面，即通过这些数据，实现对刚发表论文的快速、及时的评价。而这些数据的价值远不止于此，利用这些数据进行一些更有价值的研究，也是将来要发展的方向之一。

再次，传统方法对研究热点和趋势的研究是对文章中出现的关键词进行分析，然而对关键词进行处理，有同词异义和异词同义的问题。例如，“苹果”如果和“乔布斯”一起出现，那么该词的语义和我们日常生活中的苹果同义的可能性非常小。如果在考虑词条的同时也考虑该词的上下文，就会获得相对准确的结果。

最后，传统方法偏重对文献发表数量的统计分析，并没有考虑到文献内容差异，而文献的使用情况能够更好地反映研究主题的情况。所以，应该找到一种方法，将文本内容和文献的使用情况整合起来。

本研究突破了以往对已发表文献的静态和滞后分析的局限，将文献文本内容、网络环境下的下载情况和相应的时间记录三个因素结合起来，实现对科研新趋势的识别和实时追踪。

7.2 基于论文的使用数据实时捕捉科学家的研究想法

科学研究的竞争是来自全世界的竞争。对于科研工作者来说，准确及时地知道领域同行所正在从事的研究主题，有助于把握最新的研究动向，激发自己的创新灵感，走在领域的国际科学前沿，在全球科学技术竞争中占据先发优势。

科研人员要想跟踪所在学科的最新发展动向，就要阅读该领域最新的论文、专利及会议论文等，分析其中的观点、技术，进而得到研究前沿或研究热点。但是，现在电子期刊的迅速发展，使得文献数据库越来越庞大，从浩瀚的资源中发现这一领域的研究热点和研究趋势是一件非常困难的事情。

现在学科的交叉融合现象越来越明显，众学科之间的研究方法相互弥补和共享，科学计量学领域也逐渐引入其他学科的研究方法。计算机的发展使得很多学科的分析和研究都转向自动化及半自动化，加上机器学习领域的发展，越来越多的研究人员希望能够使用计算机分析的方法替代复杂的手工活动。研究人员需要阅读大量的文献来识别研究热点，再通过经验来判断该学科的研究趋势，但是研究人员的精力是有限的，阅读文献的数量也是有限的，而且判断该学科的研究趋势也有一定的主观性。将这些工作交给计算机，简单、方便、准确、及时地识别出某一领域内研究前沿和研究热点，也是现在学者们所关注的内容。

7.3 理论与方法体系

7.3.1 DIKW 理论体系

人们对客观事物的认识是一个从低级到高级的过程，很多学者把这个不断发展的过程分为数据、信息和知识三类，Gene Bellinger 和中国的王德禄在三类的基础上在最后增加了智慧层次，即分为数据、信息、知识和智慧四层[103]。本研究综合了学者们对四个层次的不同理解，对数据、信息、知识和智慧进行了描述。

数据是记录客观事实的一组符号，这些符号对没有任何关联的事物进行描述，可以以任何形式存在，包括文字、图像和视频等。它是最原始的数据，没有经过加工，也不能回答任何问题，它只是展示了事物的一种状态。信息是对数据进行加工处理后，建立数据之间的相互关系，对文本、图像和数字等信息的含义做出了解释，能够回答 what、why、where 和 / 或 when 的问题。知识的获得是对信息进行选择，信息筛选出来后，理解信息之间的存在模式。知识能够解释某一特定的问题，具有一定的目的性。回答 how 和 why 的问题，也就是当这样的情况再次出现时，可以用知识来预测更高层次上的知识。智慧是将知识进行加工，理解知识的法则，这些法则通常隐藏在知识当中，是从本质上理解知识是什么的基础。智慧通常是人们对还没有发生的事，或还不确定的事的一种推断，因此智慧具有非确定性，是对未来的一种推测，回答人们无法回答的问题[104]。

这四个层次是人类在认识事物的不同阶段所产生的结果，每一层都有本质上的不同，从数据到信息，到知识，再到智慧，层次越高，外延、深度、含义、概念化和价值不断增加[106]。这四个层次可以概括为金字塔形[107]，图7.1 为 DIKW 知识转化的模式，在这四个层次的转化过程中，理解穿插在转化的过程之中，每一个层次转化到上一个层次理解的内容都不相同，从数据到信息，是对数据之间关系的理解，从信息到知识的转化是对信息模式的理解，从知识到智慧的转化是对知识原理的理解[105]。

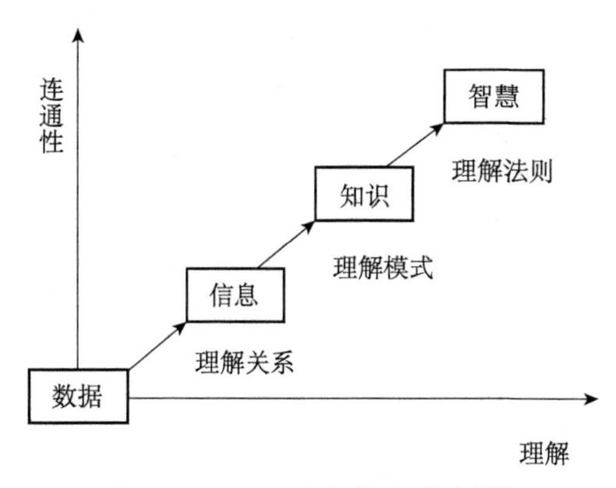

图 7.1 DIKW 知识转化模式[105]

本研究的目的是从海量的论文用户下载数据中找到计算神经学的研究热点和研究趋势，同样，从原始数据到形成研究趋势的过程，也是一个逐渐深入的过程。所以，在本章中，我们按照人们认识事物的客观规律，对计算神经学的研究趋势一步一步进行探测。

7.3.2 主题模型

随着网络的进步，互联网上出现了大量规则、不规则的文本研究件，所以带动了文本挖掘技术的快速发展。这对科研人员从大量的文献中快速发现研究热点和研究趋势有很重要的作用，而主题模型就是文本挖掘中一种能够从文献中抽取隐含语义的一种算法。

在主题模型中，主题被看作是词项的概率分布，使用主题模型对生成文档的过程进行模拟，再通过参数估计得到各个主题。其起源是隐性语义索引（Latent Semantic Indexing，LSI）[108]，其思想为主题模型的发展奠定了基础，但严格意义上来说隐性语义索引并不属于主题模型。Hofmann 在 LSI

的基础上加入了概率，提出概率隐性语义索引（probabilistic Latent Semantic Indexing，pLSI），这是主题模型的雏形[109]，而 Blei 等提出的狄利克雷分布（Latent Dirichlet Allocation，LDA）[110]又在 Hofmann 的基础上进行扩展得到一个更为完全的概率生成模型，人们将 Blei 的模型视为主题模型的开端。之后，主题模型在自然语言处理领域受到了越来越多的关注，其研究进入了蓬勃发展的阶段。

传统的向量空间模型，仅考虑“文档→词条”的映射关系，主题模型在“文档”和“词条”之间，加入一层潜在的语义层——主题（topic），从而形成了“文档→主题→词条”的映射结构。主题模型可以用来挖掘文本中潜在的主题，识别科学论文的研究主题和领域。

从功能上，主题模型有点类似于主成分分析，是一种对词条向量空间进行降维的方法。它可以归并词条中的同义词，增加特征的鲁棒性，并充分利用冗余的数据，减少关键词抽取中对低权重词条直接去除所造成的信息丢失。

主题模型的基础模型是潜在狄利克雷分布，这是对潜在语义分析的一种改进。在主题模型中，文档被看作是主题的多项式分布，而主题又是词条的多项式分布。主题模型被提出之后，针对各种不同的具体问题，又有了很多的改进模型和变形。其中，对于学术语料的分析是改进主题模型的重要任务之一。主题模型的开创者 Blei 曾利用 *Science* 期刊 1880 年创刊以来的语料信息，分析一百多年来科学主题的变化和研究兴趣的转移[111]。本研究中，我们采取类似的方法，对各个时间段中的文本进行主题分析，从而识别出研究主题和研究范式的变化和转移。具体步骤包括以下两个方面。

（1）主题模型的输入。同向量空间模型一样，主题模型的输入是一个词条文档矩阵。因此，可以直接选择在前面向量空间模型中抽取的词条所构成的词条文档矩阵，作为主题模型的输入。也可以根据实际情况，进行一定程度的扩展或缩减。另外，主题模型还需要事先确定主题的数量。最优主题个数的确定存在一定的经验性，且随着语料的规模和具体特征而改变。

（2）主题模型的输出。在主题模型中，最主要的两个任务是估计各文档的主题概率分布和各主题下的词条概率分布。参数估计的结果即为主题模型的输出结果。潜在狄利克雷分布的参数估计方法有变分贝叶斯推断（Variational Bayesian Inference）、期望传播（Expectation Propagation）和坍缩吉布斯采样（Collapsed Gibbs Sampling）等，其中后者被应用得最多。

主题模型除了可以进行文本的主题挖掘之外，训练生成的主题模型还可以用于新样本的推断，从而对新的样本进行自动归类，并且追踪该主题的演进规律。

7.4 基于 DIKW 体系的计算神经学领域的研究趋势挖掘

7.4.1 数据层次：数据收集和处理

7.4.1.1 数据来源与数据收集

本研究选取了德国斯普林格出版集团为例。在 2015 年它与 Nature 出版集团合并之前，它是仅次于爱思唯尔的世界上第二大科技出版社。斯普林格有 150 多年的发展历史，它也是最早将纸本期刊做成电子版发行的出版商。2015 年，斯普林格与 Nature 出版集团合并之后，新的斯普林格 - 自然出版集团一跃而成全球最大的学术出版商。

2010 年 12 月，斯普林格在 realtime.springer.com 中提供了能够实时了解在Springer所有期刊上的论文被下载情况的信息，并提供了三种可视化形式，如图 7.2 所示（该平台已于 2015 年中旬被斯普林格关闭）。这些信息包括下载期刊、下载论文 DOI 号、论文名称、作者信息、论文摘要和下载时间等。可以看出，Feed 中提供了 Springer 中所有期刊以及文献的下载数据，以缩小范围、减小工作量及降低存储数据的成本。通过网页分析的方法，本研究获取了四本计算神经学期刊的下载数据，这四本期刊分别是 *Neural Computing and Applications*、*Neuroinformatics*、*Journal of Computational Neuroscience* 和 *Neural Processing Letters*。这四本期刊在计算神经领域的影响比较大，对这四本期刊的研究热点进行研究，基本可以代表该领域的发展状况。

在以往的研究中，获取数据的方式主要是通过网页爬虫，这可能会受到网络中断的影响制约，而且每一时间的下载频率是不同的，在下载频率高时监测的数据就有可能遗漏，所以用网页爬虫的方法只能收集到 80% 的数据，不够全面，只能作为样本数据。本研究采用了一种新的方法，在 Springer 平台上查询 4 本期刊的所有论文，包括已经发表的和网络预先（online）发表的论文，再使用网页分析及爬虫相结合的方法，获取每篇文章前 3 个月的数据，这样就可以完整并全面地获取每篇文献的下载次数。经过数月的连续监测，本研究收集了从 2014 年 2 月到 2015 年 1 月四本期刊中所有论文的下载数据。

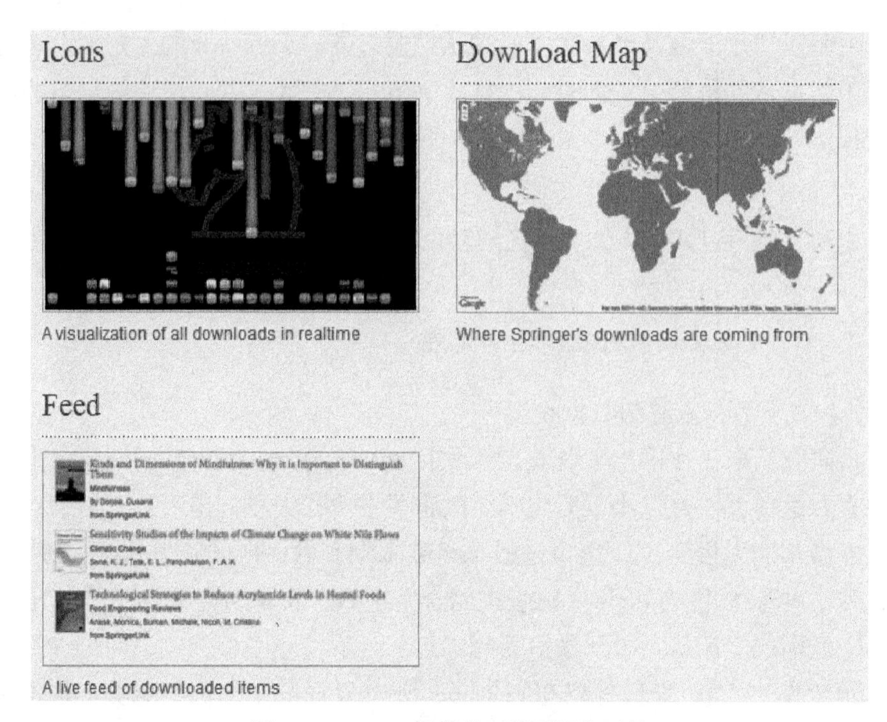

图 7.2　Springer 提供的三种可视化工具

本研究对论文的元数据的收集来自 http://link.springer.com/article/（目前已关闭），本研究将 4 本期刊所有论文的 DOI 号进行统计，通过网页爬虫的方法，获取每一篇论文的网页数据。由于一些论文的网页数据中信息不够全面，所以本研究在获取网页数据的同时，在 Web of Science 上通过“出版物名称”进行检索，下载到四本期刊所有已经发表的论文的全记录信息，获取已被收录的论文在 Web of Science 上的论文信息，再与从网页中获得的论文数据进行整合，得到每篇文章完整的元数据。

7.4.1.2　数据预处理

本研究通过手动搜索 4 本期刊所有文章的 DOI 号（包括已发表文章和 online 文章），下载文章网页数据后，使用 Perl 语言提取出所有文章的 DOI 号，再获取每篇文章的下载数据。到 2015 年 2 月，*Neural Computing and Applications* 共有 2253 篇文献，*Journal of Computational Neuroscience* 有 934 篇文献，*Neural Processing Letters* 有 383 篇，*Neuroinformatics* 有 906 篇文献，共 4476 篇文献。之后，本研究提取了每一篇文献从 2014 年 2 月到 2015 年 1 月的下载时间及下载次数。

在 http://link.springer.com/aticle/ 上下载论文的网页文件后，使用文本处理语言提取出每篇论文的元数据及内容信息，包括文章的 DOI、题目信息、作者信息、摘要信息、出版日期、online 日期及期刊信息等。其中，有 342 篇论文没有摘要，分析得出这些论文主要有两类：一类是有内容，能够表现出科学工作者的研究主题的文献，主要包括 2003 年以前发表的文献、讨论及总结类文献，本研究认为，该类文献所讨论的内容在题目中都可以表现出来，故对这类文献的处理方式是使用文章的题目代替文献摘要；另一类是通知、期刊内容概要等类型的文献，通过分析发现这些文章基本都是在发表之后几天下载的，本研究认为，这些论文的内容信息与当时科学工作者所要研究的主题信息无关，所以将此类文献删除。

7.4.1.3 数据库建设

图 7.3 为数据库建设的技术路线图，从 Springer 上获取 4 本期刊的元数据信息和用户数据信息，将收集到的下载数据、元数据进行处理后，分解成固定格式字段，导入设计好的 SQL Server 数据库中，不同来源的数据都由一个唯一的文献 DOI 号相对应。

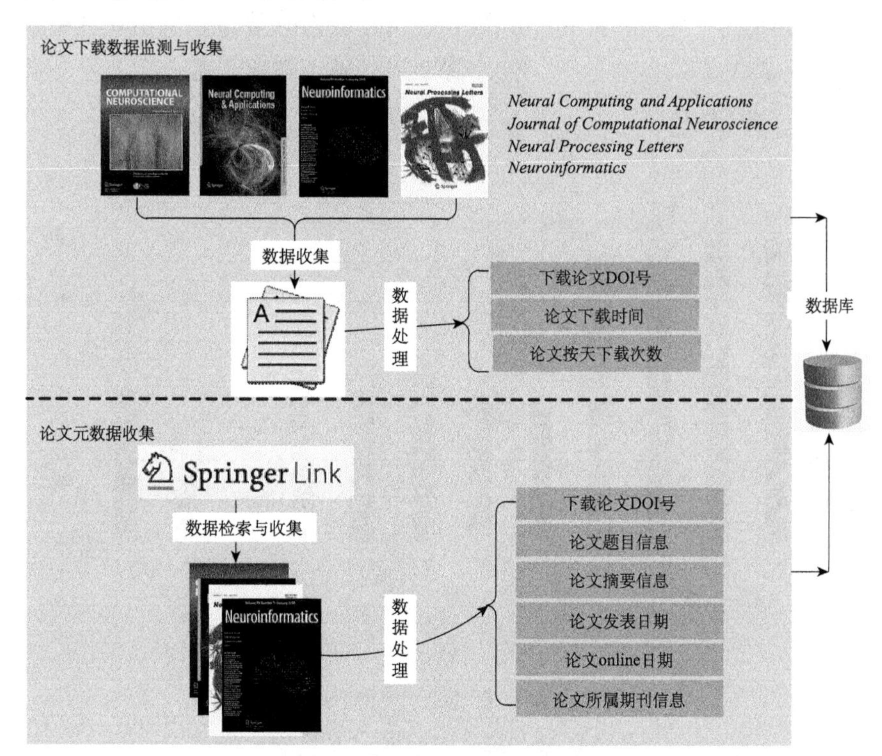

图 7.3 数据库建设的技术路线图

7.4.2 信息层次：单篇文献与主题下载信息统计

对原始数据进行处理后，本章统计了每一篇论文的被下载次数，对该领域下载论文情况做了大致的概括，并将 online 论文和已经发表的论文进行了比较，描述进一步将单篇论文聚合成研究主题的过程，并且展示主题的形成情况。

7.4.2.1 单篇文献下载信息统计

1. 单篇文献整体下载统计

图 7.4 为从 2014 年 2 月开始到 2015 年 1 月监测数据日期内每月的下载次数以及每月平均下载次数。其中，本研究按同样的方法收集到了 11 月的所有下载数据，每一篇论文的下载数目均为 0，本研究分析其原因为 Springer 平台上该月的数据出现问题，所以在进行本研究的其他分析中，对此月不做处理。从图中我们可以看到，前 4 个月的论文总下载次数基本保持在 35 000 次左右，从 6 月开始，论文的总下载次数总体降低，除 12 月份外，下载次数也保持在 20 000 次左右。本研究认为，12 月份总下载次数降低的原因是受到西方圣诞节的影响，圣诞节是西方最大的节日，也是众多高校和研究所的研究人员休息的日子，在放假期间科研工作者下载论文的次数肯定要比工作日的时候减少。

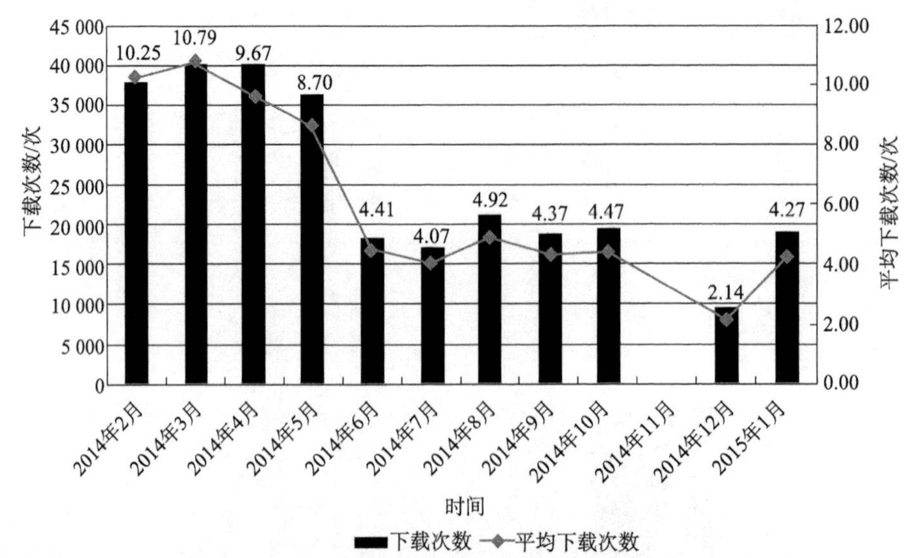

图 7.4 按月统计 4 本期刊下载次数

2. 单篇文献下载次数按类别比较

图 7.5 为已经发表论文的下载次数与 online 论文的下载次数比较，条形图是下载总次数的比较，我们可以看到，online 论文下载总数在所统计的 12 个月内都比已经发表论文的下载次数少，这是因为 online 论文数目与已经发表论文总数相差很多。但非常明显的是，online 论文的平均下载次数要比已经发表的论文多 2 ～ 9 次。除 12 月份以外，online 的下载次数均在 8.5 次以上，在 2014 年 2 月达到了 15 次，这是已经发表论文不可企及的。

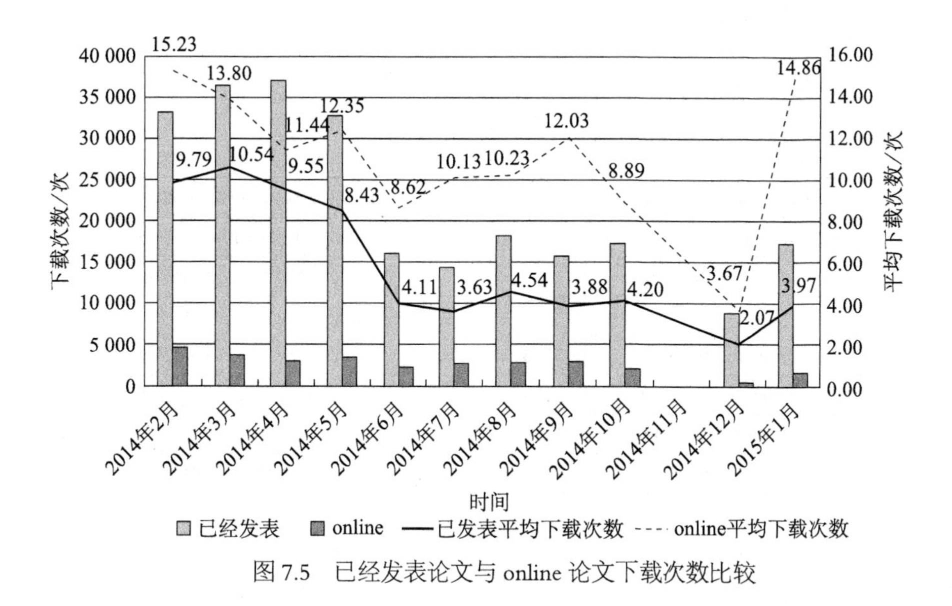

图 7.5 已经发表论文与 online 论文下载次数比较

论文被期刊收录后，会首先 online 在期刊网站上，根据期刊的不同，等待发表的时间也不同。人们在下载与自己研究内容相关的文献时，大多会通过检索的方式，而 online 论文是由 RSS 源或网络推送点击，或是通过浏览期刊网站才能下载。online 论文为该领域内最新发表的论文，所以很多研究人员都会密切关注期刊网站，他们下载 online 论文大多不是和自己的主题相关，而是想查看该领域内最新的研究动向。因此，本研究在分析研究热点和研究前沿时，并没有考虑 online 文献，只考虑了已经发表论文的下载情况。

本研究统计了监测日期内已经发表论文每月被下载的情况，如表 7.1 所示。该表展示了从 2014 年 2 月开始下载次数最多的论文和下载次数，我们可以看到每月下载次数最多的文献都接近 200 次，DOI 号为 10.1007/s00521-012-0865-x 的文章在 12 月时被下载 452 次，是月下载次数最多的论文，这些论文所包含的主题应为该领域内目前研究最多的主题。

表 7.1 各月下载频次最高的 10 篇论文

时间	DOI 号	下载次数/次	时间	DOI 号	下载次数/次
2014 年 2 月	10.1007/s10827-007-0038-6	209	2014 年 5 月	10.1023/A：1018628609742	196
	10.1007/s00521-007-0091-0	176		10.1007/s10827-008-0091-9	103
	10.1007/s11063-012-9246-9	149		10.1007/s00521-007-0091-0	101
	10.1007/s00521-011-0560-3	142		10.1007/s12021-008-9032-z	84
	10.1007/s00521-013-1470-3	132		10.1007/s00521-004-0436-x	83
	10.1007/s12021-007-9005-7	127		10.1007/s12021-013-9178-1	82
	10.1007/s12021-012-9149-y	115		10.1007/s12021-012-9149-y	81
	10.1007/s00521-008-0224-0	104		10.1007/s10827-008-0092-8	79
	10.1007/s10827-008-0091-9	98		10.1007/s00521-010-0362-z	75
	10.1007/s10827-008-0092-8	89		10.1007/s00521-007-0158-y	75
2014 年 3 月	10.1007/s00521-012-0826-4	403	2014 年 6 月	10.1023/A：1018628609742	115
	10.1007/s10827-009-0201-3	255		10.1007/s12021-013-9178-1	94
	10.1007/s00521-011-0793-1	188		10.1007/s12021-013-9195-0	74
	10.1007/s10827-008-0091-9	174		10.1007/BF01414646	51
	10.1007/s00521-007-0091-0	157		10.1007/s10827-009-0180-4	47
	10.1007/s12021-012-9149-y	139		10.1385/NI：2：2：145	45
	10.1007/s11063-008-9089-6	110		10.1007/s00521-013-1402-2	43
	10.1007/s00521-011-0560-3	109		10.1007/s10827-010-0262-3	41
	10.1007/s10827-007-0038-6	104		10.1007/s00521-013-1439-2	39
	10.1007/s10827-010-0262-3	100		10.1007/s10827-007-0038-6	37
2014 年 4 月	10.1007/s10827-008-0091-9	172	2014 年 7 月	10.1007/s12021-013-9195-0	177
	10.1007/s00521-012-1250-5	156		10.1007/s12021-013-9215-0	159
	10.1007/s10827-013-0465-5	154		10.1023/A：1018628609742	98
	10.1007/s12021-013-9208-z	144		10.1007/s12021-013-9218-x	79
	10.1007/s00521-011-0560-3	123		10.1007/s12021-013-9199-9	73
	10.1007/s00521-007-0091-0	117		10.1007/s12021-013-9178-1	67
	10.1007/s00521-011-0793-1	113		10.1007/s12021-014-9221-x	62
	10.1007/s00521-004-0405-4	101		10.1007/s10827-007-0038-6	49
	10.1007/s12021-012-9170-1	89		10.1007/s10827-010-0262-3	48
	10.1007/s10827-008-0092-8	88		10.1385/NI：2：2：145	42

续表

时间	DOI 号	下载次数/次	时间	DOI 号	下载次数/次
2014 年 8 月	10.1007/s10827-010-0263-2	166	2014 年 11 月	—	—
	10.1023/A：1018628609742	132		—	—
	10.1007/s12021-013-9199-9	87		—	—
	10.1007/s10827-010-0262-3	66		—	—
	10.1007/s12021-013-9178-1	61		—	—
	10.1007/s00521-012-1028-9	56		—	—
	10.1385/NI：2：2：145	52		—	—
	10.1007/s10827-013-0494-0	52		—	—
	10.1007/s00521-013-1481-0	46		—	—
	10.1007/s12021-013-9214-1	44		—	—
2014 年 9 月	10.1023/A：1018628609742	100	2014 年 12 月	10.1007/s00521-012-0865-x	452
	10.1007/s00521-012-1028-9	79		10.1007/s00521-012-0929-y	115
	10.1007/s12021-013-9199-9	77		10.1023/A：1018628609742	68
	10.1007/s12021-013-9178-1	64		10.1007/s12021-008-9032-z	66
	10.1007/s10827-010-0262-3	64		10.1007/s00521-013-1362-6	55
	10.1007/s00521-013-1525-5	63		10.1007/s00521-013-1367-1	43
	10.1007/s10827-009-0180-4	58		10.1007/s00521-014-1754-2	42
	10.1007/s00521-013-1534-4	55		10.1007/s00521-012-1079-y	33
	10.1007/s12021-013-9195-0	55		10.1007/s00521-014-1621-1	32
	10.1007/s10827-007-0038-6	54		10.1007/s00521-014-1779-6	31
2014 年 10 月	10.1007/s10827-010-0282-z	198	2015 年 1 月	10.1007/s00521-012-0865-x	422
	10.1007/s00521-013-1534-4	156		10.1007/s00521-012-1187-8	183
	10.1023/A：1018628609742	151		10.1007/s00521-014-1804-9	130
	10.1007/s00521-013-1368-0	150		10.1023/A：1018628609742	128
	10.1007/s12021-011-9120-3	141		10.1007/s12021-013-9178-1	70
	10.1007/s00521-013-1516-6	134		10.1007/s00521-014-1668-z	68
	10.1007/s00521-013-1445-4	124		10.1007/s00521-014-1678-x	65
	10.1007/s00521-013-1471-2	123		10.1007/s00521-014-1683-0	64
	10.1007/s00521-013-1362-6	122		10.1007/s00521-014-1625-x	63
	10.1007/s10827-010-0258-z	121		10.1007/s00521-014-1671-4	63

注：—表示无数据

7.4.2.2 从论文聚合成研究主题的过程描述

1. 主题模型算法描述

本研究使用的主题模型是近十年来机器学习领域兴起的一个处理大规模

数据的概率模型，主要应用在文本分类和信息检索领域。主题模型对于人们写文章的过程给出了清晰而简单的假设，人们首先按照某一个分布选择想要的话题，然后在这个话题下选择相应的词汇，重复这样的过程有限次，就构成了一篇文章。在这样的文章产生过程的假设下，主题模型利用变分推断和最大期望算法，能够在仅仅获得文章词频的情况下，给出主题对于词汇的概率分布、每篇文章中各个主题所占的比例和文章中的每个词对于文章中主题的分布。

最基础的主题模型是需要预先设定主题的数量，同时每一次的全局迭代需要考虑到所有文章，这使得在文章集具有相当规模的时候，算法运行速度降低，不能得到有效的应用，同时静态的主题模型也不能有效地处理连续且动态的数据流。之后，学者对上述困难进行了考虑，分别提出了动态和随机形式的主题模型[112，113]。上述文献中的主题模型假定全局具有大数量甚至无穷的主题，而在每篇文章中只能出现典型的较少数量的话题，而每个局部话题对于全局话题具有一个分布。文献中的每次全局迭代只对文章集中的一篇文章或者部分文章进行抽样，而为了增加收敛速率，在全局更新的时候，倍乘一个没有意义的因子，这相当于扩张了文章集的规模，为主题模型处理大规模数据提供了可能。本研究采用了 SHDP（supervised hierarchical Dirichlet process）模型[113]，并为倍乘的因子赋予了文章下载数量的意义，所以本研究提出的主题已经加上了下载次数这一权重。

2. 主题模型程序及结果

本研究使用Java 程序语言实现了上述对于文献的处理过程，从每个月中提出 8000 个词来作为词库，对每月的 200 个主题进行描述。图 7.6 是程序的一部分。

该程序产生的结果是在 SQL Server 数据库中生成一个以时间命名的数据库，其中，一张关系表是词的分布表。本研究将每月生成的主题数目设置为 200，使用的是 Hofmann 在文献中建议的主题数目。图 7.7 为 2 月份的数据结果，word 列是从文献中提取出来的 8000 个单词，c1，c2……表示该月提出的 200 个主题，表中的数字表示单词对主题的概率分布，这些概率信息可以衡量每一个单词对于 200 个主题的权重，根据权重我们可以获得最能代表主题的词语。

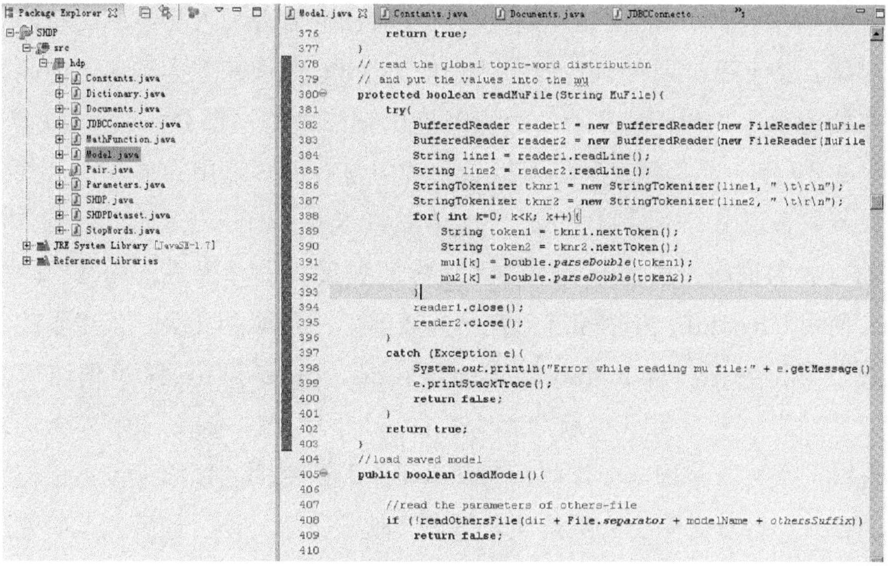

```
Package Explorer
SHDP
  src
    hdp
      Constants.java
      Dictionary.java
      Documents.java
      JDBCConnector.java
      MathFunction.java
      Model.java
      Pair.java
      Parameters.java
      SHDP.java
      SHDPDataset.java
      StopWords.java
  JRE System Library [JavaSE-1.7]
  Referenced Libraries
```

```
Model.java | Constants.java | Documents.java | JDBCConnecto...
376         return true;
377     }
378     // read the global topic-word distribution
379     // and put the values into the mu
380     protected boolean readMuFile(String MuFile){
381         try{
382             BufferedReader reader1 = new BufferedReader(new FileReader(MuFile
383             BufferedReader reader2 = new BufferedReader(new FileReader(MuFile
384             String line1 = reader1.readLine();
385             String line2 = reader2.readLine();
386             StringTokenizer tknr1 = new StringTokenizer(line1, " \t\r\n");
387             StringTokenizer tknr2 = new StringTokenizer(line2, " \t\r\n");
388             for( int k=0; k<K; k++){
389                 String token1 = tknr1.nextToken();
390                 String token2 = tknr2.nextToken();
391                 mu1[k] = Double.parseDouble(token1);
392                 mu2[k] = Double.parseDouble(token2);
393             }
394             reader1.close();
395             reader2.close();
396         }
397         catch (Exception e){
398             System.out.println("Error while reading mu file:" + e.getMessage()
399             e.printStackTrace();
400             return false;
401         }
402         return true;
403     }
404     //load saved model
405     public boolean loadModel(){
406 
407         //read the parameters of others-file
408         if (!readOthersFile(dir + File.separator + modelName + othersSuffix))
409             return false;
410 
```

图 7.6　Java 编写的主题模型程序示例

结果 | 消息

	word	c1	c2	c3	c4	c5	c6
1	model	0.0272980585929613	0	0.0112910622632021	0.0148949772479121	0.0158451189152398	0
2	neural	0	0.688460352691359	0.0155119221240751	0.0311792122949097	0.0339618710871032	0.0113399047578008
3	network	0	0.675559395563347	0.0136252982617566	0.0211377728458619	0.0275328164733505	0.997346637677073
4	data	0.015773682303037	0.013651062777641	0.0142527465461193	0.0138202263945332	0.0179987882033435	0.0234500374753614
5	based	0	0.663157915452654	0.0127312229520531	0.0175826476848231	0.0202600552047368	0.553120530792045
6	proposed	0	0.0233245303981321	0.0122393188427592	0.0252456849547636	0.0182311819686888	0.0163733194638658
7	results	0	0.662635693080418	0.01301583378161	0.0134284313557924	0.0182579381710784	0
8	method	0	0.0176463760029293	0.0118345244184346	0.01848156614351	0.0178633011741094	0.530761426391634
9	algorithm	0	0.0321061013451189	0.0114236398167634	0.0135778205683905	0.0173628067579073	0.0132420182698603
10	paper	0	0.0224123717639052	0.0128571725172945	0.0183973528109 31	0.0184711638358013	0.932230984465673
11	system	0	0.0150155148753157	0.0109159742238668	0.0168267835433517	0.012985656435872	0.0114434176948465
12	networks	0	0.0272076410893023	0.0144607073590135	0.0179584139768006	0.0191983163134862	0.0127364544892811

图 7.7　数据结果示例

另一张表的名称是 Mu1，这张表表示每月的 200 个主题的下载情况，该表中数字越大，说明在该月中下载该主题的次数越多，因此可以用此关系表为每月的主题进行排名，从而获得该月下载最多的主题。上述程序按照这一指标将每个时间段内提出的主题按照频次的高低做了相应的排序，即 c1 就是该时间段内下载次数最多的主题，依次降低。另外，程序的结果还提供了每篇文献在该月的下载次数、每篇文献中所提取的单词和数目、每篇文章的 10 个主题和 10 个主题对每月 200 个主题的概率分布等指标，在经过一定的人工处理后，可以从中获得任意想要的概率或参数。

由于本研究采用的主题模型是一种没有任何监督和人工控制的机器学习模型，加上每个月都预定设置要提取出 8000 个词来作为词库，因此词库中会有很大的噪声。表 7.2 为每月提出词库中的一部分，以 2014 年 2 月到 2014 年 7 月为例，我们可以看到表中含有很多无用的信息，这些信息并不能表现出一个时间段内的研究主题或领域。因此，本研究对每个月自动生成的词库，按照单词对主题概率的权重，进行了手工的修剪。首先，使用 UltralEdit 去除掉毫无意义的数字、符号等。其次，从表中的示例我们可以看出，像 method、data、results、show 和 paper 等词出现的频率非常高，几乎每一主题中都含有，这是因为每一篇文章中都会出现"方法""结果"等词，而这些词对于本研究要研究的主题描述没有任何实质的含义，本研究手工去除这类对每篇文献都普适的词。最后，本研究还根据概率进行排序，删掉了 issue、open access 这类在文章中出现却没有实际意义的词。

表 7.2 每个月词库示例

2 月	3 月	4 月	5 月	6 月	7 月
model	model	model	model	model	data
neural	neural	neural	data	data	model
network	data	data	neural	neural	based
data	network	network	network	network	neural
based	based	based	based	based	network
proposed	proposed	proposed	proposed	proposed	method
results	results	results	results	results	results
method	method	method	method	method	proposed
algorithm	paper	paper	paper	paper	brain
paper	algorithm	algorithm	algorithm	algorithm	analysis
system	system	system	system	system	algorithm
networks	time	networks	time	time	paper
time	networks	time	networks	networks	time
learning	learning	learning	learning	learning	models
models	models	models	analysis	analysis	system
performance	analysis	analysis	models	models	learning

续表

2月	3月	4月	5月	6月	7月
analysis	performance	performance	performance	performance	neurons
control	control	methods	methods	methods	networks
approach	information	approach	approach	approach	methods
information	approach	information	information	neurons	performance
neurons	fuzzy	neurons	neurons	control	approach
fuzzy	neurons	fuzzy	fuzzy	brain	study
show	show	show	show	show	show
training	training	study	study	study	experimental
function	study	training	brain	fuzzy	image
study	problem	parameters	raining	experimental	control
parameters	parameters	problem	classification	classification	large
problem	function	function	experimental	function	classification

7.4.2.3 研究主题的下载信息

在主题模型形成的各种参数和概率中，有两个指标描述了主题的形成情况。一个是下载数量的指标 μ_1，该指标越大，说明该主题被下载的次数越多，被研究人员关注的程度越高。另一个指标为 u_2，该指标是主题模型的一个参数，通过观察得知，一个主题越集中在少数词时，u_2 值越大。因此本研究认为 u_2 值代表了每一个主题中词的分散程度，与统计学的方差概念相似，u_2 的值越大，说明描述这一主题越集中，而不是对词库中的 8000 个词平均分布。上述程序结束后，每一个时间段会生成两张表，名称分别是 Mu1 和 Mu2，这两张表显示了每个主题中两个指标的值，从这两个指标中我们可以选择下载次数多且分布集中的主题。图 7.8 和图 7.9 分别展示了 2 月份和 3 月份中前 50 个主题的分布情况，横坐标为指标 u_1 的值，纵坐标为 u_2 的值，数据标签代表形成的主题序号。上文已经介绍了主题的序号是以下载的多少排序的，因此图中从右向左点的序号依次递增。这两个图展示了主题的分布情况，也就是在图中右上角的点是下载数量多，分布又非常集中的主题序号。图中有部分主题序号是重叠在一起的，是因为相邻的主题的集中程度和下载相对量相差不多，这种现象是正常的。

从图 7.8 和图 7.9 中可以看出，每个月形成主题的情况是不同的，2 月份中前 50 个主题的 u_1 值是从 3000 开始到 3700，而 3 月份的明显要比 2 月份低一些，主题形成的集中程度和 2 月份差不多。本研究将 12 个月的主题都做了比较，分析发现，在所统计的 12 个月中，很多下载程度高的主题分布不够集中，可能是因为该主题的研究已经非常深入和广泛，而每一个细节研究都会体现在对主题描述的词语中，这就使得描述该主题的词语不仅仅集中在几个词上面。

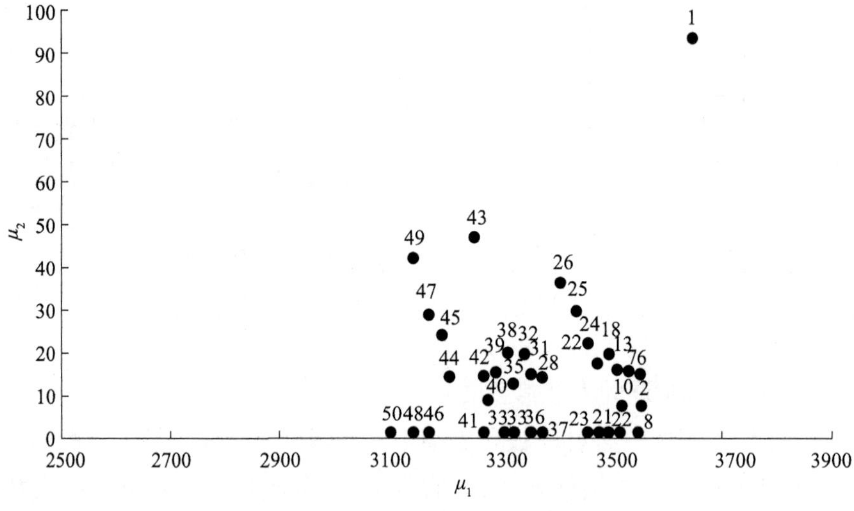

图 7.8　2 月份主题分布情况

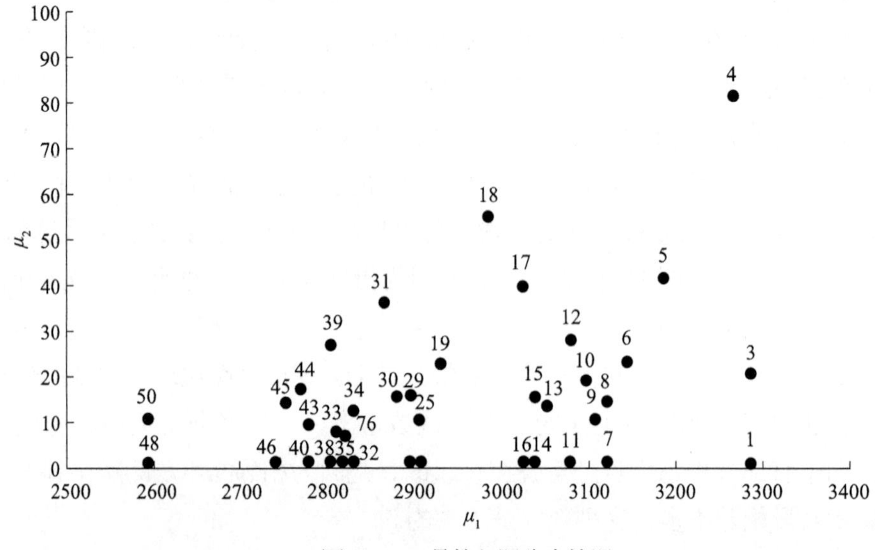

图 7.9　3 月份主题分布情况

7.4.3 知识层次：研究热点识别及分析

在过去的研究中，很多学者都使用研究热点的动态变化来表示一个领域的研究趋势，本研究就是通过对文献的实时下载情况，识别计算神经领域的研究热点，从而预测计算神经学的科研新趋势。本章在上一章的基础上，从获得的研究主题中筛选出计算神经学领域的研究热点，并对研究热点进行分析。

7.4.3.1 研究热点的识别

1. 研究热点的筛选

2012 年笔者发表的论文认为，如果一个主题能够被持续频繁地下载，那么就说明这类主题正在得到大量的关注，就认定该主题为这一时间段的研究热点[44]。笔者还提出了一个使用关键词下载次数来分析研究热点的模型，如下式所示，r 表示研究热点的一个比率指标。本研究延续了该论文的思想，并对其模型进行了改进。

$$r = \frac{\text{关键词的下载次数}}{\text{所有关键词的下载次数}}$$

本研究中在 7.5.3 节所述的指标 μ_1 就是在上述思想的指导下形成的，与上式的 r 有异曲同工之妙，所以本研究在进行研究热点选择的时候首先考虑的指标为 μ_1。主题分布表中还有一些主题出现概率平均分布的问题。如表 7.3 所示，词库中每个词语对该主题的贡献概率都很小，概率最高的主题为 0.010 072，词库中共 7970 个词语，所有词对该主题的概率均为 0.01 及以上，第一个词和最后一个词对于该主题的描述并没有特别大的差距。这就说明该主题分布较为广泛，并不集中在几个固定的词语上，使得我们不能确定这个主题研究的内容，这对于获取研究热点和研究趋势没有任何意义。因此，本研究在筛选研究热点的过程中坚持一个原则，即选择下载次数多，分布又相对集中的主题作为研究热点。

表 7.3 2014 年 4 月份第二个主题词语的概率分布

排名	词	概率	排名	词	概率
1	adding	0.010 072	4	mutation	0.010 032
2	NeuroNames	0.010 072	5	incorporating	0.010 032
3	Krill	0.010 032	6	optimization	0.010 032

续表

排名	词	概率	排名	词	概率
7	scheme	0.010 032	16	distributed	0.010 022
8	numerical	0.010 032	17	parametric	0.010 022
9	issue	0.010 027	18	statistical	0.010 022
10	brain	0.010 025	19	mapping	0.010 022
11	connectivity	0.010 025	20	grid	0.010 022
12	representation	0.010 025	……	……	……
13	maps	0.010 025			
14	users	0.010 023	7969	cross	0.010 000
15	PET	0.010 022	7970	divide	0.010 000

根据这一原则，本研究经过不断的实验，选择 μ_2 值在 4 以上的主题。图 7.10 为每月筛选出的主题数目，2 月到 12 月代表的是 2014 年相对应的月份，1 月代表 2015 年 1 月。我们可以看到，每个月筛选出的主题数目相差不多。如上所述，主题序号是按照下载次数降序排列的，因此，本研究首先筛选出每月 μ_2 值大于等于 4 的主题，统计其序号。然后按照序号升序排列，从数据库中查询描述每个主题的词语和概率分布，本研究在筛选过程中删除了词分布概率较小和较大的主题。

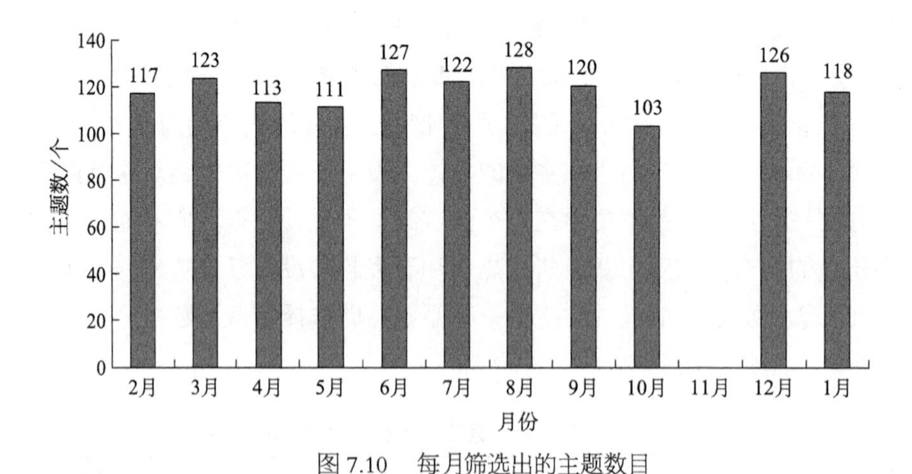

图 7.10　每月筛选出的主题数目

2. 研究热点的命名和合并

筛选出每月的研究热点后，本研究对每个月下载数目最多的 10 个研究热点进行了命名。如上所述，本研究的主题是由若干个词的分布概率组成的，所以本研究在将主题进行命名时首先按照每个词对于主题的贡献率降序排列，排序越靠前，说明该词越能够代表主题的含义。由于主题模型的无监督性，每一个主题中会有很多噪声，本研究对每个主题中的词库做了修剪，去除与计算神经学无关的形容词、副词，以及意义不突出的名词，得到最终描述该主题的关键词序列。本研究对每一个主题中剩下的关键词序列进行分析，采用分布概率靠前且与计算神经学相关的主题词来代替主题的名称，如表 7.4 所示。主题模型并不能确定词语的顺序，本研究将分布概率大的前几个词返回到文献中，去寻找匹配该领域内的原词来表示主题的名称。例如，2014 年 2 月第一个主题，排在前面的三个词分别是 mapping、statistical 和 parametric，而在文献中这三个词的组合形式是 Statistical Parametric Mapping，简称 SPM，是用来分析脑的影响数据序列的软件，所以该主题以 Statistical Parametric Mapping 命名。还有一些主题的关键词较为分散，运用到几种算法或是几项技术，本研究找到这些关键词的共性，为该主题命名。

研究者在真正做研究时，每个月研究的主题数目是有限的，而主题模型在形成主题时要最大限度地包含所有讨论的主题，这就导致了通过主题模型所获得的主题之间有很多相似。对于这样的主题，本研究尽量将其区分，取两个主题中不同的内容为主题名称，例如，这两个主题都是在研究 neural network（神经网络）的，但是前一个主题中有 artificial 这个词，而后一个主题中 neurons 的概率也比较高，我们知道，人工神经网络是神经网络研究的一个方向，神经元也同样是研究神经网络必须研究的对象，但是为了对同一月份中两个主题进行区分，本研究取这两个主题不相同的部分，把前面主题命名为 Artificial Neural Network（人工神经网络），把后面的主题命名为 Neurons（神经元）。对于所描述内容基本一致的主题，本研究删除下载次数相对少的主题，保留前一主题。

表 7.4 月份前 5 个主题的词频分布表

序号	主题名称	词概率分布
01	Statistical Parametric Mapping	mapping0.949 375；statistical0.948 855；parametric0.948 460；PET0.948 460；decision0.786 970；support0.754 122；rule0.753 246；vector0.745 975；applying0.742 304；machines0.741 477
02	Artificial Neural Network	neural0.688 460；network0.675 559；output0.656 105；artificial0.655 520；input0.654 555；developed0.654 134；techniques0.654 054；square0.652 928；current0.652 852；variables0.650 698

续表

序号	主题名称	词概率分布
07	Network Map	Brain0.016 333；network0.016 330；map0.014 908；Algorithm0.014 741；accuracy0.014 062；number0.013 765；markets0.013 664；ling0.013 639；areas0.013 621；Kohonen0.013 609
10	Classification Learning Algorithm	learning0.707 871 939；class0.689 728 632；original0.677 044 932；function0.670 626 294；presented0.666 687 566；efficient0.666 333 049；variance0.665 802 649；experiments0.665 708 305；objective0.665 699 091；benchmark0.665 661 514
13	Support Vector Machine	vector0.089 956 991；SVM0.081 068 808；fuzzy0.078 857 463；membership0.043 892 398；neural0.043 132 788；soft0.041 393 786；generation0.040 456 467；perceptron0.039 731 155；linear0.036 986 225；function0.036 135 925

7.4.3.2　研究热点分析

介绍主题模型以及对形成的主题进行处理之后，本小节结合计算神经学的理论知识，对通过上述过程选取的研究热点进行分析。在处理过程中，需要对每一个主题进行命名，考虑到工作量比较大，并且本研究的关注点在于研究方法上，所以本研究的分析只考虑了每月下载量最高的前 10 个主题。表 7.5 展示了从 2014 年 2 月到 2015 年 1 月，每月下载次数最多的 10 个主题领域，这些主题即为计算神经学领域中该月的研究热点。

表 7.5　每月研究热点

时间	研究热点名称
2014 年 2 月	Statistical Parametric Mapping；Neural Network；Hybrid Network；Network map；Classification Learning Algorithm；Support Vector Machine；Brain Network；Sensory and Behaviors；SOM；Manifold Learning Algorithm
2014 年 3 月	Dynamic Neural Network；Model Identification；Neuronal Synchronous Oscillations Mechanisms；Adaptive Signal Control；Robust of neural network；Identification；Parameters Prediction；GEP；Adaptive Robot；Feedforward Neural Network
2014 年 4 月	Support Vector Machine；Temperature Prediction；Fuzzy Logic Control；Multi Neural Network；Decision；Prediction；Recurrent Neural Network；SVM Application；LDA；Genetic Programming
2014 年 5 月	Sara learning Algorithm；Behavior and Cognitive Neural Network ；MLP Neural Network；Decision；Images Multi−Classifier；Neuron Simulator；MRI；Autism；Face and Finger Identification；Neuron Morphology Distribution

续表

时间	研究热点名称
2014 年 6 月	SOM Neural Network; WebQTL; Brain Images; Measuring Printing; Neural Network Algorithm; Machine Learning Cluster Algorithm; BP Neural Network ; Cortical Synaptic; Neural Network Application; Neural Network Image
2014 年 7 月	Adaptive Control; Map Identification; Color Printing; Neural Network Algorithm; Neural Network and Control; PCA Neural Network; Neuron Adaptive Simulation; Classification Algorithm; Neural Network Learning Algorithm; Neural Code
2014 年 8 月	RBF Neural Network ; Adaptive Control ; Face Identification; Hand Gesture Identification; Face Identification; Simulation Algorithm; Navigation Path; Neurons Resonance; Genetic expressed Image; PSO
2014 年 9 月	Neurotransmitter; PRC Neural Network; Batch Stimulus; KNN; Navigation Path; Neuron Types; Probabilistic Neural Network; GEP; Neuroinformatics; PCA Neural Network
2014 年 10 月	LS-SVM; Neural Network; KNN; Fuzzy Control; Neural Network Images; TWSVM; Single Layer Neural Network; Manifold Learning Algorithm; Classification Learning Algorithm; Posture Recognition
2014 年 12 月	Genetic Algorithm; Machine Learning Algorithms; neural network; Rate Model; Simulation Algorithm; Hybrid Networks; RBF; Neural Network Clustering Algorithm; Associative Memory Network; Image of Neurons
2015 年 1 月	Multilayer Perceptrons; Color Printing; ANFIS; Neural Network; RBF; Krill Herd Algorithm; Kernel Algorithms; Feedforward Neural Network; Neural Network Simulation; Posture Identification

本研究根据计算神经学的理论知识，对表 7.5 中所筛选出的研究热点进行分类。通过阅读计算神经学的经典文献，了解到计算神经学是计算机科学和神经科学的一个交叉学科，是目前脑科学研究的主要方式之一。这门学科运用数学和计算机中建模和仿真的方法，研究神经系统的信息处理或者计算机制，以构建神经元和神经网络的综合模型，并应用到其他领域，目的就是要阐明脑是如何工作的，并据此对神经网络和神经元进行仿真，构建类脑式神经模型。通过上述计算神经学的定义，本研究按照该学科的研究对象、研究目的及研究方法人工对所获得的研究热点进行分类，分为生物原型研究、算法和技术模型研究、类脑式仿真模型研究和应用研究四类。根据每个主题中关键词的概率分布，分析出该主题的研究方向和重点，将每月获得的主题名称划分到这四类当中。按类别对计算神经领域的研究热点解释和分析如下。

1. 对生物原型神经网络及神经元的现实性模型研究

计算神经学的研究目的是能够清楚地阐明大脑及其运作方式，因此，该类别所要研究的内容是计算神经学的研究对象，包括脑中的神经网络（生物神经网络）形态及其运行机制、神经元、大脑中重要区域的功能及运作方式等。如表 7.6 所示，计算神经学在生物原型方面的研究热点主要包括三个方面：一是对生物原型的模拟及可视化，包括 Brain Connectivity Maps（大脑连接图）、Brain Network Map（大脑网络图）、Image of Neurons（神经元图像）、Neural Network Images（神经网络图像）和 Genetic expressed Image（基因表达图像）等主题；二是对脑部神经元形态和运行机制的研究，包括 Neuronal Synchronous Oscillations Mechanisms（神经元同步震荡机制）、Neurons Resonance（神经元共振）、Neuron Morphology Distribution（神经元的形态分布）及 Neuron Types（神经元类型研究）等主题；三是对脑中认知和行为的神经网络的研究，包括主题 Sensory and Behaviors（感官和行为）和 Behavior and Cognitive Neural Network（行为与认知神经网络）等。

表 7.6 研究热点分类情况

类名	主题名称
生物原型研究	Brain Network Map，Brain Network，Sensory and Behaviors，Neuronal Synchronous Oscillations Mechanisms，Behavior and Cognitive Neural Network，Neuron Morphology Distribution，WebQTL，Brain Images，Cortical Synaptic，Neural Network Image，Neuron Adaptive Simulation，Neural Code，Neurons Resonance，Genetic expressed Image，Neuron Types ，Neurotransmitter，Batch Stimulus
算法和技术模型研究	Statistical Parametric Mapping，Classification Learning Algorithm，Support Vector Machine，SOM，Manifold Learning Algorithm，GEP，LDA，Sarsa Learning Algorithm，Images Multi-Classifier，Neuron Simulator，MRI，Measuring Printing，Neural Network Algorithm，Machine Learning Cluster Algorithm，Classfication Algrithm，PSO，KNN，TWSVM，Krill Herd Algorithms，Kernel Algorithms
仿真模型研究	Neural Network，Dynamic Neural Network，Robust of neural network，Feedforward Neural Network，Multi Neural Network，Recurrent Neural Network，MLP Neural Network，SOM Neural Network，BP Neural Network，PCA Neural Network，RBF Neural Network，PRC Neural Network，Probabilistic Neural Network，Single Layer Neural Network，Associative Memory Network，Multilayer Perceptrons
应用研究	Hybrid Network，Model Identification，Adaptive Signal Control，Associative Memory Network，Recognition，Parameters Prediction，ANFIS ，Adaptive Robot，Temperature Prediction，Fuzzy Logic Control，Decision，Prediction，Autism，Face and Finger Identification，Adaptive Control，Map Identification，Color Printing，Face Identification，Hand Gesture Identification，Navigation Path，Posture Identification

2. 算法和技术的研究

数学和计算模型模拟方法是计算神经学研究的工具，也是研究中必不可少的方面，因此第二类是对数学和计算机模型的研究。这类研究中包含对数学函数、统计方法及机器学习算法的研究。本研究获取的研究热点，包含主成分分析、径向基函数（Radial Basis Function）等数学和统计方法，也包含如支持向量机（SVM）、最大期望算法、遗传算法（Genetic Algorithm）、基因表达式编程（Gene Expression Programming）、线性判别式分析（Linear Discriminant Analysis）、磷虾群优化算法（Krill Herd Algorithm）、核方法（Kernel Method）和自组织映射（Self-Organising Map）等机器学习模型。此类别中还包括对使用工具及技术的研究，包含主题 SPM（Statistical Parametric Mapping，一款神经影像软件）和主题磁共振成像（MRI）。

3. 类脑式仿真模型的研究

神经网络分为两类：一类是上述生物神经网络，是对生物原型的研究；而另一类是对生物神经网络进行模拟之后建立的人工神经网络。在模拟神经网络的数学方法出现之后，人们已经习惯将人工神经网络称为神经网络、类脑式仿真模型便为人工神经网络。该类主要包括建立的仿真神经网络模型，包括动态神经网络（Dynamic Neural Network）、前馈神经网络（Feedforward Neural Network）、联想记忆网络（Associative Memory Network）、多层神经网络（MLP Neural Network）和概率神经网络（Probabilistic Neural Network）等模型。还有一类神经网络是以所使用的算法进行命名的，如自组织映射神经网络（SOM Neural Network）、反向传播神经网络（BP Neural Network）和径向基神经网络（RBF Neural Network）等。该类中还包括对于神经网络的属性的研究，有主题神经网络的鲁棒性（Robust of Neural Network）、神经网络（Neural Network）等，这类研究能够使建立的神经网络模型的性能更加完善和优越，为建立更好的神经网络做铺垫。

4. 应用研究

计算神经学从 20 世纪末发展到现在，已经在多个领域产生了重大的影响，应用领域包括专家系统领域、临床医学领域、智能控制系统领域、模式识别领域、机器人控制及复杂网络等，对模式识别的研究包括人脸识别、指纹识别、航海路径识别、手势识别、地图识别等。对智能控制的研究也比较广泛，包括自适应模糊控制系统（ANFIS）、自适应控制（Adaptive Control）

和模糊逻辑控制（Fuzzy Logic Control）等。除此之外，其还包括在临床医学领域、决策领域和预测方面的应用。

5. 研究热点按类别分析

对研究热点进行分类之后，本小节将四个领域进行细化，并统计了每个研究领域的主题数目，从而分析出计算神经学领域研究的偏向性和重点内容。表 7.7 为各类研究热点在每月出现的主题数目。

表 7.7　各类研究热点在每月出现的主题数目

研究领域	具体内容	2014年2月	2014年3月	2014年4月	2014年5月	2014年6月	2014年7月	2014年8月	2014年9月	2014年10月	2014年12月	2015年1月	总数
生物原型研究（19）	神经元形态及运行机制	1	1	0	1	2	1	1	3	0	0	0	10
	行为认知神经网络	1	0	0	0	0	0	0	0	0	0	0	1
	可视化及模拟	1	0	0	1	2	1	0	1	1	1	0	8
算法和技术模型研究（20）	数学算法	0	0	0	0	0	0	0	1	0	1	0	2
	计算机学习算法	1	1	4	1	2	2	3	0	4	4	3	25
	技术研究	1	0	0	1	0	0	0	0	0	0	0	2
类脑式神经网络研究（28）	算法神经网络	2	0	0	0	1	2	1	1	1	1	1	10
	神经网络	1	2	2	2	2	0	0	2	2	2	3	18
应用研究（22）	模式识别领域应用	0	2	0	1	0	1	4	2	1	0	1	12
	智能控制领域应用	1	3	1	0	0	2	1	0	1	0	1	10
	预测领域应用	0	1	2	0	0	0	0	0	0	0	0	3
	其他应用	1	0	1	3	1	1	0	0	0	1	1	9

注：2014 年 11 月数据缺失

从表 7.7 中可以看出，本研究统计的研究热点在这四个领域中都有涉及，主题的总数相差不多，只有对类脑式仿真模型的研究主题数目较其他三类多一些，为 28 个。前三类领域都是计算神经学研究的传统领域，最后一类是对其他学科的应用研究，传统领域和应用领域的研究数目平均分布，也代表了计算神经学的发展已经相对成熟，陆续在其领域得到了应用。

根据计算神经学的定义，生物原型作为计算神经学的研究对象，对神经元形态及运行机制的研究明显高于其他方面，这是计算神经学研究的根本。在该领域中，我们可以看到对生物原型的可视化与模拟的研究也相对较高，通过可视化及模拟可以将脑部活动状态及过程以一种直观的形式展现出来，这是学者了解脑活动的手段和工具。人类脑工程提出后，引起了众多学科领域学者的兴趣，在计算神经学领域进行的可视化研究，也和绘制脑神经元的图谱相契合，再一次验证了本方法的正确性。

数学和计算机的模型和方法是计算神经学领域的工具，在表 7.7 中我们可以看到，对计算机算法的研究远远超过对数学模型和方法的研究。这说明，计算神经学并不着重于研究最基础的数学函数和方法，而是关注于在此基础上建立的计算机模型，通过建立的计算机模型对人脑活动进行模拟及分析，在所研究的计算机模型中，本研究发现对支持向量机和径向基函数的研究比较多，而且应用范围也很广。

神经网络模型的建立是计算神经学应用的途径，也是计算神经学最原始的研究领域之一，对该主题内容的研究高于其他类别，说明神经网络模型的建立在计算神经学中的研究是举足轻重的研究领域。根据神经网络的命名不同，可将神经网络分为两类：一类是以算法命名的神经网络，另一类是根据网络的复杂程度命名的神经网络。很明显，对于第二类神经网络的研究较第一类研究多。目前，计算神经学的应用主要集中在模式识别和智能控制两类，其中对于人脸识别、指纹识别等研究较为丰富。

7.4.4 智慧层次：计算神经学的研究趋势分析

本章在上一章的基础上，从下载数量和主题内容两个角度对研究热点进行动态分析，从而识别出计算神经学领域的下载趋势和内容演进趋势。

7.4.4.1 下载趋势分析

本小节在上一章基础上，对每一类研究热点的下载量进行了统计，以获得该主题领域的发展趋势，即随时间变化，该主题下载量的变化情况。此分析对时间的长度有一定的要求，这样对出现次数比较少的主题进行下载动态趋势的研究就没有意义，因此本研究统计了主题数目在 7 以上的主题领域的变化情况。本研究使用平均的 μ_1 值来代替主题的下载数量，以研究领域内论文的发展趋势。在上述文章中，本研究已经提到 μ_1 表示下载的相对值，并不是绝对的数值，所以 μ_1 值不能反映单个主题在某一个月的下载情况，但是将不同月份的值进行比较能够得到该类主题的发展趋势。

图 7.11 和图 7.12 为主题数目大于 7 的研究主题每月下载情况的统计，纵坐标为该主题在每个月份的平均 μ_1 值。本研究定义曲线类型只考虑所出现月的变化趋势，并将动态发展的曲线分为四种类型，分别为增长型、稳定型、起伏型和减少型。因为本研究只统计了每月的前 10 个研究热点，每月的前 10 个主题都为下载量最多的主题，10 个主题中有可能不包含上个月统计的主题，本分析的曲线只包含增长型和稳定型。若每个月选取的主题数目增多，则可以看到起伏型和减少型。

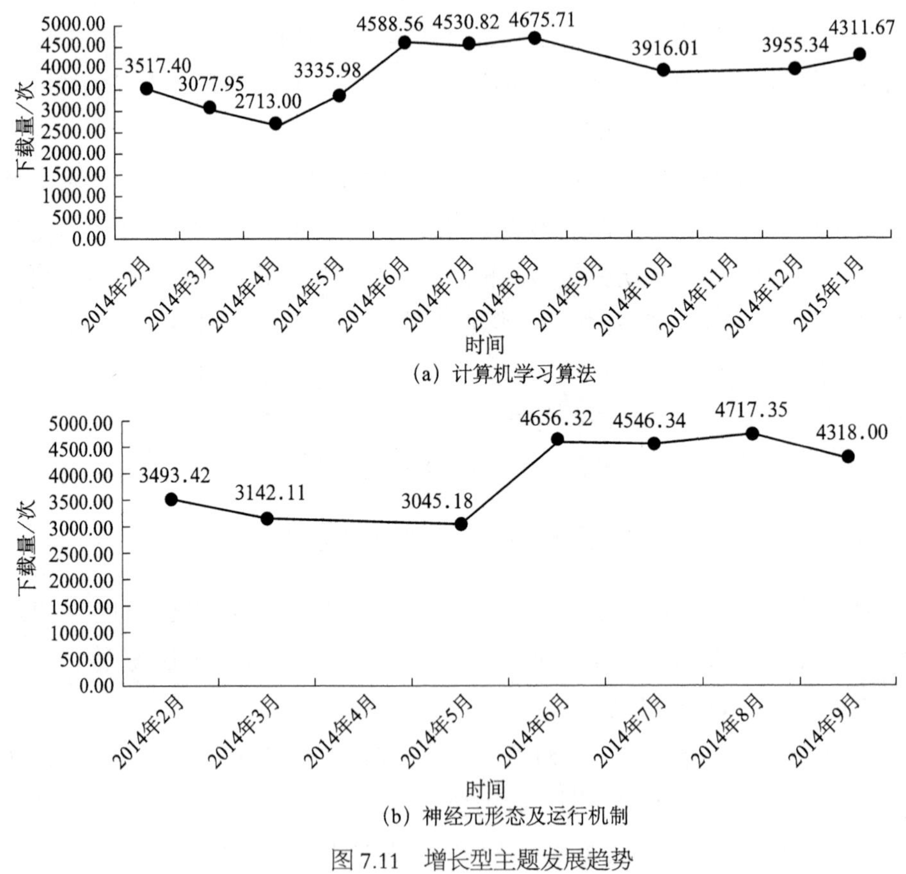

(a) 计算机学习算法

(b) 神经元形态及运行机制

图 7.11 增长型主题发展趋势

图 7.11 为增长型曲线，包含计算机学习算法的研究和神经元形态及运行机制的研究。该类型主题的下载次数虽然不是逐月上升，但是曲线总体是呈上涨趋势的。图 7.12 为稳定型曲线，包含算法神经网络、可视化及模拟主

题和模式识别等主题。该类型的主题每月下载情况变化不大，整体呈稳定发展的趋势。起伏型主题并没有稳定的变化趋势，有时增长，有时下降。减少型主题随着时间的变化，下载次数变少，这样的主题在发展过程中会逐渐被学者所遗忘。

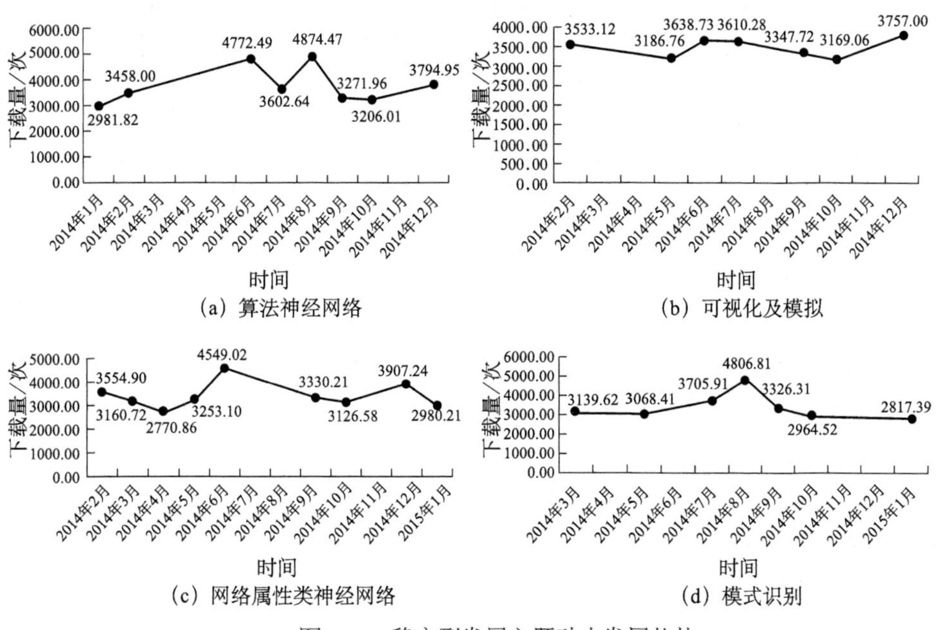

(a) 算法神经网络　　(b) 可视化及模拟

(c) 网络属性类神经网络　　(d) 模式识别

图 7.12　稳定型发展主题动态发展趋势

7.4.4.2　内容演化趋势分析

上述对研究热点的分析是从时间的角度来看每个月的研究热点，是根据所确立的主题名称进行的。在研究中，主题名称相同的研究热点随着研究的深入，在内部研究的侧重点，角度也会发生变化。从内容发展角度对研究热点进行分析，能够得到每一个研究主题的发展趋势。表 7.8 展示了部分主题的词频概率分布，以每月的前 5 个主题为例。本小节从单个研究主题的角度，用各研究热点的实际内容来分析 1 年内每个主题研究内容的发展变化，即该主题的演化分析。每一个研究主题都有自己的发展路径和方式，本研究选取了有代表性的几个主题的演化来将主题演化路径进行举例说明，本研究发现有稳定型、扩展型和合并型三种类型。

1. 稳定型分析

这种类型的主题如神经网络、脑连接图等。其中，次要关键词都为一些技术方法算法类的单词，并没有对主要关键字有一定的扩展，且每个月出现的关键词都没有太大的变化，而是保持持续稳定的研究发展。

表 7.8 每月研究热点关键词概率分布

时间	序号	主题	词的概率分布
2014年2月	1	SPM	mapping0.949 375；statistical0.948 855；parametric0.948 460；PET0.948 460；decision0.786 970；support0.754 122；rule0.753 246；vector0.745 975；applying0.742 304；machines0.741 477
	2	Artificial Neural Network	neural0.688 460；network0.675 559；output0.656 105；artificial0.655 520；input0.654 555；developed0.654 134；techniques0.654 054；square0.652 928；current0.652 852；variables0.650 698
	6	Hybrid Network	network0.997 346 638；hybrid0.954 849 317；advantage0.954 220 67；build0.953 467 841；experimental0.953 055 29；performs0.952 215 679；fine0.952 040 533；capability0.951 428 653；belonging0.951 053 557；vector0.950 945 202
	7	Brain Network Map	Brain0.016 333；network0.016 330；map0.014 908；Algorithm0.014 741；accuracy0.014 062；number0.013 765；markets0.013 664；ling0.013 639；areas0.013 621；Kohonen0.013 609
	10	Classification Learning Algorithm	learning0.707 871 939；class0.689 728 632；original0.677 044 932；function0.670 626 294；presented0.666 687 566；efficient0.666 333 049；variance0.665 802 649；experiments0.665 708 305；objective0.665 699 091；benchmark0.665 661 514

注：以 2014 年 2 月为例

图 7.13 表示人工神经网络的演化发展图，横坐标为描述该主题的关键词陈列，纵坐标为关键词对于主题的概率分布，我们可以看到，neural 和 network 作为主要关键词，对主题的描述都是排在前几位。每个月中虽然次要关键字在发生变化，但都是对于神经网络算法内容的描述，这说明对于神经网络的研究在 2014 年并没有加入新的关键词描述，本研究将这类关键词定义为稳定型发展。

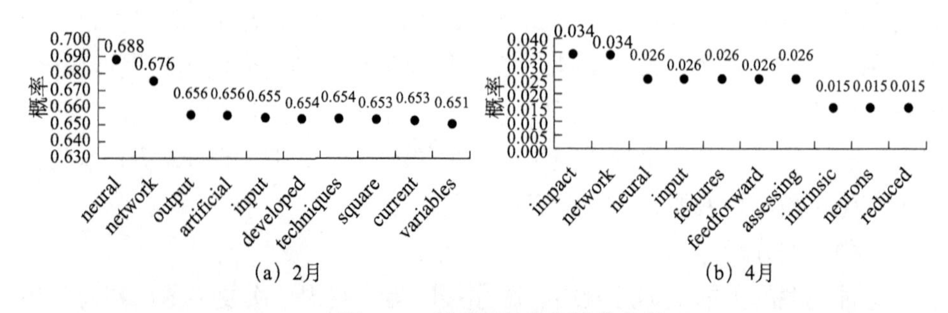

图 7.13 神经网络主题演化趋势

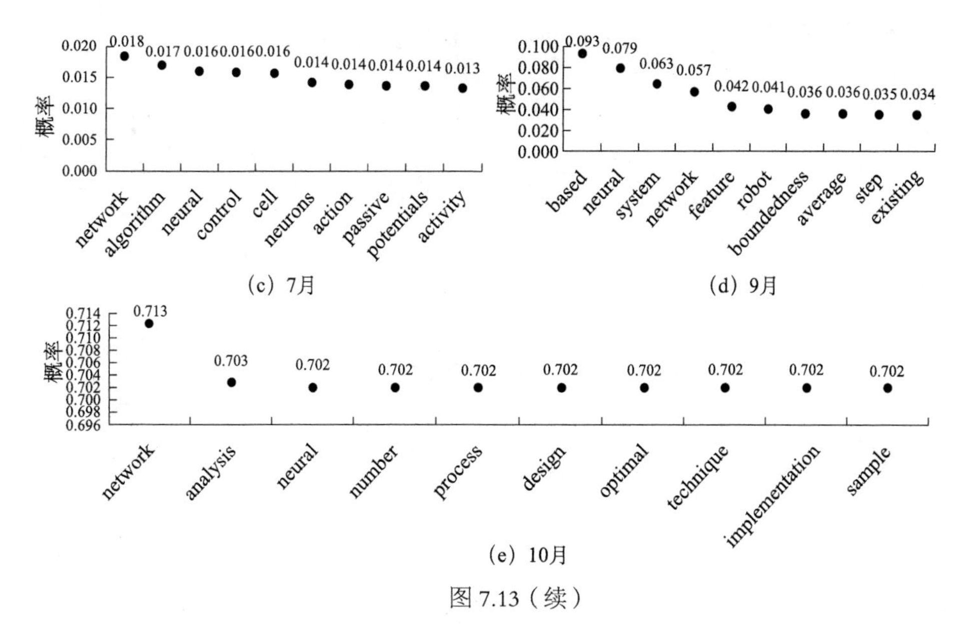

(c) 7月

(d) 9月

(e) 10月

图 7.13（续）

2. 扩展型分析

这种类型的主题随着时间的变化，描述该主题的次要关键词会不断增加，主要关键词的分布概率不断减少，也说明该主题的研究内容在不断地扩展。

如图 7.14 所示，在主题 SPM 中，作为主要关键词的 statical、parametric 和 mapping 对该主题的分布虽然都是排在前几位，但是对主题描述的概率越来越低，从 2 月份的 0.949 下降到 3 月份的 0.396，一直降到 10 月份的 0.010，说明 SPM 的研究越来越广泛，不断加入了新的元素。在 2 月份的时候，次要关键词有支持向量机、机器和规则这类，明显看出，研究时偏向于技术和算法的研究。3 月份的主题中，在主要关键词上加入了 grid、distributed，研究的方向更加深入和细化，为基于网格的 SPM 研究，此外还加入了一些应用的内容，如 biology 和 robots 等词。在后面几个月份中，我们可以看出，该主题领域在保持原有的主要关键词的同时，逐渐加入一些新的应用内容，说明该主题的内涵在逐渐扩大，逐渐偏向在其他领域的应用上面。

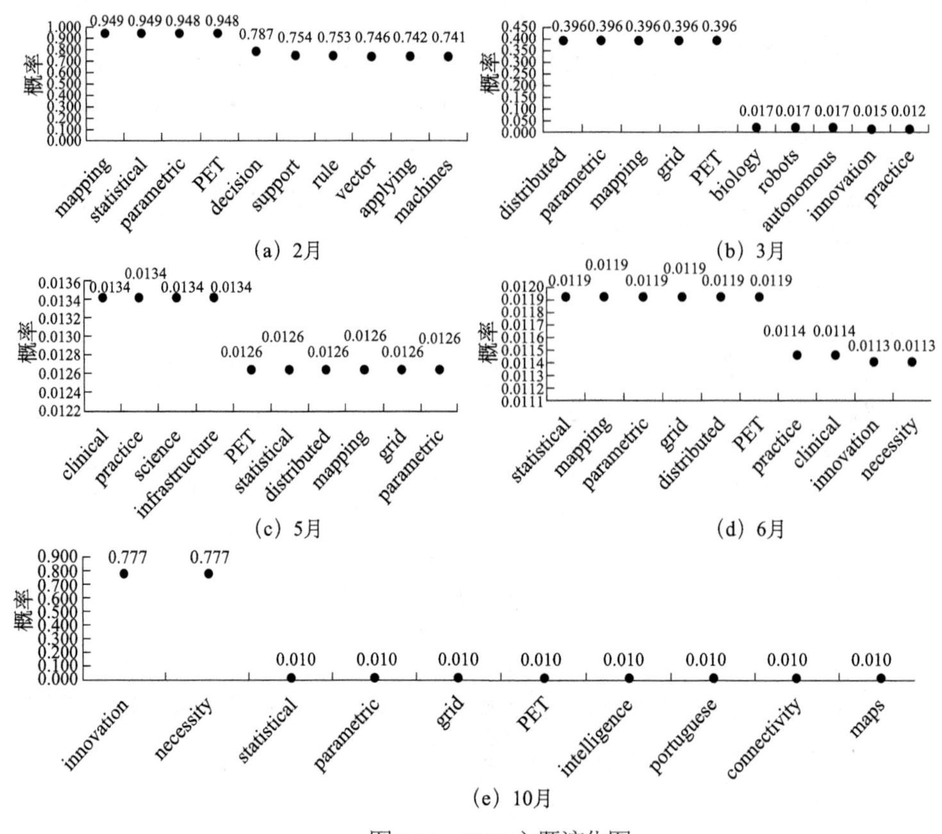

图 7.14 SPM 主题演化图

3. 合并型分析

如径向基函数和彩色打印两个主题，colour printing 和 rational basis function 在 2 月份是作为次要关键词出现的，从 3 月份开始，两个主题都作为主要关键词，并且是分开来研究的，如图 7.15 所示。

图 7.15（a）和图 7.15（b）为两个主题在 3 月份独立研究的概率分布图，图 7.15（c）是在 4 月份两个主题合并在一起后的概率分布图。我们从图 7.15 中可以看到，当它们分开显示时，次要关键词都没有涉及另外一个主题的研究，而且 RBF 中还涉及了模糊神经网络，因此从研究上来看，两个主题是没有联系的。但是到了 4 月份，二者合并为一个主题，并且 RBF 对于主题的概率与彩色打印对于主题的贡献概率不相上下。这说明新形成的主题中，彩色打印和径向基函数都是主要关键词，都可以代表该主题。像径向基函数和彩色打印两个主题这样由独立研究到合并的这类主题，本研究称为合并发展型。

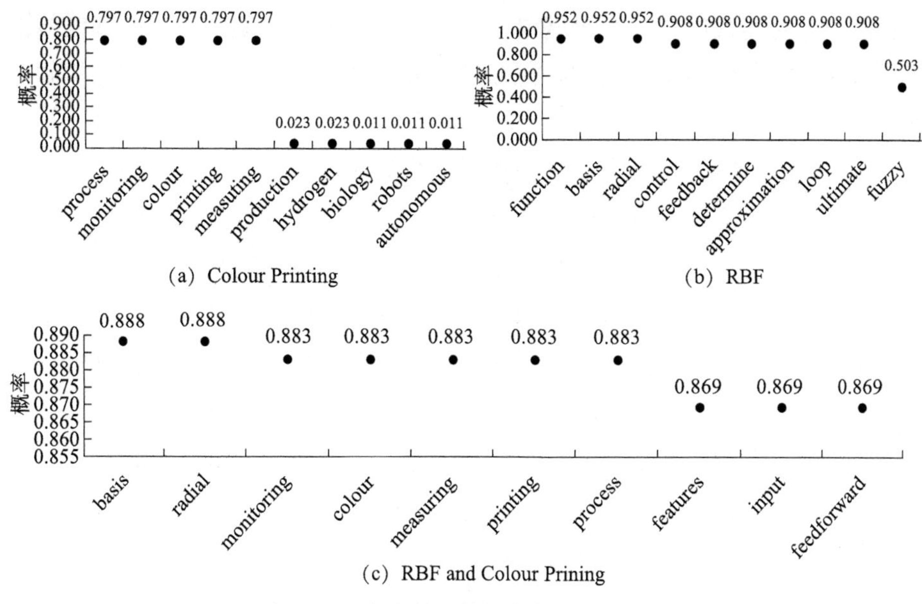

(a) Colour Printing (b) RBF

(c) RBF and Colour Prining

图 7.15 径向基函数与彩色打印主题演化图

7.5 本章小结

在科学发展的过程中，电子期刊及电子数据库的发展使得研究人员在网络上留下了大量的阅读、下载及评论的痕迹，经过对这些痕迹的分析可以得出关于科学发展的踪迹。本章提出了一种能够从海量的用户数据中提取出某一领域的研究热点、前沿及研究趋势的方法。通过整合论文的用户数据、元数据和内容数据，再加入时间数据，运用主题模型的方法，识别出计算神经学领域的研究热点和研究趋势。

以计算神经学为例，收集*Neural Computing and Applications*、*Journal of Computational Neuroscience*、*Neural Processing Letters* 和 *Neuroinformatics* 四本期刊所有论文的下载信息、元数据信息及内容信息。通过主题模型对其进行文本挖掘，得到每月的研究热点。并将研究热点分为对生物原型研究、算法和技术模型研究、类脑式仿真模型的研究和应用研究四类，研究发现，对类脑式仿真模型的研究要高于其他三类。对生物模型的研究主要集中在对神经元形态和运行机制的研究，算法和技术的研究主要集中在机器学习算法主题上；在对算法的研究中，研究人员尝试不同的算法，在统计时间内并没有出现一定的连续性；对神经网络模型的建立研究主要集中在对以网络属性命名的神经网络模型中，应用研究领域主要集中在对模式识别和智能控制主题的研究上。

研究人员将研究热点的动态趋势变化分为4类，即增长型、稳定型、起伏型和减少型。在本书统计的每月前10个研究热点中，只存在增长型和稳定型。增长型有计算机学习算法主题和神经元形态及运行机制主题，稳定型发展的主题包括算法神经网络主题、网络属性神经网络主题、可视化及模拟主题和模式识别主题。之后，研究人员对单个主题的内容演化进行分析，发现了其中具有代表性发展的几类主题。在一年的时间内，描述“神经网络”主题的词语并没有增加新的内容，本书认为其发展是稳定的。SPM主题随着时间的变化，主题的聚合程度越来越低，不断有新的描述词语增加进来，属于扩展发展型。径向基函数和彩色打印两个主题从两个独立的主题合并到一个主题中进行发展，并且贡献概率几乎相同，属于合并发展型。

第8章 连续、动态和复合的单篇论文评价体系构建研究

8.1 科学论文的学术影响力与社会影响力综合评价

自从科学计量学诞生以来，研究者们就意识到了利用被引次数进行评价的科学性、可靠性和可操作性。引文评价和期刊评价体系，已经成为当前科学论文评价的主流方法；被引次数与期刊影响因子则是这一体系之下使用最为普遍、接受程度最高的两个评价指标。长久以来，被引次数在衡量一篇科学论文的影响力方面具有很强的权威性，也是评估科研人员绩效的最重要手段。期刊影响因子则在科学论文尚未积累足够被引次数的情况下，补充性地担当着衡量新发表论文潜在影响力的重任。二者在学术界共同构筑起了根基深厚、影响广泛的学术评价体系。甚或，在被引次数和期刊影响因子之外，在一些国家还发展出 Web of Science（SCI/SSCI）收录与否这一评价概念。SCI/SSCI 收录同样也是基于核心期刊遴选的结果。

然而，随着信息计量技术的发展、论文全方位评价指标的丰富、数字图书馆的蓬勃兴盛和科学论文出版行业的变革，现有的基于核心期刊遴选和期刊评价体系暴露出一系列的局限性。被引次数虽然在评价论文学术影响力方面独领风骚，但面对伴随着网络社交新媒体的兴起而突现的论文社会影响力

评价需求则无能为力。不仅如此，被引次数的时间滞后性还使其无法对新发表的论文做出有效评价。因此，现有的科技成果评价体系应当做出改变以适应科学计量学的发展潮流，满足科学共同体对于更加全面、完善的评价体系的迫切需要。

对于学术论文评价来说，开展单篇论文综合评价是相对于单一被引次数评价和期刊影响因子评价更好的选择。目前，对于单篇论文评价的研究主要集中在单篇论文评价指标方面，包括提出并推广诸如补充计量学系列指标等新型单篇论文评价指标[114]、挖掘当前普遍使用的单篇论文评价指标的数据变化规律和适用范围[115, 116]、对多项单篇论文评价指标进行相关性分析以验证其有效性[117]，等等。伴随着单篇论文评价指标研究的深入，有学者开始反思期刊评价体系在为研究者遴选值得阅读的高水平论文方面的效力，特别是对用期刊影响因子来概括一篇论文的质量这一传统的做法产生了质疑，并且在总结了多项单篇论文评价指标优点与缺陷的基础上，提出了将论文评价的基本单元由期刊层面过渡到单篇论文本身的主张[118]。日益丰富的单篇论文评价指标带来了海量的数据，同时也带来了数据爆炸所必然造成的困境，如何挖掘这些评价数据的真实内涵、如何恰当地使用这些数据，以及如何有效组织数据以形成一个可靠的评价结构，成为有待解决的新问题[119]。系统化多项评价指标进而构建一个内部能够顺畅调理复杂数据的体系，是解决这类问题的一种有效手段。曾有学者利用这种手段构建了大学教师职称晋升的综合评价和决策模型[120]。而在论文评价方面，尽管有学者提出过将传统引用指标和补充计量学指标相结合以覆盖长期和短期影响力评价的构想[121]，但是尚未有研究成果将多项评价指标进行系统综合、成功构建出颠覆期刊评价体系的单篇论文评价体系，更没有进一步将单篇论文评价体系运用于具体论文评价的实践。

近年来涌现的绝大部分论文评价指标，无论是学术影响力评价指标还是社会影响评价指标，其立足的根本、着眼的对象都是单篇论文。不同类型单篇论文评价指标愈发丰富并且影响力日益提升，越来越多的学术出版商开始公开提供单篇论文评价指标的详细数据。同时，科学论文出版行业的变革，特别是如 PLOS ONE、Scientific Reports 等打破传统期刊限制的开放获取平台的出现，也真正意义上让单篇论文成为评价的基本单元。这一切都标志着构建单篇论文评价体系的时机已经逐渐成熟，单篇论文评价体系已然具备了诞生的资源和技术条件。

8.1.1 建立在期刊评价基础上的论文评价体系的积弊

将被引次数作为评价的单一指标并不全面，科学成果影响力体现在许多方面。对于有些科学，尤其是社会科学的论文来说，成果所产生的社会影响力不容忽视，甚至比被引次数还重要。对于新发表论文来说，由于需要 2 ～ 3 年才能达到引用峰值，因此无法基于被引次数对新发表论文开展评价，这也部分导致人们转而寻求基于文章所发表的期刊影响因子来对论文进行评价。但是，论文在其发表后的很短时间内，其在网络环境下所产生的社会影响力就可以体现出来了。例如，论文发表后 2 ～ 3 周内的被下载次数存在很大区别，并且这种短期的下载次数与长期的被引次数存在显著的正相关关系。

8.1.1.1 对论文社会影响力评价的忽视

由于科学论文最主要的读者是科学共同体内部人员，所以论文的学术影响力评价指标在整个评价体系中占据着最重要的地位。而被引次数作为最权威且使用最广泛的学术影响力评价指标，就像王冠上的明珠一般，必不可少、弥足珍贵。因此，在论文影响力评价方面的研究中，研究主题主要集中在引用次数上[122]。但是，随着网络社交媒体日新月异的蓬勃发展，科学借助新媒体平台逐渐走入社会公众的视野，仅仅依靠学术影响力来度量一篇论文的质量已经不够充分，一批社会影响力度量指标开始萌发兴起，如补充计量学的提出引起了全球学术界的强烈关注。

被传统期刊评价体系忽视的论文社会影响力评价领域，可以被补充计量学系列指标所覆盖。科学技术给人类社会带来的深远影响使得社会公众对于科技发展的关注度越来越高，每个个体，包括论文作者自身都可以成为科学研究成果的传播者和普及者。在此情形下，社会公众已经不再是科学的局外人，论文的社会影响力必将成为衡量科研成果价值的另一个重要的方面。论文被媒体报道、社交媒体的热烈讨论等都是社会影响力的体现。对于有些学科，尤其是社会科学的论文来说，成果所产生的社会影响力不容忽视，甚至比被引次数还重要。期刊评价体系对于论文社会影响力评价的忽视，表明该体系已经不能完全跟上时代发展的步伐。

8.1.1.2 对新发表论文的潜在影响力缺乏评价手段

在一篇论文发表之后的大约两年时间里，论文的被引次数很少，远没有积累到足够做出准确评价的程度[123]，被引次数的时间滞后性特征使得这一评价指标面对新发表的论文无法发挥作用。这就意味着，被引次数在评价论文的学术影响力方面，只能做出长期影响力的评价，而难以对新发表论文的潜在影响力做出准确的判断。这是当前的学术出版规则和流程导致的，因此只能寻求补充性的解决办法，用另一种指标替代被引次数进行短期影响力的评价。而期刊评价体系给出的替代性指标便是期刊影响因子。

期刊影响因子本质上是论文被引次数这一评价指标的拓展延伸，所以其诞生之初就被赋予了相对权威的学术影响力评价效力。又因为期刊影响因子不具有被引次数的特异性、单独性和频繁变动性，弥补了单篇论文被引次数滞后性的不足，因而期刊影响因子长久以来一直被视为被引次数的有效替代评价指标[124]。基于期刊影响因子，期刊评价体系得以建立并盛行起来。对于新发表的论文来说，由于其没有被引次数的数据，便用其发表来源期刊的影响因子对其进行评价，这一做法被科学共同体普遍接受，并且已经成为评价科研人员工作绩效的重要指标之一。但是，期刊影响因子的滥用引起了众多学者的批评[125-129]。一方面，同时期发表于同一本期刊上的论文被用同一个影响因子来代表评价，忽视了论文质量的良莠不齐。另一方面，每年的期刊影响因子都不一样。论文刚发表时和发表几年后，所在期刊的影响因子可能会有较大幅度的变化。显而易见，期刊影响因子的变化不等同于论文学术价值的变化。因此，期刊影响因子只能算是对新发表论文的价值评估的一种权宜之计，它不仅不能准确地反映科学论文的学术影响力，反而往往高估或者低估了一篇论文的真实水平，其效度和信度暴露出诸多劣势。期刊评价体系之下，尚缺乏有效且可信的评价论文短期影响力的方法。

8.1.1.3 基于期刊评价的数据库收录原则存在诸多弊端

在期刊评价体系之下，以 Web of Science 为代表的数据库是以期刊为单位进行论文的收录。一篇论文无论其实际质量如何，只要发表在了一本 Web of Science 数据库收录的期刊上，就能在 Web of Science 这一致力于“发掘高影响力论文”的数据库中被检索到，这导致 Web of Science 数据库中充斥了大量零被引的论文（虽然并非所有零被引论文都是低质量论文，但是“睡美人”类型的零被引论文少之又少）。包括 2014 年 *Nature* 推出的 Nature Index 也是基于核心期刊遴选，从而进行机构评价，这与人们利用 SCI 收录与否进行评价没有本质区别，存在同样的以期刊评价来涵盖学术评价的问题。

高影响因子的期刊刊载的并不一定都是高水平的论文。在期刊编辑部的同行评审程序中，由期刊主编以及 2 ～ 5 位同行对投稿论文的研究质量进行评判，决定论文录用与否，难免会有部分低水平研究侥幸过关，混杂其中。

所以，绝对地以期刊为单元进行论文的收录遴选，不可避免地会将部分低质量的论文一并收录到数据库中。有些学术期刊甚至利用这一漏洞开展违反学术道德的营利活动，这样的结果违背了 Web of Science 数据库的初衷，因此有必要对造成这一局面的根基——期刊评价体系做出必要的调整。

因此，多样化的评价指标探索就显得十分必要，尤其是需要对新发表论文进行评价的时候，例如，人事晋升中的考核评价、科学基金项目评审等都涉及对作者近年新发表论文的评价。

8.1.2 科学论文的影响力维度

网络环境下，评价论文的指标得到了一定扩展，绝大部分科研工作者都会使用网络作为他们浏览论文、讨论和交流的工具，还是北卡罗来纳大学教堂山分校在读博士生的 Priem 等提出了使用补充计量学来即时对论文进行评价[114]，随即引发科学计量学领域近年来的最大研究热点。国内也有一些文献对补充计量学进行了介绍[87，130，131]。但补充计量学主要体现论文的社会影响力，一篇在社交媒体上广泛传播的论文，有可能仅仅是因为它的新颖性、趣味性和话题性，与其学术价值并无直接关系。那么，在被引次数、补充计量学得分，以及能够反映论文影响力的其他指标方面，究竟选取哪些指标来评价一篇论文才是最全面、最准确的呢？这些指标之间的权重该怎么设置？这是本研究试图解决的一个问题。

PLOS ONE 主编 Peter Binfield 在 2009 年 12 月召开的一次科学计量学会议上，就网络环境下论文质量评价可以考虑的因素做了分析，并提出了相关的指标，包括使用数据、浏览量、从 Scopus 和 CrossRef 获得的引用量、社会网络链接、相关新闻报道、评论和读者评级等[132]，这些因素综合了论文的引用、社交媒体，以及浏览和下载等各方面，能更为全面地对一篇论文做出评价。但其只是提出了一个概念，并没有去将这些指标以及它们之间的关系具体化。2012 年，何星星和武夷山使用 *PLOS Biology* 的数据对基于文献利用数据来评价论文的方法做了实证研究[133]，但并没有考虑到现在逐渐发展的社交媒体指标。因此，基于上述调查，本研究试图通过运用多指标对科

研论文进行评价。目前，越来越多的出版商提供论文的浏览、下载和讨论的数据等用户数据，一些学者也使用了该数据进行研究[134]。

PLOS 是一个由科学家和医生组成的非营利机构，致力于全球科学和医学文献的开放获取服务。PLOS 对其出版的每一篇论文均提供了比较全面的计量数据，如图 8.1 所示，PLOS 对其出版的每一篇论文均提供了比较全面的计量数据，包括论文的使用数据和浏览数据（HTML Page views、PDF Downloads 和 XML Downloads 三种格式），在多种数据库中论文的引用数据（包括 Scopus 和 CrossRef 等），在社交媒体中的收藏（Mendely）和讨论（Twitter 和 Facebook 等）的次数。为了消除时间对于引用的影响，所以本书选取的是 2010 年发表在 PLOS 出版的系列期刊，类型是 research article 的所有论文，共 9247 篇。

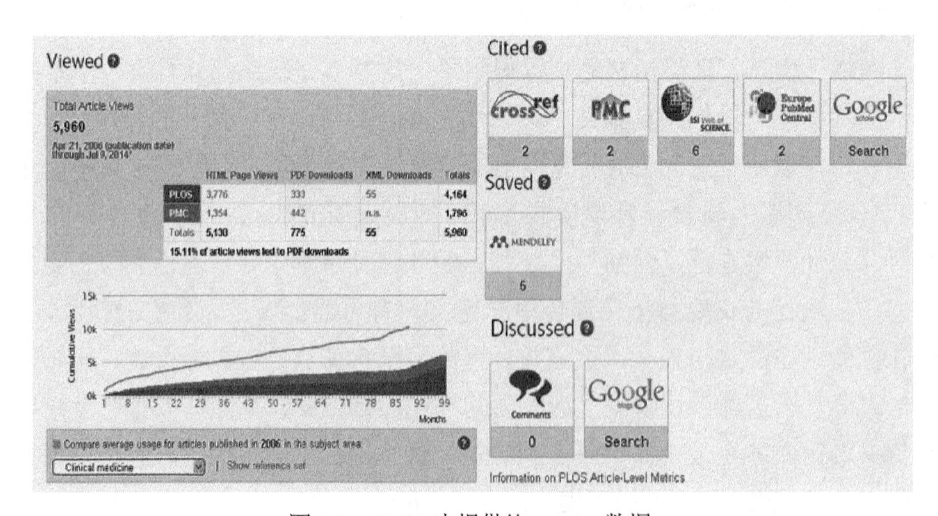

图 8.1 PLOS 中提供的 metrics 数据

在 PLOS 提供的四种数据中选取 9 种指标：在 Viewed 类中，XML 格式的论文是以代码展现的，下载 XML 格式的用户多是以该论文作为研究对象的文献计量学或科学计量学的研究者们，所以本研究删除 XML Downloads 这项指标。在 Cited 和 Discussed 类中，大多数文章在一些数据库中被引的次数和讨论的次数都为 0，为保证结果具有现实意义，所以只保留了影响力较大的 CrossRef 和 Scopus 被引次数。社交媒体方面，本研究使用了 Twitter 和 Facebook，以及综合多种社交媒体计算得出的补充计量得分，同时保留了 Saved 中的 Mendeley 和 CiteULike 读者数。最后，本研究一共选择了四个方面的 9 种指标，如表 8.1 所示。

表 8.1 论文评价指标

一级指标	二级指标	
浏览（Viewed）	X1	PLOS views
	X2	PLOS PDF Downloads
引用（Cited）	X3	CrossRef
	X4	Scopus
收藏（Saved）	X5	Mendeley
	X6	CiteULike
讨论（Discussed）	X7	Twitter
	X8	Facebook
	X9	Altmetric score

在论文用户数据中，每一种指标对于论文的影响是不同的，例如，引用要比社交媒体更能说明问题，因此每个指标的系数都是不同的，为了将多指标问题转化为较少的综合指标，而且能给出较为客观的权重，所以本研究使用了主成分分析的方法对指标进行降维处理。主成分分析法是通过考察变量间的相关性，找到少数几个主成分来代表原来的多个变量，同时使它们尽可能保留原始变量的信息。本研究首先下载了 PLOS 系列期刊 2010 年的 9247 篇文献的 metrics 数据，使用编程语言和文本处理工具将上述 9 种指标逐一提出，导入 SQL Server 数据库，对所有的数据进行清洗和预处理，再对其进行主成分分析，得到能够替代 9 个指标的主成分。

8.1.3 评价指标的相关性分析

对原始数据进行无量纲化处理，得到标准化的数据后，利用 SPSS 19. 0 软件的因子分析功能进行分析，表 8.2 为 9 个指标之间的相关性，从中我们可以看出，浏览、引用、收藏和讨论这四个方面，每一个指标都与类别内部的指标具有极强的相关性，远远超过了与其他类别指标的相关性。Scopus 和 CrossRef 的相关性达到了 95.1%，Altmetric score 和 Twitter 的相关性达到了 78.1%，说明类别内部的信息重复率很高。如表 8.2 所示，类别之间的指标也有一定的相关性，PLOS PDF downloads 和 Mendeley 读者数量的相关性达到了71.5%，虽然较类别内部的相关性较低，但依然说明存在信息覆盖现象，所以需要进行指标之间的替代。

表 8.2 9个指标之间的相关系数矩阵

指标	PLOS views	PLOS PDF downloads	CrossRef	Scopus	CiteULike	Mendeley	Twitter	Facebook	Altmetric score
PLOS views	1	0.617	0.276	0.273	0.269	0.441	0.451	0.590	0.607
PLOS PDF downloads	0.617	1	0.622	0.620	0.373	0.715	0.206	0.258	0.385
CrossRef	0.276	0.622	1	0.951	0.236	0.564	0.002	0.022	0.075
Scopus	0.273	0.620	0.951	1	0.251	0.549	−0.002	0.018	0.071
CiteULike	0.269	0.373	0.236	0.251	1	0.497	0.116	0.092	0.229
Mendeley	0.441	0.715	0.564	0.549	0.497	1	0.142	0.162	0.300
Twitter	0.451	0.206	0.002	−0.002	0.116	0.142	1	0.581	0.781
Facebook	0.590	0.258	0.022	0.018	0.092	0.162	0.581	1	0.608
Altmetric score	0.607	0.385	0.075	0.071	0.229	0.300	0.781	0.608	1

计算标准化数据的特征根和特征向量、方差贡献率、主成分负载，选择比较少的成分能够代表绝大部分信息，得到表8.3。表8.3是获得主成分的累积贡献率，其中第一个主成分的贡献率为37.358%，第二个主成分的贡献率为32.283%，累积贡献率大约达到了70%，说明其综合各指标的信息程度约达到70%，能够表征原来9个指标反映的大部分信息量。于是取前两个主成分作为综合变量，计算出主成分载荷矩阵，进一步分别求出特征向量后，将得到的特征向量与标准化后的数据相乘，然后就可以得出主成分表达式。以每个主成分所对应的特征值占所提取主成分总的特征值之和比例作为权重计算主成分的综合模型。

表 8.3 主成分分析中主成分的方差贡献率 （单位：%）

成分	初始特征值			提取平方和载入			旋转平方和载入		
	合计	方差的百分比	累积百分比	合计	方差的百分比	累积百分比	合计	方差的百分比	累积百分比
1	3.979	44.206	44.206	3.979	44.206	44.206	3.362	37.358	37.358
2	2.289	25.434	69.640	2.289	25.434	69.640	2.905	32.283	69.640
3	0.921	10.238	79.878						

续表

成分	初始特征值			提取平方和载入			旋转平方和载入		
	合计	方差的百分比	累积百分比	合计	方差的百分比	累积百分比	合计	方差的百分比	累积百分比
4	0.587	6.523	86.401						
5	0.448	4.978	91.380						
6	0.335	3.727	95.106						
7	0.208	2.315	97.421						
8	0.184	2.044	99.466						
9	0.048	0.534	100.000						

8.1.4 评价指标贡献程度

1. 纵向分析

表 8.4 为使用 Kaiser 标准化的正交旋转法旋转后的成分矩阵，从中我们可以看出在第一个主成分中，PLOS PDF downloads、CrossRef、Scopus 和 Mendeley 的贡献率比较大，分别为 81.7%、90.2%、90.0%、79.8%。而在第二类主成分中占主要的指标是 Twitter、Facebook 和 Altmetric score，分别为 85.2%、81.9% 和 89.2%。

表 8.4 旋转后的成分矩阵

指 标	成分	
	1	2
CrossRef	0.902	−0.090
Scopus	0.900	−0.094
PLOS PDF downloads	0.817	0.324
Mendeley	0.798	0.215
CiteULike	0.480	0.190
Altmetric score	0.144	0.892
Twitter	−0.012	0.852
Facebook	0.036	0.819
PLOS views	0.425	0.713

第一类主成分贡献率最高的 CrossRef 和 Scopus，是在数据库中的引用信

息，其中 Mendeley 是开源的文献管理社区和软件，CiteULike 是个人学术资料库，这二者的使用对象一般为科研人员，可以视为从学术的角度对论文进行的一种评价。PLOS PDF downloads 是下载的 PDF 格式的论文数量，用户将论文存储在电脑上，除一小部分留作以后阅读外，很大程度上是因为这篇论文有参考价值，对以后的研究有帮助，所以综合对第一主成分中指标的分析，本研究将第一个主成分命名为学术影响。在第二个主成分中，Altmetric score 的贡献率最大。Altmetric score 是近几年刚刚提出的能够及时对论文做出评价的指标，这种指标把各种社交媒体按照一定的权重计算得分，Twitter 和 Facebook 也是大众化的社交媒体工具，对象不仅是科研人员，它们对论文的讨论可能和论文本身的学科和研究内容的趣味性相关，所以反映的是论文在非学术方面的影响，本研究称之为社会影响。两个主成分的确定恰好也符合科学计量学界对于论文影响的看法，综合了论文的引用情况评价和用户数据的评价。

2. 横向分析

每一个因素在每个主成分中所贡献的力量都是不同的，从表 8.4 中我们可以看到，浏览在学术影响和社会影响中占有的比例相差不多，在社会影响中起的作用稍大于学术影响。人们检索到论文时，一般会先对文章进行网页形式浏览，对于文章的浏览只能代表在一定程度上对文章的研究内容感兴趣，如果认为该篇文章对自己的研究有帮助，或是有很大的借鉴意义，就会下载 PDF 储存在电脑中。这就说明了文章浏览既体现了学术影响力，又体现了社会影响力。相比较于浏览，PDF 格式的下载对于学术影响的贡献率要更高一些。对于 Scopus、CrossRef 和 CiteULike，几乎完全是对学术影响力的反映，Twitter 和 Facebook 正好相反，反映的是社会影响。虽然 Mendeley 在学术影响的系数为 79.8%，在社会影响上的系数为 21.5%，Altmetric score 正好与之相反，说明了这两个指标在两个方面都有影响，但各有针对。CiteUlike 在学术中的影响力显然要高于社会影响，但是系数为 48.0%，说明在学术领域，CiteUlike 的使用和影响程度并没有 Mendeley、Scopus 和 CrossRef 高。

8.1.5 综合得分和引用评价的比较

在这两个主成分中，学术影响的系数约为 70%，社会影响的系数约为 30%，根据两个主成分系数，计算出每一篇论文的综合得分。Scopus 是由学术期刊出版商荷兰爱思唯尔出版公司于 2004 年 11 月推出的，是目前全球规模最大的文摘和引文数据库。因此，在传统方法引用的指标中选取 Scopus 和综合得分进行比较，计算出它们的相关性为 0.791，散点图如图 8.2 所示，能够发现综合得分随着 Scopus 被引次数的增加而逐渐升高。圆圈标出的 3 个点虽然引用次数很低但是却有较高的综合得分，是因为这几个点的社会影响很高且远远大于学术影响，从而导致较高的综合得分。其他点随着被引次数的增加综合得分基本上处于明显增长趋势。以上分析说明本研究提出的评价方法基本涵盖传统被引的指标，并在其基础上加入了社会影响这一因素，使论文的评价更为全面。

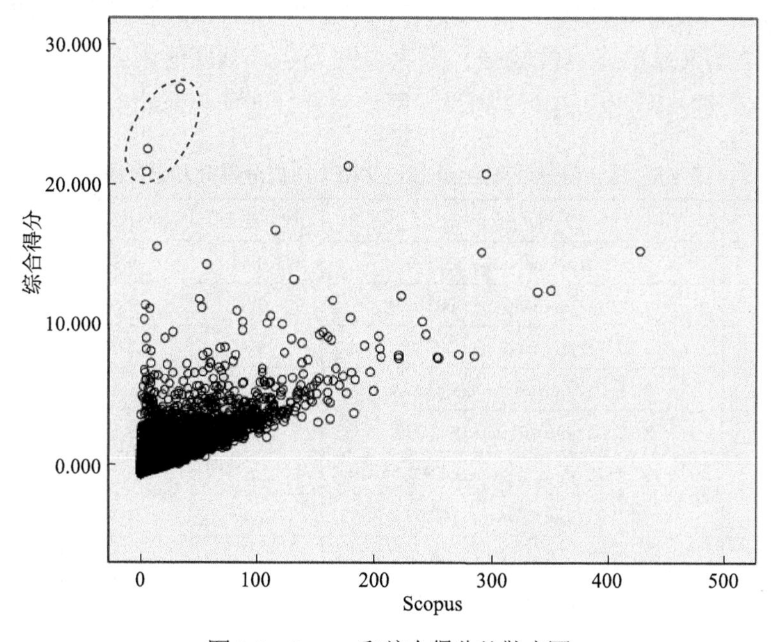

图 8.2　Scopus 和综合得分的散点图

表 8.5 展示了综合得分最高的 10 篇论文的学术、社会，以及它们的综合得分，这 10 篇论文中，有 7 篇论文学术方面的影响力远远高于社会因素，3 篇论文的社会影响得分要高于学术影响得分。对于这 3 篇论文，它们被下载的次数、在社交媒体中讨论的次数或网页浏览的次数都非常多，说明这 3 篇论文所研究的主题或内容非常吸引读者，它们巨大的社会影响力大幅提升了综合得分。以其中一篇论文为例，该论文主要是通过三组对比试验得出：可爱的东西，如小动物，能够使人产生积极的情绪，并提出了或许可以将可爱的物体作为诱导谨慎行为的激发因子应用于一些需要专注作业的场

合（如驾驶等）[135]。这篇论文的实验对象为可爱的小动物，并且得出了新颖有趣的结论，从而引起了人们在社交媒体的大量讨论。相对于这篇论文在社交媒体中的超高人气，截至 2014 年 9 月其被引次数还不到 10 次，学术影响并不高，导致学术影响得分在所有样本的平均水平以下。而综合排名第八的论文为 *FastTree 2—Approximately Maximum-Likelihood Trees for Large Alignments*，学术影响为 24.42，而社会影响为 −5.96，学术影响远高于社会影响。FastTree 是一款从成千上万条，甚至更多的蛋白质序列或者核苷酸序列中快速推断近似最大似然的系统发生树的软件，该文章是对 FastTree 软件的完善，主要是提出在不牺牲软件扩展性的基础上提升软件准确性的方法[136]。这篇文章的专业性较强，只有少数处于该领域的学术同行才会对这篇论文感兴趣。因此，该论文的学术影响较高，而社会影响很低。

表 8.5　综合得分最高的 10 篇论文两个主成分得分及综合得分

综合排名	DOI	学术影响	社会影响	综合得分
1	10.1371/journal.pone.0025995	8.53	69.57	26.84
2	10.1371/journal.pone.0007595	3.07	68.04	22.56
3	10.1371/journal.pone.0005738	22.77	18.03	21.35
4	10.1371/journal.pone.0046362	−11.00	95.47	20.94
5	10.1371/journal.pone.0019379	29.87	−0.28	20.83
6	10.1371/journal.pone.0006022	20.97	6.92	16.76
7	10.1371/journal.pone.0022572	12.11	23.74	15.60
8	10.1371/journal.pone.0009490	24.42	−5.96	15.31
9	10.1371/journal.pone.0009672	23.59	−4.32	15.22
10	10.1371/journal.pone.0004803	15.57	11.41	14.32

8.2　单篇论文评价的时机已经成熟

随着数字图书馆的出现和各种网络化的出现，科学论文评价逐渐从整本期刊转变为更加关注单篇论文的评价。

8.2.1　社会影响力评价指标的兴起

社会影响力评价指标主要侧重于评价科学论文在多种类型的社会舆论媒

体、网络社交媒体和网络学术工具上的影响力，最典型的代表便是补充计量得分。补充计量学[1]这一概念甫一提出，很快就成为科学计量学的研究热点，它作为论文社会影响力评价方法，弥补了被引次数等传统学术影响力评价指标的不足。补充计量学着眼于科学论文在舆论媒体、社交网络和网络学术工具等平台上的传播热议程度，网络传播速度快、范围广的特点避免了如学术引用一般的低速率、长周期。另有研究表明，一篇论文的部分补充计量得分，特别是 Twitter mentions（推特讨论）与其被引次数之间有一定的正相关关系[45，49，55]，因此补充计量得分被认为是能够对新发表论文做出快速评价的指标之一。但是，补充计量学的各项计量指标得分与被引次数之间的相关关系也受到了众多学者的质疑[137-139]。并且，一篇论文之所以可以在社交网络上广泛传播，其原因更多的可能不在于它的学术价值，而在于它的新颖性、趣味性和话题性[140]，所以侧重于社会影响力评价的补充计量学能否有效进行学术影响力的评价还有待进一步研究。但是作为社会影响力评价手段，补充计量学填补了以往评价体系的空白，前瞻性地开拓了论文社会影响力评价的研究领域，为科学计量学插上了网络信息计量技术的翅膀，拓宽了科学计量学的研究视域。

8.2.2 短期影响力评价指标的涌现

为了弥补被引次数在短期影响力评价方面的缺位，有学者开始尝试以被引次数为基础对评价方法进行延伸和变形。例如，将一篇论文的被引次数和其参考文献数目做比较，将被引次数大于其参考文献数的论文定义为“成功论文”[141]，或者是利用引用滞后的特点，将论文的首次被引时间距发表时间的长短作为评价的指标[87，142]。但是，这些评价指标的变形，立足点都默认了被引次数的滞后性事实，并不能弥补被引次数在评价短期影响力方面的缺陷。

随着网络信息计量技术的发展和电子期刊的普及，越来越多的学术出版商开始提供科学论文的被浏览次数和被下载次数等使用数据。相比于被引次数 2 年左右的时间滞后，论文的被浏览次数和被下载次数具有实时性的绝对优势；并且，大量的研究证明一篇论文的使用数据，特别是其被下载次数与其后来的被引次数之间有着明显的正相关关系[38-40]，于是被浏览次数和被下载次数开始作为一种替代型评价指标，在一篇论文发表初期代替被引次数来进行学术影响力评价。但浏览数据和下载数据用于论文学术影响力评价也存在许多争议。相比于被引次数，它们在反映学术影响力的权威性方面显得不够，就连被下载次数与被引次数之间是否真的存在正相关关系也有质疑的声音[143]。不过，以被浏览次数和被下载次数为代表的使用数据极大地缩短了论文评价所需要的时间，将影响力评价的起始时间向前推进到了论文发表后的极短时期内。

8.3 构建单篇论文评价体系的必要性

不管是论文的学术影响力评价指标还是社会影响力评价指标，都有着自身的局限性，正是由于尚未出现一种足以全方位、无延迟进行论文评价工作的综合评价指标，导致为了弥补现有指标的缺陷而不断涌现出新的评价指标或改进方法，继而造成了目前评价指标臃肿冗杂的局面。日趋多样的评价指标不成系统地分散于论文发表后的各个阶段，何时、何种情况对不同的指标做出怎样的取舍，是对愈发庞杂的评价指标体系的一个严峻考验。需要明确的是，在当前的学术出版规则、论文写作规范和科学计量技术水平的条件下，不能寄希望于推出一种足以承担全部任务的单一评价指标。但是，现有的各项评价指标业已积累了丰硕的研究成果，它们的优劣长短、适用范围和时间效力等特征已经得到较为充分的论证和发掘，将现有各项评价指标进行综合的时机已经成熟。此外，电子期刊、数字图书馆和开放获取运动的蓬勃发展，使得每篇科学论文都可以实现单独的观测评价。在这种情况下，仍旧以整本期刊为评价单元，便丧失了提供一系列单篇论文评价指标数据的意义。所以，构建单篇论文评价体系将会是契合当今评价指标和学术出版行业发展趋势的研究方向。

8.3.1 社会影响力和学术影响力一样不容忽视

被引次数、SCI 收录和期刊影响因子是整个科学共同体内部量化论文学术影响力的准绳，补充计量学系列指标则是衡量论文社会影响力的标尺，二者各自为政，任意单一指标都无法全面反映论文的综合影响力水平。而构建单篇论文评价体系的设想，立足于至今已经积累起来的关于各项评价指标的丰硕研究成果，深入考量各项评价指标的特点及效力，力图调和多个代表性的学术影响力评价指标和社会影响力评价指标，融学术影响、社会影响于一炉，通过单个体系最大限度完整地呈现出一篇科学论文在科学共同体内部和社会公众两个层面的影响力状况。

8.3.2 短期影响力和长期影响力需要双重兼顾

被引次数测度的是论文的长期影响力，使用数据和补充计量学数据更多地致力于反映论文的短期影响力。不同的评价指标数据不仅在评价长期或者短期影响力的侧重点上有所区别，甚至单个评价指标的数据量随时间变化的情况也不一而同，所以在使用某种影响力评价指标时，需要考虑当前的时间是否适用也要考虑该指标未来可能的变动，这将会导致对一篇论文进行评价需要持续跟踪多个指标的复杂困境。而单篇论文评价体系，在调和多项影响力评价指标的同时，将各项指标的最佳效力发挥时间、数据量的时间变化规律纳入体系框架内，统一了论文发表后的各个时间段使用何种指标数据以及不同指标数据所占权重的规则，通过单一评价体系兼顾了长期影响力和短期影响力的测度和评价。

8.3.3 评价结果的动态调整是更优解决方案

当今大部分评价指标在单独评价科学论文的影响力时都具有动态的特性，如被引次数、被下载次数和补充计量得分等指标都会随着时间的变化而发生变化。即使是长期没有积累被引次数或社交传播次数的论文也有着变动的潜力和预期，这些评价指标的价值也正是基于它们的动态性。但是，期刊评价体系、Web of Science 收录规则抹灭了评价指标的动态性，致使评价质量大打折扣。而单篇论文评价体系的成果之一便是建立一个动态的科学论文数据库。唯有经过单篇论文评价指标体系筛选后的一定比例的高影响力论文才能够被收录到数据库中，更重要的是，数据库并非“一次收录即永久收录”，而是“择优收录、动态调整”。一旦某篇论文经过一段时间的洗礼后，其综合评价得分降低到不能进入数据库收录的比例范围之内，那么这篇论文将被从数据库中剔除，而前期表现不佳的论文如果在后期奋起直追，那么也有可能被重新考虑收录进数据库里。因此，虽然单篇论文评价体系的各项指标和指标权重是确定的、静态的，但是单篇论文评价体系的数据库却是动态的，评价体系与数据库实现了静态与动态的有机结合。

8.4 单篇论文评价体系的构建与实证研究

8.4.1 单篇论文评价体系的构建思路

单篇论文评价体系以单篇论文为评价的基本单元，以论文发表后生命周期的不同阶段为时间线索，以代表性单篇论文评价指标为计量工具，以各指标赋权后的综合得分为输出结果，以动态调整的单篇论文评价数据库为实践形式，从单篇论文发表之时起，便对论文开展连续、动态和复合的追踪评价。单篇论文评价体系主要由两个部分构成：其一为单篇论文评价指标体系，其二为单篇论文评价数据库。

在单篇论文评价体系之下，论文从发表一刻起往后的生命周期被分为四部分，涵盖了论文发表之后的短期、中短期、中长期和长期四个阶段。单篇论文评价指标体系选取了多种不同类型的评价指标，囊括单篇论文的学术影响力、社会影响力、长期影响力和短期影响力评价，部分具体评价指标如下所示：①引用：被引次数（Web of Science/Scopus/Google Scholar）。②使用数据：摘要浏览、全文浏览或下载（HTML、PDF）。③网络采集：网页收藏、Mendeley 读者数等。④网络讨论：评论、博客报道、媒体报道等。⑤社交媒体：转发、分享、推荐、点赞等。

由于不同类型指标自身的特点，它们在论文的各个生命周期阶段发挥的效力也不尽相同。我们选择了 *PLOS Computational Biology* 期刊 2012 年 6 月期发表的 46 篇论文作为跟踪对象，监测这一批论文在发表后 5 个月到发表后 2 年 4 个月之间的引用数据、社交媒体数据和使用数据变化情况，如图 8.3 所示。引用数据、社交媒体数据和使用数据分别以被引次数、社交媒体数据和被下载次数为代表。根据图 8.3 中三项计量指标的变化趋势可知，被引次数在论文发表后短期内数据量较少，因而在评价新发表论文影响力时效力暂时不足；但是随着时间的推移，被引次数数据量增长显著，在图 8.3 中三项计量指标之中被引次数的数据量增长幅度最大。在论文发表约两年后，被引次数已经积累了足够的数据量，可以在评价论文影响力方面发挥作用。而社交媒体数据和使用数据的时间变化趋势则与被引次数数据有着较为明显的区别。在论文刚发表的短时间内，社交媒体数据和使用数据就已经快速积累了较大的数据量，特别是使用数据的数据量在短期内已经相当庞大，远超这一阶段被引次数的数据量，这使得社交媒体指标和使用数据指标在论文刚发表后不久便可以对论文的影响力展开评价。值得注意的是，随着时间的推移，社交媒体数据和使用数据的数据量变化情况也显示出明显的差异。在论文发表后的两年多时间里，使用数据的数据量仍然呈现增长态势，但增长幅度不如被引次数的涨幅大。社交媒体数据量在其后的两年多时间里几乎没有发生什么变化，数据在短期内实现快速积累之后便基本持平。由此可见，被引次数在中长期和长期的论文影响力评价方面作用突出，但在短期和中短期内效果不佳；使用数据在短期和中短期内拥有丰富的数据量来开展论文影响力评价，但随着中长期和长期阶段被引次数权威效力的施展，使用数据的效力相对减弱；社交媒体数据在短期内能够迅速发挥作用，但是放眼中期和长期则鲜有显著变化，因而其发挥效力的阶段主要集中于论文发表后的短时期内。

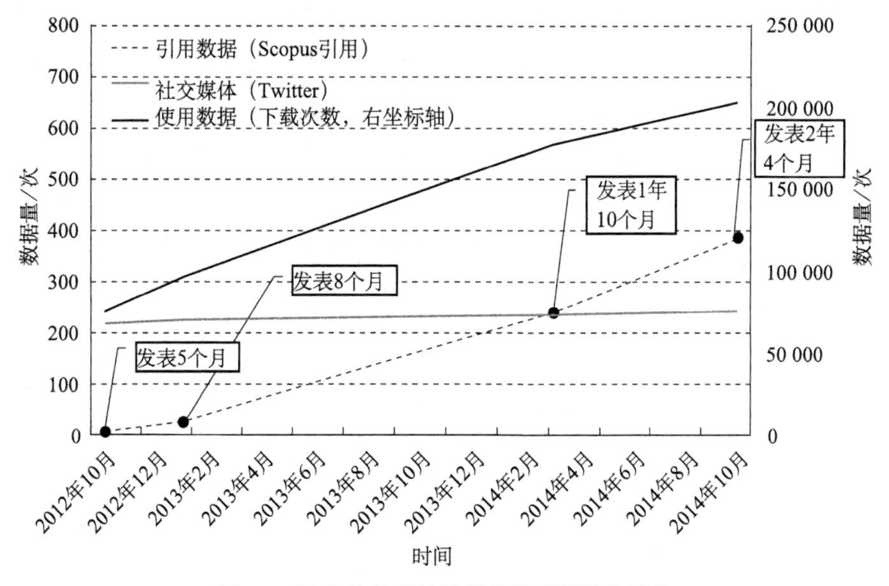

图 8.3 论文的各项计量指标的时间变化趋势

根据不同指标在各个阶段效力的大小可以比较出它们的相对重要程度，进而运用层次分析法确定出不同指标的权重系数。然后，根据各阶段单篇论文不同指标的得分结合权重系数，可以得出单篇论文的总得分。由于各阶段单篇论文不同指标的权重系数不同，并且不同论文因为质量有所区别而在各类指标的衡量之下有不同的表现，所以单篇论文影响力的变化将体现在四个阶段评价得分的上升、下降或持平中。

根据各个阶段的总得分，同时期发表的一定学科领域内的所有论文可以根据分数高低进行排序，论文排名越靠前表明该论文在同时期发表的所有本领域论文中的影响力越高，每个阶段排名靠前的一定数量比例的论文可以被收录进单篇论文评价数据库中。如果某篇论文在第一阶段排名符合收录标准而被收录进数据库，但在第二阶段排名下降，不符合该阶段的收录标准，则该论文又会被从数据库中删除。通过这样的动态评价手段，能够保证数据库中收录的始终是各阶段影响力较高的论文。

综上所述，构建单篇论文评价体系的研究思路如图 8.4 所示。评价指标体系的设计和评价数据库的建设共同构筑起了单篇论文评价体系的构建研究。第一部分的研究工作是设计评价指标体系。首先，遴选出代表性的计量指标，包括引用指标、社交媒体指标、使用数据指标和网络采集指标，涵盖对论文的学术影响力、社会影响力、长期影响力和短期影响力的评价工作；其次，将论文发表后的生命周期划分为四个阶段，覆盖论文的整个生命周期，保证评价体系的连续性；最后，通过各阶段各指标重要性的比较确定好各个阶段的指标权重体系，实现多样化计量指标的综合，保证评价体系的复合性。第二部分的研究工作是建设评价数据库。首先，针对评价指标体系选取的计量指标收集各阶段论文评价的元数据；其次，根据确定好的各阶段指标权重体系，计算出各阶段的论文评价数据；最后，基于论文评价数据得出

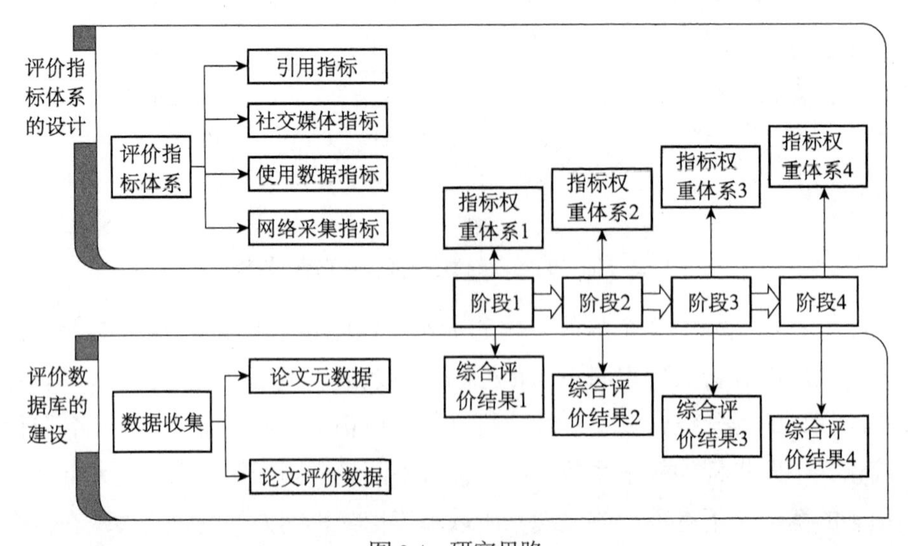

图 8.4　研究思路

综合评价结果，将各阶段符合收录标准的论文收录进数据库中，并遵循裁汰机制，保证评价体系的动态性。

8.4.2 实证研究：各阶段单篇论文评价结果的动态比较

为了更清晰地说明单篇论文评价体系的运作原理、论证其可行性，我们选取了被引次数、HTML 浏览量、PDF 下载量和补充计量学系列指标的 Facebook、Twitter、Mendeley、CiteULike 数据共 7 项计量指标。在这 7 项计量指标中，被引次数代表了对论文长期学术影响力的评价，HTML 浏览量和 PDF 下载量这两项用户使用数据代表了对论文短期学术影响力的评价，其余 4 项补充计量学系列指标则代表了对论文社会影响力的评价。由此构建起综合了论文多方位影响力评价的单篇论文评价指标体系。

在上文图 8.3 中，我们比较了多种计量指标数据量随时间变化的趋势，并在其基础之上分析了不同计量指标发挥效力的时间阶段，由此可以判断出不同阶段各指标的相对重要性（表 8.6）。

表 8.6 四个阶段各指标的相对重要性

阶段	相对重要性
1（发表 0～6 月）	PDF 下载 > HTML 浏览 > Twitter > Facebook > Mendeley > CiteULike > 引用
2（发表 6 个月到 2 年）	PDF 下载 > HTML 浏览 > Mendeley > CiteULike > 引用 > Twitter > Facebook
3（发表 2～5 年）	引用 > Mendeley > CiteULike > PDF 下载 > HTML 浏览 > Twitter > Facebook
4（发表 5 年以上）	引用 > Mendeley > CiteULike > PDF 下载 > HTML 浏览 > Twitter > Facebook

根据表 8.6 中的相对重要性，并且需要考虑指标之间的具体的相对重要性程度，利用层次分析法，计算得到 7 项指标在四个阶段中不同的权重系数，如表 8.7 所示。至此，初步完成了构建单篇论文评价体系的第一部分工作，即设计评价指标体系。

表 8.7 四个阶段各类计量指标权重系数表

阶段	CiteULike	Mendeley	HTML 浏览量	PDF 下载量	被引次数	Facebook	Twitter
阶段 1	0.0477	0.0477	0.1996	0.3901	0.0234	0.1109	0.1806
阶段 2	0.1723	0.1723	0.1182	0.2108	0.1321	0.0828	0.1116
阶段 3	0.1514	0.1514	0.0481	0.0921	0.3979	0.0644	0.0947
阶段 4	0.1269	0.1269	0.0455	0.0809	0.4819	0.0570	0.0810

在这一评价指标体系的基础上，我们可以开展实证研究以验证建设动态评价数据库的可行性，进而论证整个单篇论文评价体系的科学性。我们依旧使用 *PLOS Computational Biology* 期刊 2012 年 6 月期发表的 46 篇论文作为跟踪对象，以检测评价方法和评价数据库运行的可行性。

首先，我们收集了这 46 篇论文在前三个阶段内（2012 年发表的论文尚未进入第四阶段）的数据，如图 8.5 所示。图 8.5 中列出了 46 篇样本论文的出版数据和计量指标数据，包括每一篇论文的 DOI 号、计量指标的收集日期（harvest date），以及 7 项计量指标的数据。并且，在本研究作者的个人英文网站上（http：//xianwenwang.com/research/ale/index.html），通过交互式的点击，可以在三个阶段（Phase 1、Phase 2、Phase 3）的原始指标数据（metric data）和标准化数据（normalized metricdata）之间切换。

	doi	harvest_date	citeulik	mendel	html	pdf	scopus	facebo	twitter	score
1	10.1371/journal.pcbi.1002358	2012/10/10	16	81	5060	1733	3	8	12	0.7906
2	10.1371/journal.pcbi.1002366	2012/10/10	0	7	880	213	0	0	1	0.0545
3	10.1371/journal.pcbi.1002396	2012/10/10	1	7	892	194	0	4	2	0.0654
4	10.1371/journal.pcbi.1002504	2012/10/10	3	7	1037	209	0	0	6	0.0985
5	10.1371/journal.pcbi.1002510	2012/10/10	0	15	1337	333	0	17	6	0.1628
6	10.1371/journal.pcbi.1002519	2012/10/10	3	17	2516	648	0	0	13	0.3146
7	10.1371/journal.pcbi.1002527	2012/10/10	3	12	1818	373	0	6	14	0.2305
8	10.1371/journal.pcbi.1002528	2012/10/10	0	15	1218	231	0	18	6	0.1348
9	10.1371/journal.pcbi.1002531	2012/10/10	4	20	1519	522	1	2	1	0.1865
10	10.1371/journal.pcbi.1002536	2012/10/10	3	11	1132	321	0	0	3	0.1142
11	10.1371/journal.pcbi.1002537	2012/10/10	1	0	868	134	0	6	1	0.0432
12	10.1371/journal.pcbi.1002538	2012/10/10	3	6	1777	394	0	22	15	0.2603
13	10.1371/journal.pcbi.1002539	2012/10/10	1	10	1044	325	0	0	1	0.0931
14	10.1371/journal.pcbi.1002541	2012/10/10	13	24	1794	354	0	3	12	0.2456
15	10.1371/journal.pcbi.1002543	2012/10/10	14	0	4041	871	0	2	31	0.5653
16	10.1371/journal.pcbi.1002544	2012/10/10	0	3	602	139	0	2	0	0.0196
17	10.1371/journal.pcbi.1002545	2012/10/10	0	11	948	269	0	0	10	0.1256
18	10.1371/journal.pcbi.1002546	2012/10/10	2	1	1073	138	0	1	3	0.0608
19	10.1371/journal.pcbi.1002547	2012/10/10	0	2	808	167	0	1	4	0.0565
20	10.1371/journal.pcbi.1002548	2012/10/10	0	1	825	165	0	15	0	0.0541

图 8.5　46 篇样本论文在三个阶段内 7 项计量指标的原始指标数据

对 46 篇样本论文 7 项计量指标的原始数据进行标准化处理，得到标准化数据以及在前三个阶段的综合得分，输出综合评价结果，如图 8.6 所示。图 8.5 和图 8.6 中最后一列的 score 为论文的综合得分结果。

最后，根据各阶段的综合得分，可以对这 46 篇论文在每一阶段分别进行排序，三个阶段的论文排序变化情况如图 8.7 的交互可视化所示，详细展示结果见网站 http：//xianwenwang.com/research/ale/dynamic.html。

	doi	harvest_date	citeulike	mendel	html	pdf	scopus	facebook	twitter	score
1	10.1371/journal.pcbi.1002358	2012/10/10	1	1	1	1	1	0.1096	0.3871	0.7906
2	10.1371/journal.pcbi.1002366	2012/10/10	0	0.0864	0.0803	0.0732	0	0	0.0323	0.0545
3	10.1371/journal.pcbi.1002396	2012/10/10	0.0625	0.0864	0.0829	0.0616	0	0.0548	0.0645	0.0654
4	10.1371/journal.pcbi.1002504	2012/10/10	0.1875	0.0864	0.1149	0.0707	0	0	0.1935	0.0985
5	10.1371/journal.pcbi.1002510	2012/10/10	0	0.1852	0.1809	0.1463	0	0.2329	0.1935	0.1628
6	10.1371/journal.pcbi.1002519	2012/10/10	0.1875	0.2099	0.4403	0.3384	0	0	0.4194	0.3146
7	10.1371/journal.pcbi.1002527	2012/10/10	0.1875	0.1481	0.2867	0.1707	0	0.0822	0.4516	0.2305
8	10.1371/journal.pcbi.1002528	2012/10/10	0	0.1852	0.1547	0.0841	0	0.2466	0.1935	0.1348
9	10.1371/journal.pcbi.1002531	2012/10/10	0.25	0.2469	0.2209	0.2616	0.3333	0.0274	0.0323	0.1865
10	10.1371/journal.pcbi.1002536	2012/10/10	0.1875	0.1358	0.1358	0.139	0	0	0.0968	0.1142
11	10.1371/journal.pcbi.1002537	2012/10/10	0.0625	0	0.0777	0.025	0	0.0822	0.0323	0.0432
12	10.1371/journal.pcbi.1002538	2012/10/10	0.1875	0.0741	0.2777	0.1835	0	0.3014	0.4839	0.2603
13	10.1371/journal.pcbi.1002539	2012/10/10	0.0625	0.1235	0.1164	0.1415	0	0	0.0323	0.0931
14	10.1371/journal.pcbi.1002541	2012/10/10	0.8125	0.2963	0.2814	0.1591	0	0.0411	0.3871	0.2456
15	10.1371/journal.pcbi.1002543	2012/10/10	0.875	0	0.7758	0.4744	0	0.0274	1	0.5653
16	10.1371/journal.pcbi.1002544	2012/10/10	0	0.037	0.0191	0.028	0	0.0274	0	0.0196
17	10.1371/journal.pcbi.1002545	2012/10/10	0	0.1358	0.0953	0.1073	0	0	0.3226	0.1256
18	10.1371/journal.pcbi.1002546	2012/10/10	0.125	0.0123	0.1228	0.0274	0	0.0137	0.0968	0.0608
19	10.1371/journal.pcbi.1002547	2012/10/10	0	0.0247	0.0645	0.0451	0	0.0137	0.129	0.0565
20	10.1371/journal.pcbi.1002548	2012/10/10	0	0.0123	0.0682	0.0439	0	0.2055	0	0.0541

图 8.6 数据标准化及综合得分

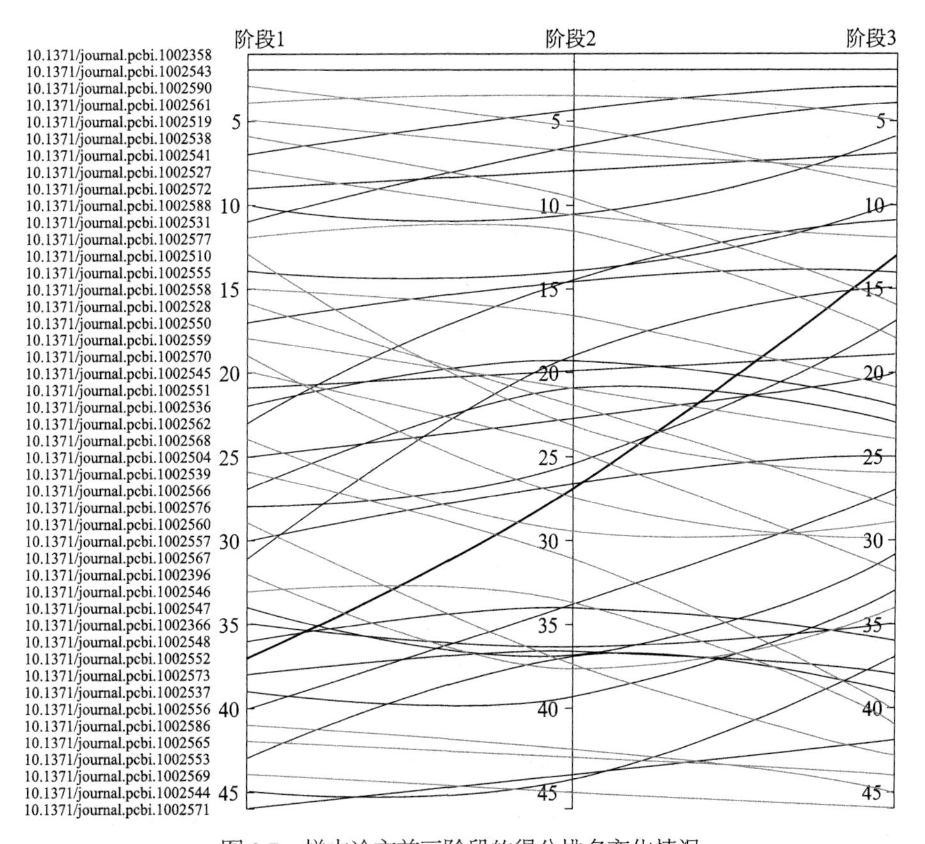

图 8.7 样本论文前三阶段的得分排名变化情况

在网站的交互式界面上，鼠标悬停在每篇论文的DOI号或者曲线上方，选中的论文即会加粗加亮显示，并且会弹出该篇论文在每一个阶段的综合得分结果和排序情况。深色曲线表明排名上升或不变，浅色曲线表明排名下降，可见绝大部分论文在不同阶段排名都有显著的变化，有的论文甚至实现了颠覆式的逆转。单篇论文评价体系之下，论文的综合影响力在各阶段的变化情况被清晰地捕捉并且呈现出来，初步验证了单篇论文评价体系和评价数据库的可行性。

8.5 本章小结

在传统引文评价指标的基础上，结合近年来迅猛发展的补充计量学指标、用户数据指标等其他影响力指标，提出一种对科技论文进行综合评价的方法，该综合评价方法同时考虑了论文的学术影响力和社会影响力。相比较于单一的引文学术评价或者补充计量学社会影响评价方法，本章中的方法同时考虑了学术影响与社会影响，是对单篇论文更为全面客观的方法。同时，考虑学术影响力和社会影响力的综合评价方法不仅适用于对单篇文献的评价，也可以应用于对文献集合体的评价，包括期刊评价、科学家评价等。

在此基础上，针对目前学术评价中以期刊影响因子进行单篇论文评价、忽略成果的社会影响力和无法利用被引次数对新发表论文进行评价等诸多问题，本研究基于论文的学术影响力和社会影响力、短期影响力和长期影响力等多重维度，构建出连续、动态和复合的单篇论文评价指标体系和评价数据库，并且开展了对科学论文的实证评价研究。研究结果证实，本研究提出的单篇论文评价具有可行性。

1. 优化评价指标体系

无论是被引次数、被下载次数等学术影响力评价指标，还是补充计量学系列社会影响力评价指标，都属于外在的后验型评价指标，均是外界对科学论文发表一段时期之后的外在评价。除了这些外在指标之外，论文的内在指标也值得考虑。

内在的先验型评价指标是指论文在发表之时便已经具备的、无特殊情况不会随着时间的推移而发生变化的特征与属性因素，如论文的合作作者数、机构数和国家数、全文长度、图表数、公式数、参考文献数、普赖斯指数、发表期刊的影响因子、论文作者过去的影响力、结构变异指数等[143−146]，这些因素是新发表论文“与生俱来”的真实价值的载体，发表之后便不受外界主观因素的干扰。

外在指标数据采集相对容易，内在指标数据收集难度较大，有的指标还需要经过复杂计算。论权威性，以被引次数为代表的外在评价指标的效力和科学共同体的接受程度都要强于内在评价指标；但是论时效性，伴随论文发表即时产生的内在指标数据则相对较强。因此，单篇论文评价体系未来的研究方向可以致力于实现内在指标和外在指标的兼容并蓄，通过即时的内在指标评价做出初步判断，继而接受时间的检验再做出较为准确的定量评价，从而将评价体系在时间维度上实现完全覆盖，容纳论文从发表一刻起的整个生命周期。

2. 增强指标权重体系的科学性

在各阶段计量指标体系的确定过程中，首先涉及在四个阶段对各指标的相对重要性进行判断，在前期预研中我们形成了一个初步判断结果，在未来的深入研究中，我们将采取专家打分法对各项指标相对重要性程度继续完善。

3. 扩大实证数据覆盖范围

在目前的实证研究中，我们选择 PLOS 的数据作为研究对象。未来，我们计划将研究对象扩展到其他主要学术出版商和期刊，包括 Springer、*Nature* 及系列子刊、*Science* 和 *PNAS* 等。这些出版商和学术期刊均已经开始面向公众提供论文被下载的数据和补充计量数据等。在今后的研究中，还将逐步扩大到更多的学术出版商和期刊，以期在更广泛的数据范围内验证单篇论文评价体系的普适性、可行性和科学性。

4. 对其他科技成果评价的扩展

单篇论文评价体系的评价对象是科学论文，而单篇论文评价体系的思想则可以扩展到对于其他多种科技成果的评价工作中。这种扩展既包括单一评价指标的跨界运用，也包括对多种指标进行有序综合的思想的扩散传播。例如，对著作的评价，可以采用的指标包括被引次数、电子版下载次数和销售量、纸质版销售量、亚马逊星级评分、补充计量得分等；以及对专利的评价，指标体系包括被引次数、专利家族、技术周期时间[88]、补充计量学及普赖斯指数等。目前来说，补充计量学仅能够对科学论文进行社交媒体的数据收集和得分计算，这一思想还没有应用到专利的评价上，但是借鉴补充计量学对科学论文的评价思想，开展对专利的补充计量学评价也是可行的。例如，苹果公司申请的关于 iPhone 手机新摄像头的专利 Digital Camera with Light Splitter（专利文件号为 8988564）的相关新闻被多个媒体报道，仅知名科技网站 techcrunch 的报道就被社交媒体转发 774 次。和科学论文一样，技术专利在社交媒体中引发的反响也可以作为技术的社会影响评价，进而作为体现专利价值的一项指标。在此基础上，倘若各项指标的评价效力、数据量和适用范围等条件符合体系化的标准，那么将有助于更好地做出科技成果的单篇层次评价。

参考文献

[1] Priem J, Groth P, Taraborelli D. The altmetrics collection. PLOS ONE, 2012, 7(11): e48753.

[2] 王贤文，张春博，毛文莉，等. 科学论文在社交网络中的传播机制研究. 科学学研究，2013，31(9)：1287–1295.

[3] Wang X, Liu C, Fang Z, et al. From Attention to Citation, What and How Does Altmetrics Work? arXiv preprint arXiv: 1409.4269, 2014.

[4] Lotka A J. The frequency distribution of scientific productivity. Journal of Washington Academy Sciences, 1926, 16(2): 317–323.

[5] Newman M E J. The structure of scientific collaboration networks. Proceedings of the National Academy of Sciences, 2001, 98(2): 404–409.

[6] Newman M E J. Scientific collaboration networks. II. Shortest paths, weighted networks, and centrality. Physical Review E, 2001, 64(1): 016132.

[7] 杜建，张玢，唐小利. 基于作者引用与合作关系的学术影响力测度研究进展. 图书情报工作，2013，(8)：135–140.

[8] Mitra P. Hirsch–type indices for ranking institutions, scientific research output. Current Science, 2006, 91(11): 1439.

[9] 王贤文，丁堃，朱晓宇. 中国主要科研机构的科学合作网络分析——基于 Web of Science 的研究. 科学学研究，2010，28(12)：1806–1812.

[10] Braun T, Glänzel W, Schubert A. Scientometric Indicators: A 32-Country Comparative Evaluation of Publishing Performance and Citation Impact. Singapore: World Scientific, 1985.

[11] Luukkonen T, Persson O, Sivertsen G. Understanding patterns of international scientific collaboration. Science, Technology and Human Values, 1992, 17 (1): 101-126.

[12] Luukkonen T, Tijssen R J W, Persson O, et al. The measurement of international scientific collaboration. Scientometrics, 1993, 28 (1): 15-36.

[13] de Solla Price D J, Page T. Science since babylon. American Journal of Physics, 1961, 29 (12): 863-864.

[14] Zipf G K. Human Behavior and the Principle of Least Effort: An Introduction to Human Ecology. Cambridge: Addison-Wesley Press, 1949.

[15] Courtial J P. A coword analysis of scientometrics. Scientometrics, 1994, 31 (3): 251-260.

[16] He Q. Knowledge discovery through co-word analysis. Library Trends, 1999, 48 (1): 133-133.

[17] 程齐凯，王晓光.一种基于共词网络社区的科研主题演化分析框架.图书情报工作，2013, 57 (8): 91-96.

[18] 王曰芬，宋爽，熊铭辉.共现分析在文本知识挖掘中的应用研究.中国图书馆学报，2007, 33 (2): 59-64.

[19] Wang X, Liu D, Ding K, et al. Science funding and research output: A study on 10 countries. Scientometrics, 2011, 91 (2): 591-599.

[20] 王贤文，刘则渊，侯海燕.全球主要国家的科学基金及基金论文产出现状：基于 Web of Science 的分析.科学学研究，2010, (1): 61-66.

[21] de Solla Price D J. Networks of scientific papers. Science, 1965, 149 (3683): 510-515.

[22] Kessler M M. Bibliographic coupling between scientific papers. American Documentation, 1963, 14 (1): 10-25.

[23] Boyack K W, Klavans R. Co-citation analysis, bibliographic coupling, and direct citation: Which citation approach represents the research front most accurately? Journal of the American Society for Information Science and Technology, 2010, 61 (12): 2389-2404.

[24] Small H. Co-citation in the scientific literature: A new measure of the relationship between two documents. Journal of the American Society for Information Science,

1973，24（4）：265–269.

[25] Zhao D，Strotmann A. Evolution of research activities and intellectual influences in information science 1996–2005：Introducing author bibliographic-coupling analysis. Journal of the American Society for Information Science and Technology，2008，59（13）：2070–2086.

[26] White H D，Griffith B C. Author cocitation：A literature measure of intellectual structure. Journal of the American Society for Information Science，1981，32（3）：163–171.

[27] McCain K W. Mapping authors in intellectual space：A technical overview. Journal of the American Society for Information Science，1990，41（6）：433.

[28] White H D，McCain K W. Visualizing a discipline：An author co–citation analysis of information science，1972–1995. Journal of the American Society for Information Science，1998，49（4）：327–355.

[29] Culnan M J. The intellectual development of management information systems，1972 - 1982：A co–citation analysis. Management Science，1986，32（2）：156–172.

[30] Small H G，Koenig M E. Journal clustering using a bibliographic coupling method. Information Processing and Management，1977，13（5）：277–288.

[31] Tsay M，Xu H，Wu C. Journal co–citation analysis of semiconductor literature. Scientometrics，2003，57（1）：7–25.

[32] McCain K W. Core journal networks and cocitation maps：New bibliometric tools for serials research and management. The Library Quarterly，1991，61（3）：311–336.

[33] 王贤文，刘则渊. 基于共被引率分析的期刊分类研究. 科研管理，2009，30（5）：187–195.

[34] van Raan A F J. Sleeping beauties in science. Scientometrics，2004，59（3）：467–472.

[35] Gross P L K，Gross E. College libraries and chemical education. Science，1927，66（1713）：385–389.

[36] Hirsch J E. An index to quantify an individual's scientific research output. Proceedings of the National academy of Sciences of the United States of America，2005，12（46）:

16569-16572.

[37] Garfield E. Citation analysis as a tool in journal evaluation. Science, 1972, 178 (4060): 471-479.

[38] Lippi G, Favaloro E J. Article downloads and citations: Is there any relationship? Clinica Chimica Acta, 2013, 415: 195.

[39] Jahandideh S, Abdolmaleki P, Asadabadi E B. Prediction of future citations of a research paper from number of its internet downloads. Medical Hypotheses, 2007, 69 (2): 458-459.

[40] O'Leary D E. The relationship between citations and number of downloads in Decision Support Systems. Decision Support Systems, 2008, 45 (4): 972-980.

[41] Wang X, Wang Z, Xu S. Tracing scientist's research trends realtimely. Scientometrics, 2013, 95 (2): 717-729.

[42] Wang X, Liu C, Mao W, et al. The open access advantage considering citation, article usage and social media attention. Scientometrics, 2015, 103 (2): 555-564.

[43] Wang X, Xu S, Peng L, et al. Exploring scientists' working timetable: Do scientists often work overtime? Journal of Informetrics, 2012, 6 (4): 655-660.

[44] 王贤文，毛文莉，王治 . 基于论文下载数据的科研新趋势实时探测与追踪 . 科学学与科学技术管理，2014，35（4）：3-9.

[45] Thelwall M, Haustein S, Lariviere V, et al. Do altmetrics work? Twitter and ten other social web services. PlOS ONE, 2013, 8 (5): e64841.

[46] Glänzel W, Gorraiz J. Usage metrics versus altmetrics: Confusing terminology? Scientometrics, 2015, 102 (3): 2161-2164.

[47] Sud P, Thelwall M. Evaluating altmetrics. Scientometrics, 2014, 98 (2): 1131-1143.

[48] Priem J, Costello K, Dzuba T. Prevalence and use of Twitter among scholars. Figshare. http://dx.doi.org/10.6084/m9.figshare.104629 [2016-10-01].

[49] Shuai X, Pepe A, Bollen J. How the scientific community reacts to newly submitted preprints: Article downloads, Twitter mentions, and citations. PLOS ONE, 2012, 7 (11): e47523.

[50] Muir S P, Leggott M, Coombs K A. Lessons learned from analyzing library database usage data. Library Hi Tech, 2005, 23 (4): 598-609.

[51] Kraemer A. Ensuring consistent usage statistics，part 2：Working with use data for electronic journals. The Serials Librarian，2006，50（1-2）：163-172.

[52] Franklin B，Kyrillidou M，Plum T. From Usage to User：Library Metrics and Expectations for the Evaluation of Digital Libraries. Evaluation of Digital Libraries：An Insight into Useful Applications and Methods. Oxford：Chandos Publishing，2009.

[53] Schlögl C，Gorraiz J，Gumpenberger C，et al. Download vs. citation vs. readership data：The case of an Information Systems journal. Gorraiz J. Proceedings of the 14th International Society of Scientometrics and Informetrics Conference，2013.

[54] Bar-Ilan J. Astrophysics publications on arXiv，Scopus and Mendeley：A case study. Scientometrics，2014，100（1）：217-225.

[55] Eysenbach G. Can tweets predict citations? Metrics of social impact based on Twitter and correlation with traditional metrics of scientific impact. Journal of medical Internet Research，2011，13（4）：e123.

[56] Li X，Thelwall M，Giustini D. Validating online reference managers for scholarly impact measurement. Scientometrics，2012，91（2）：461-471.

[57] Wang X，Liu C，Mao W. Does a paper being featured on the cover of a journal guarantee more attention and greater impact? Scientometrics，2015，102（2）：1815-1821.

[58] Wang X，Wang Z，Mao W，et al. How far does scientific community look back? Journal of Informetrics，2014，8（3）：562-568.

[59] Kurtz M J，Bollen J. Usage bibliometrics. Annual Review of Information Science and Technology，2010，44（1）：1-64.

[60] Brody T，Harnad S，Carr L. Earlier web usage statistics as predictors of later citation impact. Journal of the American Society for Information Science and Technology，2006，57（8）：1060-1072.

[61] Bollen J. Modeling the scholarly community from usage data. Abstracts of Papers of the American Chemical Society. Chicago：ACS National Meeting，2007.

[62] 季燕江．开放获取：学术出版的新模型．中国教育网络，2005，（7）：43-44.

[63] 李弘，敖然．开放存取出版模式与传统学术出版转型．科技与出版，2010，（4）：8-13.

[64] Lawrence S. Online or invisible. Nature，2001，411（6837）：521.

[65] Björk B−C，Solomon D. Open access versus subscription journals：A comparison of scientific impact. BMC Medicine，2012，10（1）：1.

[66] Jacobs J A，Winslow S E. Overworked faculty：Job stresses and family demands. The Annals of the American Academy of Political and Social Science，2004，596（1）：104−129.

[67] Post C，Ditomaso N，Farris G F，et al. Work-family conflict and turnover intentions among scientists and engineers working in R&D. Journal of Business and Psychology，2009，24（1）：19−32.

[68] Fox M F，Stephan P E. Careers of young scientists：Preferences，prospects and realities by gender and field. Social Studies of Science，2001，31（1）：109−122.

[69] Petkova K，Boyadjieva P. The image of the scientist and its functions. Public Understanding of Science，1994，3（2）：215−224.

[70] Frone M R. Work-family conflict and employee psychiatric disorders：The national comorbidity survey. Journal of Applied Psychology，2000，85（6）：888.

[71] Ledford H. Working weekends. Leaving at midnight. Friday evening meetings. Does science come out the winner? The 24/7 lab. Nature，2011，477（7362）：20−22.

[72] 钟灿涛 . 科学交流体系重组的动力因素分析 . 科学学研究，2011，29（9）：1304−1310.

[73] 覃晓燕 . 科学博客的传播模式解读 . 科学技术哲学研究，2010，（1）：97−100.

[74] Gu F，Widén−Wulff G. Scholarly communication and possible changes in the context of social media：A Finnish case study. The Electronic Library，2011，29（6）：762−776.

[75] Chen C，Sun K，Wu G，et al. The impact of internet resources on scholarly communication：A citation analysis. Scientometrics，2009，81（2）：459−474.

[76] Sublet V，Spring C，Howard J. Does social media improve communication? Evaluating the NIOSH science blog. American Journal of Industrial Medicine，2011，54（5）：384−394.

[77] Kortelainen T，Katvala M. “Everything is plentiful—Except attention”. Attention data of scientific journals on social web tools. Journal of Informetrics，2012，6（4）：661−668.

[78] 林姿蓉.欧美科技论文网络共享的实践方式及发展特点.图书情报知识，2012，30（6）：110-119.

[79] Davis P M，Walters W H. The impact of free access to the scientific literature：A review of recent research（EC）. Journal of the Medical Library Association，2011，99（3）：208.

[80] 王欣，董洪光.国内物理学期刊 arXiv 自存档论文的引用优势研究——以 Frontiers of Physics 期刊为例.图书情报工作，2011，55（22）：144-148.

[81] Moed H F. The effect of "open access" on citation impact：An analysis of ArXiv's condensed matter section. Journal of the American Society for Information Science and Technology，2007，58（13）：2047-2054.

[82] Kurtz M J，Eichorn G，Accomazzi A，et al. The effect of use and access on citations. Information Processing and Management，2005，41（6）：1395-1402.

[83] 刘春丽.基于软同行评议的科学论文影响力评价方法——F1000 因子.中国科技期刊研究，2012，23（3）：383-386.

[84] 徐佳宁，罗金增.现代科学交流体系的重组与功能实现.图书情报工作，2007，51（11）：94-97.

[85] Mandavilli A. Peer review：Trial by Twitter. Nature，2011，469（7330）：286-287.

[86] Schiermeier Q. Lab life：Balancing act. Nature，2012，492（7428）：299-300.

[87] 刘春丽.Web2. 0 环境下的科学计量学：选择性计量学.图书情报工作，2012，56（14）：52-56，92.

[88] 胡小君，陈劲.基于专利结构化数据的专利价值评估指标研究.科学学研究，2014，32（3）：343-346.

[89] Roy S，Gevry D，Pottenger W M. Methodologies for trend detection in textual data mining. Proceedings of the Textmine，2002，Citeseer.

[90] Matsumura N，Matsuo Y，Ohsawa Y，et al. Discovering emerging topics from WWW. Journal of Contingencies and Crisis Management，2002，10：73-81.

[91] 殷蜀梅.判断新兴研究趋势的技术方法分析.情报科学，2008，26（4）：536-540.

[92] 闫慧.我国信息管理理论研究趋势探析.情报科学，2005，23（6）：937-939.

[93] 缪园，张伟倩，李媛.国内管理科学与工程研究热点以及发展趋势——近年国家自然科学基金资助项目的非线性分析.科学学与科学技术管理，2007，28（10）：

115-119.

[94] 龚放，叶波.2000—2004 年中国教育研究热点与关键词——基于 CSSCI 的统计分析.高等教育研究，2006，27（9）：1-9.

[95] 马费成，张勤.国内外知识管理研究热点——基于词频的统计分析.情报学报，2006，25（2）：163-171.

[96] 王红.基于共词分析法对近十年我国图情学研究热点的分析.情报杂志，2011，30（3）：59-64.

[97] 宗乾进，袁勤俭，沈洪洲.国外社交网络研究热点与前沿.图书情报知识，2012，6：68-75.

[98] Lee W H. How to identify emerging research fields using scientometrics：An example in the field of information security. Scientometrics，2008，76（3）：503-525.

[99] Dai L，Ding L，Lei Y，et al. A study of data mining trend through the optimized bibliometric methodology based on SCI database from 1993 to 2011. Applied Mathematics and Information Sciences，2012，6（3）：705-712.

[100] Tsai H-H. Research trends analysis by comparing data mining and customer relationship management through bibliometric methodology. Scientometrics，2011，87（3）：425-450.

[101] Chen C，Chen Y，Horowitz M，et al. Towards an explanatory and computational theory of scientific discovery. Journal of Informetrics，2009，3（3）：191-209.

[102] Chen C，Ibekwe-SanJuan F，Hou J. The structure and dynamics of cocitation clusters：A multiple-perspective cocitation analysis. Journal of the American Society for Information Science and Technology，2010, 61（7）：1386-1409.

[103] Bellinger G, Castro D, Mills A. Data, information, knowledge, and wisdom. http://geoffreyanderson.net/capstone/export/37/trunk/research/ackoffDiscussion.pdf [2016-10-01].

[104] 荆宁宁，程俊瑜.数据、信息、知识与智慧.情报科学，2005，23（12）：1786-1790.

[105] 李伯飞.基于 DIKW 转化模式的知识可视化研究.长江大学学报：社会科学版，2014，37（4）：188-189.

[106] 王曰芬.文献计量法与内容分析法综合研究的方法论来源与依据.情报理论与实践，2009,（2）：21-26.

[107] Sharma N. The origin of DIKW Hierarchy. https://erealityhome.wordpress.com/2008/03/09/the-origin-of-dikw-hierarchy/. [2016-10-01].

[108] Deerwester S, Dumais S T, Furnas G W, et al. Indexing by latent semantic analysis. Journal of the American Society for Information Science, 1990, 41 (6): 391.

[109] Hofmann T. Probabilistic latent semantic indexing. Proceedings of the 22nd annual international ACM SIGIR conference on Research and development in information retrieval, 1999.

[110] Blei D M, Ng A Y, Jordan M I. Latent Dirichlet allocation. Journal of Machine Learning Research, 2003, 3: 993-1022.

[111] Blei D M, Lafferty J D. Correction: A correlated topic model of science. The Annals of Applied Statistics, 2007, 1 (1): 17-35.

[112] 耿波，冯研. 全文数据库 Springer Link 与 CA on CD 和 PubMed 的比较. 现代情报，2005，25 (5)：174-176.

[113] Blei D M, Jordan M I. Variational inference for Dirichlet process mixtures. Bayesian Analysis, 2006, 1 (1): 121-144.

[114] Priem J, Taraborelli D, Groth Paul, et al. Altmetrics: A manifesto. http://altmetrics.org/manifesto/. [2010-10-26].

[115] Wang X, Mao W, Xu S, et al. Usage history of scientific literature: Nature metrics and metrics of Nature publications. Scientometrics, 2014, 98 (3): 1923-1933.

[116] Adie E, Roe W. Altmetric: enriching scholarly content with article-level discussion and metrics. Learned Publishing, 2013, 26 (1): 11-17.

[117] de Winter J. The relationship between tweets, citations, and article views for PLOS ONE articles. Scientometrics, 2015, 102 (2): 1773-1779.

[118] Neylon C, Wu S. Article-level metrics and the evolution of scientific impact. PLOS Bioogyl, 2009, 7 (11): e1000242.

[119] Lane J. Let's make science metrics more scientific. Nature, 2010, 464 (7288): 488-489.

[120] Costa C A B, Oliveira M D. A multicriteria decision analysis model for faculty evaluation. Omega, 2012, 40 (4): 424-436.

[121] Handel M J. Article-level metrics—it's not just about citations. Journal of

Experimental Biology，2014，217（24）：4271−4272.

[122] 张静．引文、引文分析与学术论文评价．社会科学管理与评论，2008，（1）：33−38.

[123] Watson A B. Comparing citations and downloads for individual articles at the Journal of Vision. Journal of Vision，2009，9（4）：i.

[124] Alberts B. Impact factor distortions. Science，2013，340（6134）：787−787.

[125] Bordons M，Fern á ndez M，G ó mez I. Advantages and limitations in the use of impact factor measures for the assessment of research performance. Scientometrics，2002，53（2）：195−206.

[126] Garfield E. The history and meaning of the journal impact factor. Jama，2006，295（1）：90−93.

[127] Opthof T. Sense and nonsense about the impact factor. Cardiovascular Research，1997，33（1）：1−7.

[128] Editors P M.The impact factor game. PLOS Medicine，2006，3（6）：e291.

[129] Seglen P O. Why the impact factor of journals should not be used for evaluating research. British Medical Journal，1997，314（7079）：498.

[130] 顾立平．开放数据计量研究综述：计算网络用户行为和科学社群影响力的 Altmetrics 计量．现代图书情报技术，2013，（6）：1−8.

[131] 邱均平，余厚强．替代计量学的提出过程与研究进展．图书情报工作，2013，57（19）：5−12.

[132] Kwok R. Research impact：Altmetrics make their mark. Nature，2013，500（7463）：491−493.

[133] 何星星，武夷山．基于文献利用数据的期刊论文定量评价研究．情报杂志，2012，31（8）：98−102.

[134] 彭希珺，张晓林．国际学术期刊的数字化发展趋势．中国科技期刊研究，2013，24（6）：1033−1038.

[135] Nittono H，Fukushima M，Yano A，et al. The power of kawaii：Viewing cute images promotes a careful behavior and narrows attentional focus. PLOS ONE，2012，7（9）：e46362.

[136] Price M N，Dehal P S，Arkin A P. FastTree 2—approximately maximum-likelihood trees for large alignments. PLOS ONE，2010，5（3）：e9490.

[137] Davis P. Tweets and our obsession with altmetrics. https://scholarlykitchen.sspnet.org/2012/01/04/tweets-and-our-obsession-with-alt-metrics/. [2016−10−01] .

[138] Haustein S，Peters I，Sugimoto C R，et al. Tweeting biomedicine：An analysis of tweets and citations in the biomedical literature. Journal of the Association for Information Science and Technology，2014，65（4）：656−669.

[139] Noorden R.Twitter buzz about papers does not mean citations later. http://www.nature.com/news/twitter-buzz-about-papers-does-not-mean-citations-later-1.14354. [2016−10−01] .

[140] 王贤文，刘趁，毛文莉 . 数字出版时代的科学论文综合评价研究 . 中国科技期刊研究，2014，25（11）：1391−1396.

[141] Kosmulski M. Successful papers：A new idea in evaluation of scientific output. Journal of Informetrics，2011，5（3）：481−485.

[142] Bornmann L，Daniel H−D. The citation speed index：A useful bibliometric indicator to add to the h index. Journal of Informetrics，2010，4（3）：444−446.

[143] Coats A J. Top of the charts：Download versus citations in the *International Journal of Cardiology*. International Journal of Cardiology，2005，105（2）：123−125.

[144] Onodera N，Yoshikane F. Factors affecting citation rates of research articles. Journal of the Association for Information Science and Technology，2015，66（4）：739−764.

[145] Chen C. Predictive effects of structural variation on citation counts. Journal of the American Society for Information Science and Technology，2012，63（3）：431−449.

[146] Peng T Q，Zhu J J. Where you publish matters most：A multilevel analysis of factors affecting citations of internet studies. Journal of the American Society for Information Science and Technology，2012，63（9）：1789−1803.

附录　来自全世界的关注

附录 1　*Nature*——实验室生活：平衡的艺术

Axel Meyer 曾是加州大学伯克利分校的一名博士研究生，后来又成为一名博士后，他对科学的投入已经到了不得不强制自己走出实验室的程度。为了感受艺术，Meyer 每周一、三、五都在伯克利校园内的泽勒巴大剧院当引座员。如果时间允许，他也会在学校的曲棍球队打打比赛。然而，大多数时间，他的休闲活动仅限于每天早晨骑摩托车去上学，晚上骑摩托车回家。

长时间工作和周末加班已经成为加利福尼亚大学伯克利分校动物学系司空见惯的景象。Meyer 于 1988 年在这里拿到博士学位，后来成为一名进化生物学的博士后，Meyer 说："当时每周 80 小时的工作量与其说是一个期望，不如说就是规则。"

"你们也许认为我们被洗脑了，才这么卖命工作。从积极的角度来说我觉得是这样的。" Meyer 说。现在，Meyer 已经成为德国康斯坦茨大学的一名动物学和进化生物学教授。他补充说道，做研究是一件令人兴奋的事情，因此他感觉自己有义务在导师的项目组里努力工作，从未想过自己是不是工作得太努力了。

然而，对于一些年轻的科研工作者，科研的快乐已经被繁重的工作和苛刻的要求摧毁。个人的兴趣爱好，甚至是家庭生活，都需要为了论文和项目而牺牲，而只有论文和项目才可以为现在的学术生涯铺平道路。然而，如果工作和生活之间达到一种健康的平衡状态，那么相对于在实验室或电脑前无日无夜地工作，科学家更加能够有效率地产出科技成果，科学家和他们的工作能从爱好、旅行，以及其他任何不与实验室活动相关的事情中获益。

● **艰苦的一天之晚**

科学家的工作习惯从未得到很好的监测，但是最近一项分析科学家论文下载情况的研究表明，很多科研工作者经常晚上加班或周末加班（X.W.Wang et al. J. Informetr. 6，655-660，2012）。利用 Springer 出版集团开发的工具，研究人员追踪了 2012 年 4 月的五个工作日和四个周末 Springer 平台的论文下载情况。他们发现，熬夜的情况在美国科学家中非常普遍，而中国的科学家在周末也很少休息。

"科学家一般都面临着巨大的工作压力，而且研究生工作的时间比他们想象的要更多。"这项研究作者之一徐申萌说。她目前是中国大连理工大学的一名硕士研究生。

徐申萌还表示，在中国的大学里，即使是硕士研究生和博士研究生，每周也需要花 60 小时用于学习。通常这样的生活在脑力和体力上都会使人精疲力竭，而且还大大限制了学生们的社会生活。"我会经常去游泳作为锻炼，"她说，"但是娱乐和休闲时间就非常少了，甚至一年只能回家两次看看父母。虽然我喜欢现在的生活，但是我希望工作和生活能够更平衡一些。"

Julie Overbaugh 是华盛顿州西雅图市哈金森癌症研究中心的一名艾滋病研究专家。她说，随着在过去的几十年中研究变得越来越注重以数据为依据，科学家的压力也越来越大。要产生并筛选大量的数据需要大量的时间，而且需要专业化的设备，这些专业化设备往往由各个研究小组轮流使用，因此科学家需要插空工作，有些时候需要在业余时间工作。"平衡工作和个人生活是非常困难的，"她说，"但是它比很多努力工作的年轻科学家和他们的导师们所认为的重要得多。"

"对你认为重要的事情做一个优先次序排列是关键，而且你也需要学会合理地利用你的时间，"Overbaugh 说，"如果你觉得对于你来说非常重要的东西，如家庭、朋友或者业余爱好等缺失了，那么一定是哪里出问题了。"

● **休息一下**

Daniel Mietchen 于 2006 年从德国萨尔布吕肯市的萨尔大学博士毕业，现在是一名生物物理学家兼网络工具开发者。对于他来说，除了科学以外最重要的事情就是在乐队玩音乐。作为一个中亚歌曲歌手和舞蹈队成员，要组织好博士期间用磁共振绘制大脑结构的研究是非常困难的，因为他需要大量的时间与他柏林的乐队进行彩排和演奏会。他甚至成功地劝说导师给了他四个礼拜的假期，在 2004 年到乌兹别克斯坦的撒马尔罕市学习乌兹别克语。“我强烈建议做学术的人至少要有一样非学术的爱好，伴随他完成工作，”他说，“对于我来说，我能从不熟悉的环境中得到最好的想法，通常是在旅行中，而不是在实验室里。”

“由于害怕同事和导师不赞成，几乎没有年轻的科学家给予自己很多办公室以外的时间。然而，办公室外的时间应该被计划在合理的研究日程中”，Sabine Lerch 说。Lerch 是一名独立的软件技术讲师，她经常教授德国的博士生怎样管理时间。

“年轻的科学家，”她补充道，“应该将自己从自己所想象的压力和要求中解放出来。”“在效率高的一天里，你会比在脑力和体力状态都不佳的几天里取得更多成绩，”她说，“学生们在对他们的研究工作进行规划时，往往把娱乐放在最后一位（如果他们计划的话），但是每个人都需要休息。”Lerch 建议科学家们每周至少休息一天，将自己从职业责任中解脱出来，并且在工作日也要留出来一些时间用来锻炼和做自己喜欢做的事。

Overbaugh 也同意，即使是非常短的休息，也能迅速为创造力充电。“在科学界，成功并不一定是在实验室或电脑前花费的时间换来的。相反，科学家在没有截止日期的压力下反而更能产出新的观点和深刻的见解。”她说。

导师的时间管理指导是无价的宝贝。当 HIV 研究人员 Jennifer Kerubo Maroa 刚从肯尼亚到西雅图的哈金森癌症研究中心读博士时，她的导师 Overbaugh 跟她说，安顿好她和家人比实验室更重要。“刚开始，我还不是特别相信她，但后来我终于还是意识到，她的意见是非常真诚和中肯的，”Kerubo Maroa 说，“刚来美国的时候我认为只有工作是重要的，然而得知我可以随时为了我的家庭离开实验室之后，我反而能够更好地安排我一种家庭和实验室之间的平衡生活方式。”

“当然，很多次与家庭团聚之后她都需要更加努力工作，”Overbaugh 说，“但是她确实把她的家庭生活维护得很好。”Kerubo Maroa 后来得到了哈金森癌症研究中心“杰出学生”的奖励，发表了许多文章，获得了美国霍华休斯医学研究中心与南非夸祖鲁 - 纳塔尔肺结核和 HIV 研究所的合作项目，在德班从事博士后的研究工作。

在哈金森癌症研究中心，学生们可以得到指导委员会关于工作和生活如何平衡的指导。这个委员会包括三个高级人员，他们无论在年龄、种族还是职业层级上都会有较大的跨度。他们的职责是非正式地指导年轻的科研人员，同时正式地评估和衡量博士生的年度进展。

- **孰先孰后**

如果导师们不理解时间的压力，那么制订一份详尽的计划会避免一些冲突。Lerch 指导学生制订项目计划，列出需要完成的事情和实践，并定期修正和调整。随后，她建议他们制订更为短期的、带有更加明确的目标的小计划。如果导师要求额外的任务，那么学生就能够知道哪些已经制订的计划需要半途而废了。而且，Lerch 说，科学家不要给自己布置太多的任务，不要害怕对行政任务和其他的指导工作说不。

这些措施，加上值得信任的同事、朋友和职业教练的支持，可以有效减缓来自要求严苛的导师的压力。在比较极端的案例中，如果出现了不端行为，甚至是违反了劳动法，那么科学家们可以向监察专员寻求帮助，也可以咨询一些博士组织，如位于布鲁塞尔的欧洲博士和初级科研人员委员会。

即使科学家们尽最大努力，进步依旧是困难的。现在很多国家都面临着金融危机，这要求年轻的科学家们在找工作和申请基金时参与更激烈的竞争，这自然也会使得他们花费更多的时间。“在受冲击比较严重的南欧，现在还在工作的人们基本都在做着从前两倍的工作，全职教书，也全职搞科研，但是依旧拿着一份工资，”欧洲博士和初级科研人员委员会的主席 Slobodan Radičev 说。他目前是位于塞尔维亚的诺维萨德大学的一名工业工程专业的博士候选人。他补充道，极少数年轻的科研人员有这样的工作和生活之间的平衡状态，对于他自己来说，这就像白日梦一样。虽然他的研究生活是在塞尔维亚进行的，但是他也需要花很长时间待在意大利，因为他的妻子在意大利做科研工作。他说，他现在的情况还勉强行得通，因为他的导师非常有同情心，而且机票比较便宜，然而，如果工作比较难找的话，他极有可能会把职业的机会放在第一位，把个人问题放在第二位考虑。

然而，不是所有人都认为长时间工作是一件坏事情。Meyer 尝试着向自己的学生传达他当年在伯克利进行科研工作时体会到的不知疲倦的紧张和兴奋。Meyer 是非常有前途的，甚至是非常杰出的。他希望他的实验室的每个成员今后都成为科研人员或者教授，因此对组内成员的要求也非常高。他认为，真正喜爱这份工作的人不应该对长时间的工作产生抱怨。“我不能够强迫不想工作那么长时间的人来工作，”他说，“但是如果我周末来实验室看到只有两三个人在，的确是感觉有点受伤。”

报道原文出处：Schiermeier Q. 2012. Lab life：Balancing act. Nature，492（7428）：299–300.

附录 2　法兰克福汇报——自由时间？科学家有空闲时间吗？

科学家在处理工作时间方面并不容易，而休闲时间更加难得。如果你向非科学家们询问科学家的工作行为，最常见的回答可能是大学里面的科学家们几乎总是有空闲时间。然而，真实的情况是，科学家们通常没有固定的工作时间，人们不知道的是，科学家们总是觉得时间不够用。

无论是在深夜还是周末，在高校和科研机构，总能看到研究人员在加班工作。如果你问问身边的科学家，在正常的工作时间里，诸如教学、行政、试验、撰写报告和协调各项安排的繁重任务已经压得喘不过气来，不得已之下只能占用下班时间来从事科学研究。话虽这么说，真正的科学研究态度应该是怎么样的呢？

- **工作时间习惯的国家差异**

来自中国大连理工大学的王贤文和他的同事们正在进行这样的一项调查：通过对斯普林格出版集团的论文下载时间数据进行研究（论文参见 http://arxiv.org/pdf/1208.2686v1.pdf），他们找到了一种对科学家工作行为的保守测算方法。虽然科学家的工作行为不一定非得通过网络来进行，但是如果科学家正在从文献数据库下载论文，那么可以假定他正在处于工作状态。通过对科学家下载论文的时间和地点进行监测和记录，并进行相应的时区转换处理，可以从中抽取出各个国家的工作习惯情况。该研究组得到的结果是，许多科学家在下班以后和周末仍然在加班工作，非常有趣的是，不同国家的科学家有着不同的加班工作方式。

特别是，美国人似乎更喜欢夜以继日地工作，论文下载的群体行为数据曲线没有出现显著的停顿。中国科学家一天的工作曲线有两个显著的波谷，即 12:00 左右和 18:00 左右，这是中国的午餐和晚餐时间，作者推断这可能和中国的食堂在固定时间段提供饮食的制度有关。相比而言，德国的食堂似乎没那么有吸引力，德国科学家们的就餐时间不太统一，虽然也在 12:00 左右吃午餐，但是午餐时间显得比较短。

● 在巨大的压力下

在国际比较中，虽然中国科学家的用餐时间最长，但是中国科学家们在周末的工作量是最多的，他们的周末看起来与平时没有太大差别。中国周末的论文下载量比平时只下降了 23%。相比之下，美国人对于工作日和周末有着更清晰的区分：美国周末的论文下载量比平时下降至少 32%。德国研究人员的周末下载量介于中国和美国之间。

作者的结论是：很大的压力和学术竞争使得科学家忽视了他们的兴趣爱好、休闲活动和体育锻炼。科学家们没有清晰的工作和私人生活界限，这非常不利于他们的身心健康。在论文的末尾，中国科学家们的呼吁是“科学家们有必要掌握好生活的平衡”（对于科研管理部门来说）——不要忘记提供一个平衡！

报道原文出处：von Sibylle Anderl.（2012-09-06）. Freizeit? Wissenschaftler haben Freizeit? Frankfurter Allgemeine Zeitung，网址：http：//goo.gl/gtHu60

附录3　中国科学报——一个考察科研人员生存状态的独特视角发现

作者：张双虎　报道日期：2012年11月28日　来源：中国科学报

近段，科学网上关于“逃离科研”的讨论纷纷扰扰，当事人在博文《我为什么逃离科研》中谈及“逃离”原因时说：“我已经厌恶科研了，而厌恶科研的主要原因是累。”

如何能准确反映科学家的“科研生态”？大连理工大学公共管理与法学学院王贤文博士研究组给出了一份特别的答卷。他们利用一个国际学术期刊数据库，通过追踪论文下载时间数据来考察科学家的工作规律，发现熬夜加班和周末工作已成为科学家群体的工作常态。相关研究不久前发表在 *Journal of Informetrics* 上。

● 科研，怎一个累字了得

几年前，公众对科研人员英年早逝的现象曾有过大规模讨论，普遍认为压力过大、无暇锻炼身体和透支健康是导致部分科学家早逝的重要原因。今天，在日趋激烈的竞争环境中，科研群体处于怎样的科研生态环境中，他们面临怎样的身体和心理上的压力，这些也许只能“冷暖自知”。

“逃离科研”事件的当事人说，比体力劳累更严重的是心累，有时想通过爬山、打球等活动舒缓压力，但脑子里还装着那些想不出来的问题和一些该做的烦琐任务。这让他“半刻也不得安宁”，当他决定退出科研的时候，“心里是久违的无比的轻松”。

讨论中，科学网博主喻海良在《哪些人适合读博士？》一文中列举了几类不适合读博士学位的人。其中除了兴趣、心态、家庭负担和承受挫折能力外，身体状况也赫然在列。

“的确，读博士期间，有时不只是身体上的‘锻炼’，也是内心的‘煎熬’。”喻海良说。

“进行研究时，研究者往往需要一段较长的时间，过长或频繁的打断都会对思维连续性产生影响，”王贤文对《中国科学报》说，“白天在办公室中，从时间和空间考虑，都不是进行科研的理想环境。”

因此，很多科学家选择在 8 小时工作时间以外，如晚上熬夜和周末继续加班进行科研工作。

“这只不过将工作场所从办公室换到了家里，模糊了工作和生活的时空边界，对于我和我了解的同事来说，在传统的非工作时间段加班科研已经成为一种工作常态。”王贤文说。

对此，中国科学院高能物理研究所研究员曹俊也有同感。曹俊因此将王贤文的论文转帖在科学网博客上，短短数周即获得上万次点击。

“我不一定是在半夜下载论文，但工作到凌晨两三点也是常有的事，”曹俊对《中国科学报》记者说，“看到这篇论文很有趣就转发了，不过我不是作这方面研究的，不好对其进行评价，但论文发表在该领域重要刊物上，一定有它的独特之处。”

● 一个独特的视角

王贤文等人一直在国家社会科学基金、国家自然科学基金资助下从事该领域的研究。2011 年 12 月初，王贤文在 Springer（斯普林格出版集团）网站浏览论文时，发现许多期刊首页都有近期下载最多文献的数量统计。

“我很好奇这些数据是怎么得来的，”王贤文说，“进一步了解就发现了 realtime.springer.com 这个平台，我立即想到可以用这个工具作一系列研究。”

realtime.springer.com 是 Springer 于 2010 年 10 月发布的一个实时监测平台。该平台以世界地图的形式在页面上实时展示了世界各地从 Springer 数据库下载文献的情况。

由于数据变化速度非常快，王贤文等人花了 3 个多月的时间，才找到把这些稍纵即逝的数据完整记录下来的方法。此后，该小组进行了两个多星期的监测，获得近 200 万条全球科学家的下载时刻数据，然后进行数据处理、分析和论文写作。论文投到该学科影响因子最高的期刊后，很快就被录用了。

“其中同行评审仅历时 18 天。”王贤文说。

科学家的工作形式有很多种，查询与研究有关的信息、下载科学论文、在实验室进行实验、进行论文写作、进行学术讨论，甚至科学家在思考科学研究相关的问题，都是科学家的工作方式。

“但要获得这样的数据是非常困难的。”王贤文说。

在以往关于科学家工作时间的研究中，大多是通过案例跟踪或者问卷调查的方法，但是这些方法获得的样本数量有限，且很难从世界范围内对科学家的工作时间进行考察。而 realtime.springer.com 平台的数据来源于 Springer 的 3 个主要数据库，即科学论文数据库（SpringerLink）、文献图片数据库（SpringerImages）和实验室指南数据库（SpringerProtocols，主要面向生物化学、分子生物学及生物医学等学科，提供详细的实验操作记录）。该平台能实时反映科学家下载论文、著作章节、实验操作记录的 PDF 文件或者浏览 HTML 全文版本的情况。

下载文献并非科学家工作的全部，因此王贤文等人关注的也不是某个或某些科学家的论文下载行为。

"我们的研究对象是全球科学家，"王贤文说，"由于我们的研究时间跨度足够长，只要科学家此间从 Springer 下载了科学文献，就都能被记录下来。无数个这样的下载时间点聚合起来，就可以反映科学家'群体'的工作时间规律。因此，以科学家的论文下载时间来反映科学家的工作时间，是可行的。"

论文发表后，迅速引起科学家群体和媒体的关注。美国著名科技杂志《连线》、英国皇家化学学会《化学世界》（*Chemistry World*）杂志、德国发行量最大的报纸之一《法兰克福汇报》、德国公共广播电台等均作了报道。其中，《化学世界》和德国公共广播电台还专门对论文作者进行了采访。

"这是一篇非常棒的论文，"该论文审稿人之一、河南师范大学教授梁立明对《中国科学报》记者说，"论文探讨和比较世界不同国家科学家的工作时间，选题新颖，技术手段先进，创新性强，所以引起国际学术界的关注和报道。"

- **见微如何知著**

在进行该项研究时，王贤文等人发现，利用 Springer 的数据库还可以更准确地追踪某一领域的研究热点和研究趋势。

通常，研究某领域的热点和研究趋势，均基于对已经出版的科研成果进行计量研究。例如，对于某一领域的论文发表趋势进行文献计量，从而总结该领域的研究趋势。

"但是，一篇论文从构思到写作，再到投稿发表，差不多要经历 1 年甚至更长的时间。因此，基于论文发表数量的计量来总结研究热点和研究趋势，有较大的时间滞后性。”王贤文说。

王贤文认为，如果科学家正思考某个研究问题，就会从科学论文数据库搜索和下载科学论文。那么，下载科学论文的行为就能直接反映出科学家正从事的研究主题。

“通过对全球科学家论文下载内容的监测，就能追踪某一领域的研究趋势、挖掘研究热点、探测研究前沿，进而也使得我们的研究有了科学预见的意义。”王贤文说。

报道原文出处:《中国科学报》(2012-11-28 第 3 版基金)，作者张双虎

彩　图

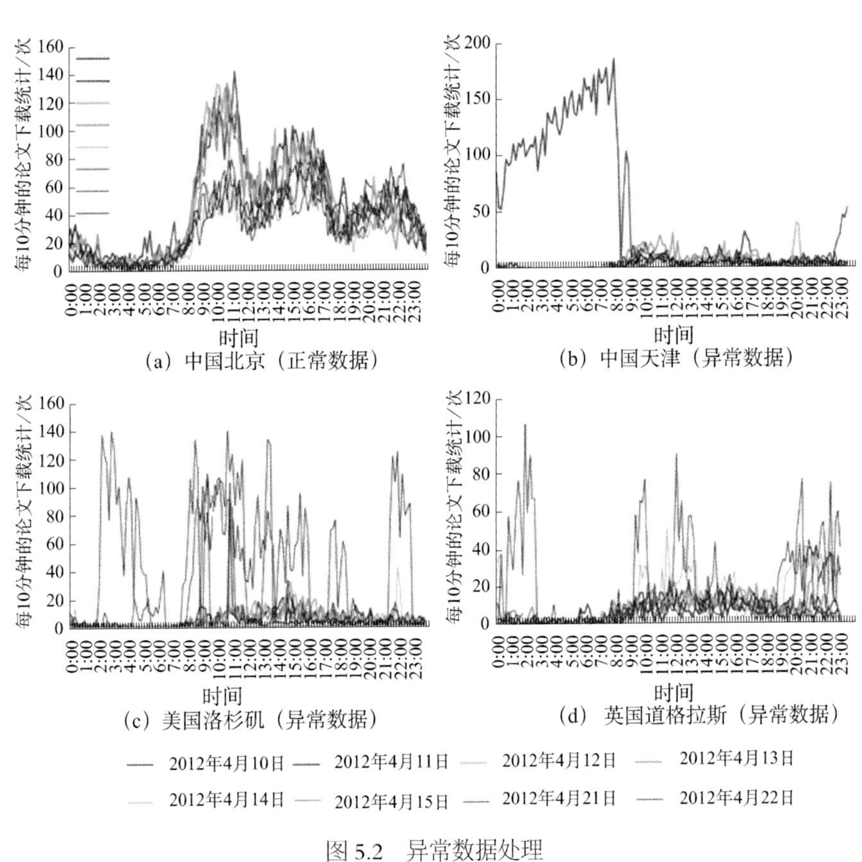

图 5.2　异常数据处理

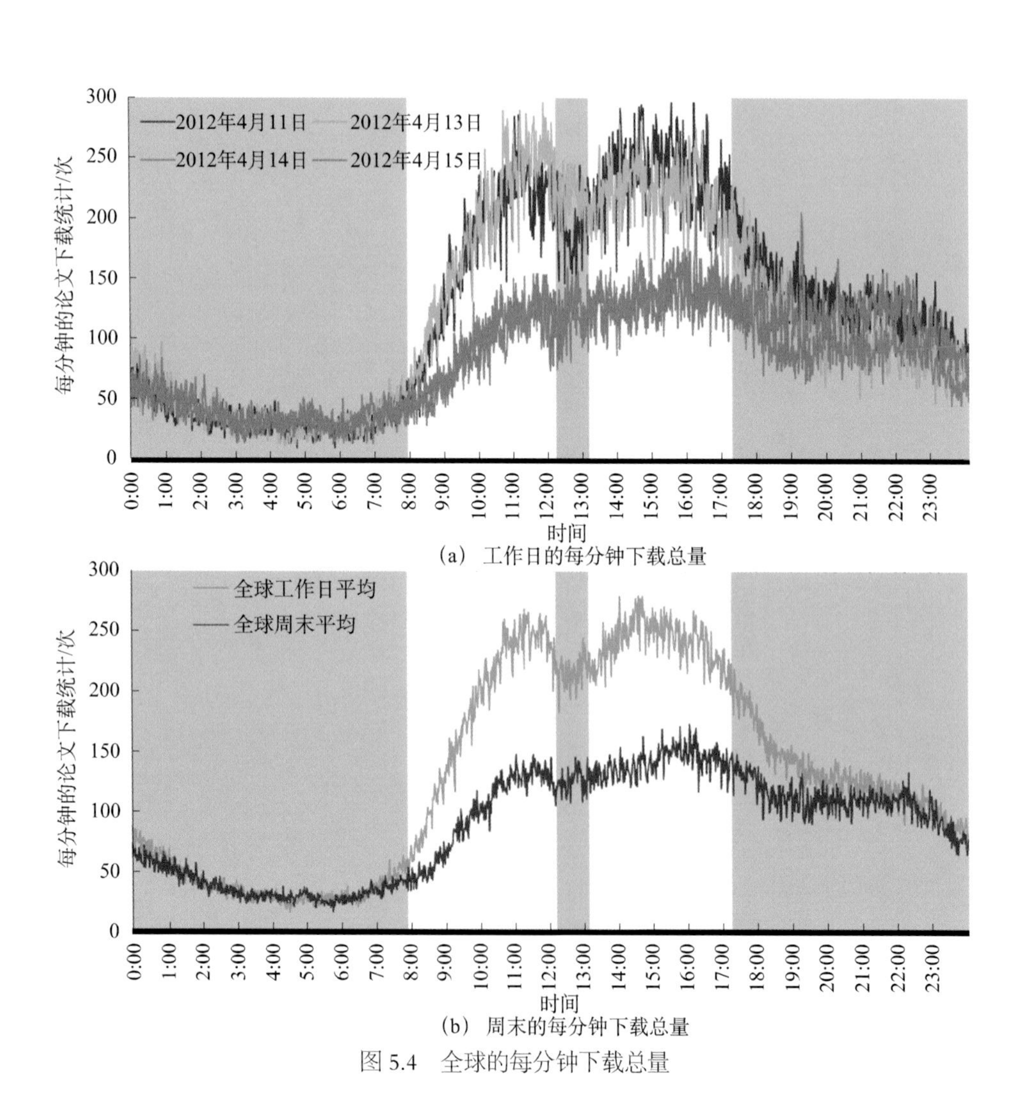

(a) 工作日的每分钟下载总量

(b) 周末的每分钟下载总量

图 5.4 全球的每分钟下载总量

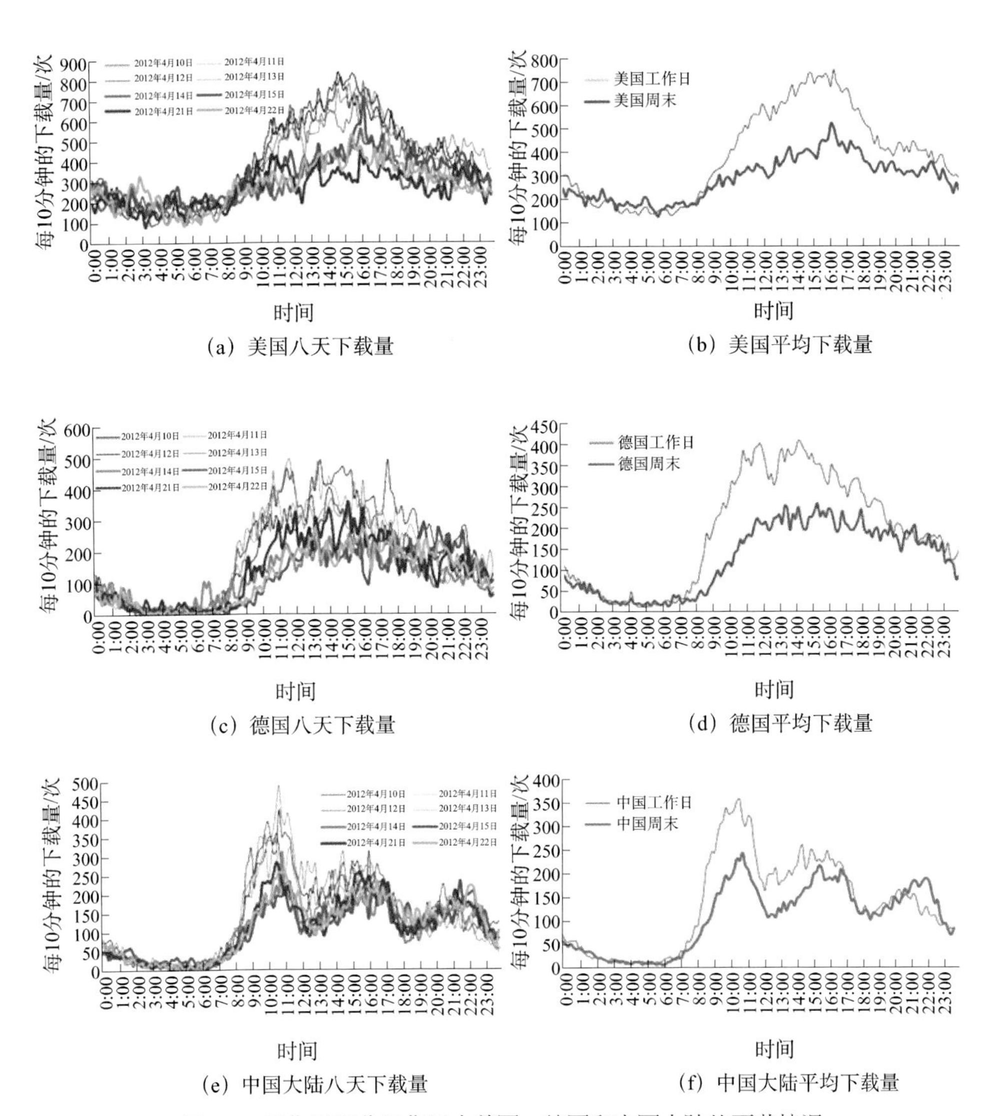

(a) 美国八天下载量

(b) 美国平均下载量

(c) 德国八天下载量

(d) 德国平均下载量

(e) 中国大陆八天下载量

(f) 中国大陆平均下载量

图 5.8　工作日和非工作日中美国、德国和中国大陆的下载情况